农田水利工程技术培训教材

水利部农村水利司
中国灌溉排水发展中心　组编

雨水集蓄利用工程技术

主　编　李元红
副主编　李端明

黄河水利出版社
·郑州·

内容提要

本书系农田水利工程技术培训教材的一个分册。全书共分为八章，主要包括概述、雨水集蓄利用工程规划、雨水集蓄利用系统设计、雨水集蓄利用工程施工、集蓄补充灌溉技术、雨水集蓄利用工程管理、高效农业雨水利用技术、城市雨水集蓄利用工程及附录。

本书较系统地总结了近年来全国各地在雨水集蓄利用方面所取得的先进经验和科研成果，内容丰富，具有较强的实用性和可操作性。本书主要供培训基层水利人员和从事雨水集蓄利用工程规划、设计、施工、管理的工作者使用，亦可供相关专业院校师生及科研人员在教学、科研、生产工作中参考使用。

图书在版编目(CIP)数据

雨水集蓄利用工程技术/李元红主编.—郑州:黄河水利出版社,2011.9

农田水利工程技术培训教材

ISBN 978-7-80734-893-1

Ⅰ.①雨…　Ⅱ.①李…　Ⅲ.①降水-蓄水-水利工程-技术培训-教材　Ⅳ.①TU991.34

中国版本图书馆 CIP 数据核字(2010)第 176307 号

出 版 社:黄河水利出版社

地址:河南省郑州市顺河路黄委会综合楼 14 层　　邮政编码:450003

发行单位:黄河水利出版社

发行部电话:0371-66026940、66020550、66028024、66022620(传真)

E-mail:hhslcbs@126.com

承印单位:河南省瑞光印务股份有限公司

开本:787 mm×1 092 mm　1/16

印张:16

字数:370 千字　　印数:1—5 000

版次:2011 年 9 月第 1 版　　印次:2011 年 9 月第 1 次印刷

定价:42.00 元

农田水利工程技术培训教材
编辑委员会

加强农田水利技术培训 增强服务“三农”工作本领

——农田水利工程技术培训教材总序

我国人口多，解决13亿人的吃饭问题，始终是治国安邦的头等大事。受气候条件影响，我国农业生产以灌溉为主，但我国人多地少，水资源短缺，降水时空分布不均，水土资源不相匹配，约二分之一以上的耕地处于水资源紧缺的干旱、半干旱地区，约三分之一的耕地位于洪水威胁的大江大河中下游地区，极易受到干旱和洪涝灾害的威胁。加强农田水利建设，提高农田灌排能力和防灾减灾能力，是保障国家粮食安全的基本条件和重要基础。新中国成立以来，党和国家始终把农田水利摆在突出位置来抓，经过几十年的大规模建设，初步形成了蓄、引、提、灌、排等综合设施组成的农田水利工程体系，到2010年全国农田有效灌溉面积9.05亿亩，其中，节水灌溉工程面积达到4.09亿亩。我国能够以占世界6%的可更新水资源和9%的耕地，养活占世界22%的人口，农田水利做出了不可替代的巨大贡献。

随着工业化城镇化快速发展，我国人增、地减、水缺的矛盾日益突出，农业受制于水的状况将长期存在，特别是农田水利建设滞后，成为影响农业稳定发展和国家粮食安全的最大硬伤。全国还有一半以上的耕地是缺少基本灌排条件的“望天田”，40%的大中型灌区、50%的小型农田水利工程设施不配套、老化失修，大型灌排泵站设备完好率不足60%，农田灌溉“最后一公里”问题突出。农业用水方式粗放，约三分之二的灌溉面积仍然沿用传统的大水漫灌方法，灌溉水利用率不高，缺水与浪费水并存。加之全球气候变化影响加剧，水旱灾害频发，国际粮食供求矛盾突显，保障国家粮食安全和主要农产品供求平衡的压力越来越大，加快扭转农业主要“靠天吃饭”局面任务越来越艰巨。

党中央、国务院高度重视水利工作，党的十七届三中、五中全会以及连续八个中央一号文件，对农田水利建设作出重要部署，提出明确要求。党的十七届三中全会明确指出，以农田水利为重点的农业基础设施是现代农业的重要物质条件。党的十七届五中全会强调，农村基础设施建设要以水利为重点。2011年中央一号文件和中央水利工作会议，从党和国家事业发展全局出发，对加快水利改革发展作出全面部署，特别强调水利是现代农业建设不可或缺的首要条件，特别要求把农田水利作为农村基础设施建设的重点任务，特别制定从土地出让收益中提取10%用于农田水利建设的政策措施，农田水利发展迎来重大历史机遇。

随着中央政策的贯彻落实、资金投入的逐年加大，大规模农田水利建设对农村水利工作者特别是基层水利人员的业务素质和专业能力提出了新的更高要求，加强工程规划设计、建设管理等方面的技术培训显得尤为重要。为此，水利部农村水利司和中国灌溉排水发展中心组织相关高等院校、科研机构、勘测设计、工程管理和生产施工等单位的百余位专家学者，在1998年出版的《节水灌溉技术培训教材》的基础上，总结十多年来农田水利建设和管理的经验，补充节水灌溉工程技术的新成果、新理论、新工艺、新设备，编写了农田水利工程技术培训教材，包括《节水灌溉规划》、《渠道衬砌与防渗工程技术》、《喷灌工程技术》、《微灌工程技术》、《低压管道输水灌溉工程技术》、《雨水集蓄利用工程技术》、《小型农田水利工程设计图集》、《旱作物地面灌溉节水技术》、《水稻节水灌溉技术》和《灌区水量调配与量测技术》共10个分册。

这套系列教材突出了系统性、实用性、规范性，从内容与形式上都进行了较大调整、充实与完善，适应我国今后节水灌溉事业迅速发展形势，可满足农田水利工程技术培训的基本需要，也可供从事农田水利工程规划设计、施工和管理工作的相关人员参考。相信这套教材的出版，对加强基层水利人员培训，提高基层水利队伍专业水平，推进农田水利事业健康发展，必将发挥重要的作用。

是为序。

2011年8月

《雨水集蓄利用工程技术》
编写人员

主　　编： 李元红（甘肃省水利科学研究院）

副 主 编： 李端明（中国灌溉排水发展中心）

编写人员：（按姓氏笔画排序）

马兰忠（内蒙古自治区水利科学研究院）

王　群（贵州省水利科学研究院）

王文元（河北农业大学）

王晓玲（水利部农村水利司）

李召祥（中国灌溉排水发展中心）

许建中（中国灌溉排水发展中心）

张　洁（甘肃省水利科学研究院）

张　勇（水利部农村水利司）

张书函（北京市水利科学研究所）

金彦兆（甘肃省水利科学研究院）

唐小娟（甘肃省水利科学研究院）

程满金（内蒙古自治区水利科学研究院）

主　　审： 朱　强（甘肃省水利科学研究院）

前　言

20世纪80年代以来，我国西北、华北、西南以及东南沿海与海岛等缺水地区都先后组织实施了大规模的雨水集蓄利用工程，如甘肃的“121雨水集流工程”、陕西的“甘露工程”、广西的“水柜工程”、内蒙古的“112节灌工程”、宁夏的“窑窖节灌工程”等，为解决当地群众的生活用水困难和发展节水灌溉发挥了重要作用，取得了显著效果。截至2006年年底，全国已有25个省（自治区、直辖市）进行了雨水集蓄利用，共建设或改造利用各类集流面304亿m^2，建成各种类型蓄水设施1 032万个，年收集利用雨水45亿m^3，解决了2 194万人、978万头大牲畜的饮用水困难，发展集雨补充灌溉面积234.2万hm^2，显著改善了当地农村的生活用水条件和农业生产条件。

近十年来，我国雨水集蓄利用事业发展较快，各地建起了不同类型雨水集蓄利用示范区，尤其是在田间集雨补充灌溉、农艺节水措施、城市雨洪利用等方面有许多新的科研成果和成功经验，2009年依据这些成果和经验，在水利行业技术标准《雨水集蓄利用工程技术规范》（SL 267—2001）的基础上，制定了国家技术标准《雨水集蓄利用工程技术规范》（GB 50596—2000），已颁布执行。为了及时总结我国新时期雨水集蓄利用经验和成果，适应新颁布的《雨水集蓄利用工程技术规范》，满足全面建设社会主义新农村对安全饮用水的要求，推动我国集雨补充灌溉事业的发展，水利部农村水利司和中国灌溉排水发展中心组织有关单位，在1999年编写的《雨水集蓄工程技术》的基础上，依据新的《雨水集蓄利用工程技术规范》，补充了我国城市雨水利用、南方地区的雨水利用经验和高效节水的多种技术措施，还补充了包括甘肃、广西、内蒙古、宁夏、陕西等地的集雨补充灌溉典型模式和经验资料，使新编的《雨水集蓄利用工程技术》更加系统、科学和实用，将对我国雨水集蓄利用工程建设和管理发挥重要作用。

全书共分八章，主要内容包括概述、雨水集蓄利用工程规划、雨水集蓄利用系统设计、雨水集蓄利用工程施工、集蓄补充灌溉技术、雨水集蓄利用工程管理、高效农业雨水利用技术、城市雨水集蓄利用工程及附录。本书主要供培训基层水利人员和从事雨水集蓄利用工程规划、设计、施工和管理的工作者使用，亦可供相关专业院校师生及科研人员在教学、科研、生产工作中参考使用。

本书各章节编写分工如下：第一、二章及附录一由李元红、王群、王晓玲、李端明编写，第三、四章及附录二由李元红、金彦兆、李端明、唐小娟编写，第五章及附录四的项目实例四、五由程满金、马兰忠、唐小娟编写，第六章及附录四的项目实例一由金彦兆、张勇、唐小娟、张洁编写，第七章及附录四的项目实例二由王文元、许建中编写，第八章及附录四的项目实例六由张书函编写，附录三由李召祥、许建中编写，附录四的项目实例三由王群编写。本书由李元红任主编，由李端明任副主编，由朱强任主审。

在编写过程中，得到了甘肃省水利科学研究院、内蒙古自治区水利科学研究院、河北农业大学、北京市水利科学研究所、贵州省水利科学研究院等单位的大力支持，在此一并表示衷心的感谢。由于编者水平所限，书中缺点和疏漏之处在所难免，敬请读者批评指正。

编　者

2011 年 3 月

目 录

第一章 概 述

第一节 雨水资源开发利用

一、雨水集蓄利用的基本概念

（一）降水与水资源

水是生命的源泉，没有水地球上就不会有任何生命的存在。水是世界上最重要的自然资源之一，是一种不能替代的资源。同时，水又是一种有限资源，地球上各种形式水的总量约13.536亿km^3，其中陆地上的淡水资源约3 600万km^3，约占地球总水量的0.3%，而可再生水资源量又只占陆地总淡水资源量的0.3%左右。每年大陆上可再生水资源即天然降水量为108 000 km^3，其中陆面蒸发61 000 km^3，形成径流和地下水（扣除重复量）47 000 km^3，也就是全球大陆上的径流系数（包括地下水径流在内）平均为0.435。我国的陆地年总降水量约6 200 km^3，而河川径流及不重复的地下水资源为2 800 km^3，径流系数为0.451，与全球平均值相近。

按照国内外通用的水资源定义，我国在进行水资源总量评价时只考虑河川径流与地下水（与地表水不重复部分）之和，而没有把降水作为水资源总量来进行评价。作为一切可更新水资源的源泉——天然降水没有被纳入到水资源总量中来，这种做法是值得商榷的。何谓水资源？中国大百科全书中给出的定义是：地球表层可供人类利用的水。包括水量（质量）、水域和水能资源。一般指每年可更新的水量资源。在国家规范《水文基本术语和符号标准》（GB/T 50095—98）中解释为：地球表层可供人类利用又可更新的气态、液态或固态的水，通常指较长时间内保持动态平衡，可通过工程措施供人类利用，可以恢复和更新的淡水。可以看出，这两个定义基本上是一致的，即认为水资源是可以更新、具有一定质量和可长期供人类利用的各种形态的水。但后者在对水资源总量的解释中把水资源总量说成是：流域或区域内地表水资源量、地下水资源量与两者重复计算量的代数和。则此又将降水量剔除在外了。

事实上，天然降水是可更新、可恢复的水资源。同时，人们在远古时代就已对降水进行了直接利用，我国有着久远的雨水利用历史。降水显然也是可供人类长期利用的资源。如果认为水资源只包括地表水和地下水，把人类对水资源的利用局限在利用河川径流和地下水，则人类对雨水资源的利用就排除在水资源利用的范畴之外了，这显然是不合理的。特别是对那些地表水和地下水极端缺乏的干旱山区，雨水是唯一有利用潜力的水资源，则更应当把降水利用作为水资源利用的一部分。由此可见，降水是一切形式水资源的源泉，应当把降水作为区域水资源总量来进行评价，降水的利用应当与地表水和地下水的利用统 考虑。自20世纪80年代以来，国际上提出了水资源统一管理（Integrated Water Resources Management）的概念。从上述可以看出，真正意义上的水资源统一管理和统一规划应当是对降水、地表水、土壤水和地下水这“四水”统一进行管理和规划利用。雨水利用应当是水资源利用体系中不可或缺的组成部分。

虽然在目前水资源的定义中，雨水并没有被作为水资源来对待，但在水资源利用的实践中，雨水已被人们利用了上千年。人们常常提到的雨水资源化，指的是人们采取工程措施和其他技术措施，把在目前概念上还不属于水资源范畴的雨水加以利用，也就是雨水资源化过程。

（二）雨水利用和水资源利用

地球上所有形式的可更新水资源均来自于天然降水。从这个角度出发，能否认为所有形式的水资源利用都是雨水利用呢？答案显然不是。当发生降水时，其将转化为各种形式的水，如地表径流、地下水等，而对这些不同形式水的利用也有着各自不同的原理和方法，例如在河流上建水库、修建引水渠道、打井提水。这与雨水利用在使用方法、利用途径上是不相一致的。

雨水利用是指在降雨的原始状态下或在它最初的转化阶段时对它的利用。例如，在降雨落到地面上成为坡面径流时，人们对它进行收集、储存并加以利用，就属于我们所理解的雨水利用。但当这种雨水径流已经汇入溪流成为河流水，或者渗入地下补充了地下水后，人们再利用这些水，就属于河流水或地下水利用的范畴。应当说，上面的解释并非是一个精确意义上的“定义”，而是在概念上的大致划分。通过下面一些例子可以更好地理解它的含义。

（三）雨水利用与雨水集蓄利用

雨水利用的形式很多，主要包括以下几个方面：

（1）旱作农业中作物对雨水当时的和就地的利用，包括人们为提高土壤水利用率而采取的传统雨养农业耕作栽培措施（如耕作耙耧、覆盖保墒、丰产沟种植等）。

（2）水土保持工程对雨水的利用，如建设梯田、水平沟、鱼鳞坑以及在小流域治理中的治沟设施（如谷坊、淤地坝）等。这些工程的作用主要是尽可能把雨水拦蓄在土壤中，以便为作物利用。

（3）截引雨洪进行淤灌或补给地下水的措施，是把其他地方的雨水径流引到本地来利用，可以称之为雨水的异地利用形式。

（4）微集雨措施，即利用作物或树木之间的空间（自然状态或铺塑料薄膜提高雨水收集效率）来富集雨水，以增加作物或树木根系的土壤水分，这是对雨水就地叠加利用。

（5）雨水集蓄利用工程则是雨水利用的一种特殊形式，是指采取人工措施，高效收集雨水，加以蓄存和调节利用的微型水利工程。它主要用来解决人畜饮用水困难、发展庭院经济和小片土地的节水灌溉，以及为畜牧业与生态环境保护等提供所需的水源。

因此，雨水集蓄利用是雨水利用的一种形式。与传统雨养农业以土壤为雨水储存介质比较，它采取工程措施收集、储存雨水（修建集流面和蓄水池），雨水收集效率较高，对雨水径流进行有效地调节使用，对天然降雨的调控能力较高。可以认为，雨水集蓄利用是人们利用雨水的较高阶段。

雨水集蓄利用和常规雨水利用措施的不同表现在以下几个方面：

（1）当雨季降雨量超过需求量时，对雨水的调节利用意味着要把多余的雨水加以储存，用于补充旱季用水的不足。在常规雨养农业中，雨水是储存于土壤之中的，但是土壤水的空隙容积很有限，同时裸露于土壤中的水分往往消耗于无效蒸发，不足以完全补充旱季作物的缺水量，特别是在半干旱地区和旱灾频繁地区尤为如此。而雨水集蓄利用则采用工程措施蓄水，因此调节能力较高，利用水平也较高。这是两者对雨水在时间上的富集作用的不同。

（2）当一个地区的降雨量不足以满足用水（生活用水或灌溉用水）的需求时，雨水集蓄利用采取扩大雨水收集面，并通过对集流面的防渗处理，提高集流效率，从而增加了可利用水量。而常规雨水利用往往只利用本地降雨，即使从异地引入径流，其利用率也较低。这是因为两者对雨水在空间上的富集作用不同。

（3）常规的雨水利用只能被动地等待降雨，而雨水集蓄利用则实现了对天然降雨在时间上和空间上的双重调节。有的人称之为“主动抗旱”。

表1-1列出了雨水集蓄利用与常规雨水利用的区别。

表1-1 雨水集蓄利用与常规雨水利用比较

项目	常规雨水利用	雨水集蓄利用
收集雨水的方法	自然条件下的收集	采取人工措施，进行有计划地收集
储存雨水的方法	储存于土壤空隙内	人工蓄水建筑物
利用效率	较低	较高
调控途径	时间上的被动等待	可进行时间、空间上的双重富集和调控

二、雨水资源开发利用的意义和作用

进入21世纪以来，全球水资源面临十分严峻的形势。一方面，随着世界人口的不断增长和社会经济的持续发展，对水资源的需求日益增长。目前，全球有11亿人没有安全饮用水的供给来源，随着人口的快速增长，在今后30年内，这个数字将增加到15亿~20亿人；有21亿人没有良好的卫生设备；还有8.3亿人吃不饱饭。改变这些状况，都需要增加对水资源的利用。据预测，如果按照目前的用水模式发展下去，今后20~25年，人类用水量将增加40%左右。同时，为了扭转全球生态环境的恶化趋势也需要水，有些地方还要适当减少目前用于生活和生产的水量，转移用于生态环境。另一方面，全球气候变暖的趋势也日益明显，导致全球干旱、洪涝灾害等极端气候事件更为频繁的出现，使水资源供求的形势变得更为严峻，世界将面临严重的水危机。

我国是一个水资源大国。拥有的水资源绝对数量居全世界第6位。但由于人口众多，人均占有水资源量仅不足世界水平的1/4，在全球排名第121位，是世界上13个贫水国家之一。2004年年底，我国农村供水不安全人口达3.2亿人，占农村人口的34%，其中70%属于水质不安全。每年由于干旱缺水损失的粮食产量达250多亿kg。我国农村还有3 000万人处于极端贫困线以下，而缺水往往是主要的致贫原因之一。在

668 座县级以上城市中，有 400 余座缺水，其中严重缺水的有 108 座。城市年缺水量达 60 亿 m^3。随着我国人口的继续增长和社会经济的快速发展，水资源紧缺的形势将日益严峻。

在众多缺水地区中，我国的西北黄土丘陵沟壑区、华北半干旱山区、西南岩溶山区、沿海和海岛淡水严重缺乏地区以及中部缺水山丘区的水问题更为严重。这些地区的共同特点是：地表水和地下水严重缺乏或季节性缺乏；由于地形和地质条件的限制，修建引水工程十分困难；农业生产完全依靠天然降雨，而降雨的年内分布又很不均匀，水分供需严重错位，农业生产水平低下；当地居民祖祖辈辈没有可靠的生活饮用水供给，经常要经远途挑水或由政府运水救济。因此，这些地区在供水和粮食两方面都缺乏安全保障，是我国贫困最为集中的地区，缺水已严重威胁到人的生存。解决这些地区的干旱缺水问题，采取集中供水的方法工程十分艰巨，投资和运行费用高，群众难以承担，雨水则是本地区最有潜力，也是最易于开发利用的水资源。在我国水资源利用体系中雨水有其独特的作用，可以成为地表水和地下水的有效补充。在某些特定的条件下，甚至是一种不可替代的方式。

雨水集蓄利用在我国水资源可持续利用中的作用列举如下：

（1）雨水集蓄利用能为缺水山区家庭生活提供清洁、可靠和廉价的水源。雨水具有在面上广泛分布、可以就地就近利用的特点，特别适合山区居民分散居住的特点。集蓄雨水的方法简单易行，因而在家庭供水方面得到了广泛的推广应用。雨水集蓄利用在这些地区的发展，极大地改善了农村人口饮用水的状况。农民说雨水利用使“远水变成了近水，苦水变成了甜水，脏水变成了清水”。雨水集蓄家庭供水系统的建成，解放了农户花费在找水、挑水上的劳动力，使大批劳力可以用于创造价值，促进农村脱贫致富。目前，有些半干旱地区雨水集蓄所能提供的水量还很有限，只能满足人们的基本需求，水质也不完全符合卫生标准。但是可以预期，随着国家对农村供水支持力度的加大和山区农村经济状况的改善，雨水集蓄系统将会在规模和标准上不断得到提高，使之成为缺水山区安全供水的主要方式之一。

（2）雨水集蓄利用不仅可以解决缺水山区人畜饮用水困难，而且可以利用集蓄的雨水发展节水灌溉，显著提高农业产量，增强粮食安全保障。甘肃、宁夏、四川、广西、贵州等省区的实践表明，利用集蓄的雨水进行小定额灌溉，耗用的水量很少，却可以明显提高作物产量。根据甘肃等地的试验和示范结果，灌水量仅为常规灌溉的1/10～1/5，而产量提高 20%～88%，平均提高 40% 左右。进行集雨节灌后，小麦和玉米的水分利用率比传统的雨养农业分别提高 19%～58% 和 10%～36%，灌溉水的生产率比常规灌溉一般可提高20%～60%，有的甚至高出 2～4 倍。这对在全球范围解决粮食安全问题，实现联合国新千年目标具有重要意义。

（3）在实施雨水集蓄工程以前，缺水山区的种植结构十分单一，粮食作物占 90% 以上，经济作物由于缺水难以发展，农户收入水平低下。雨水集蓄为缺水山区农户改变单一农业结构提供了水的条件。广西大石山区的农户修建了水柜后，把过去的一茬旱作玉米改为一茬水稻和一茬灌溉玉米，产量增加了 2 倍。农户的水池中有了水，就可以按照市场需求和自身条件发展经济作物与特色农业来增加收入。许多缺水山区集蓄雨水后，在历史上第一次有了温室大棚，改善了自己的“菜篮子”，也大大增加了收入。根据一些示范工程的成果，种植蔬菜瓜果，每立方米集蓄雨水的产值可达到 40～50 元。甘肃的农民说：要致富，田间地头修“水库”。利用集蓄雨水发展灌溉，对于在贫困山区实现脱贫致富，逐步实现小康，具有十分重要的意义。

（4）过去由于旱灾频繁，土地生产力十分低下，为了有足够的粮食，农民在山坡地盲目开荒垦殖，造成了严重的水土流失。而水土流失反过来又使土地质量退化，生产条件进一步恶化，形成了“越穷越垦，越垦越穷”的恶性循环。雨水集蓄利用提高了土地生产力，农民开始在政府的优惠政策下放弃低产的坡耕地，实行退耕还林、还草。雨水集蓄利用既促进了林果生产和养殖业的兴起，又带动了种草种树的发展，对山区植被的恢复和发展起到积极的促进作用。根据甘肃省的统计，2004 年退耕还林、还草面积达到了 70 余万亩❶，有 40 万亩荒山荒坡种了树，雨水集蓄系统为林草栽种提供了水源，使林木成活率达到 70% 以上。

（5）由于水资源的不合理开采利用、地下水位的急剧下降和水源污染等，导致我国多数城市存在着缺水问题，其中有不少城市降雨比较丰富，但没有得到充分利用，白白流入大海。我国北京等城市采取了把集蓄的雨水用于冲厕、小区绿化和水景观等，或者收集后进行地下水回灌，抑制了地下水位下降的趋势。这些不仅在一定程度上缓解了缺水矛盾，而且可降低雨洪对城市排水的压力。2008 年举办的北京奥运会的比赛场馆，利用雨水作为冲洗、冷却、绿化等用途，成为绿色奥运的标志之一。日本东京墨田区还利用遍布区内的雨水存储罐中存储的水作为地震灾害发生时的应急水源。我国的城市雨水利用还刚刚起步，可以预期，随着水资源供需矛盾的加剧和人们理念的改变，城市雨水利用必将会有一个大的发展。

综上所述，雨水集蓄利用是一种对水资源开发的新形式。在广大山区、农村，它具有分散开发利用的特点，可以进行就地就近利用，特别适合于山区居民分散居住的特点；它无须引水、输水工程，投入低，基本不需要运行费用，同时避免了水输运过程引起的水量损失和质量下降；它是一种传统技术，简单易行，用水户同时往往又是建设者，而且农村雨水集蓄工程实行“谁建设，谁所有”的政策，大大激发了农户建设和管理的积极性，保证了雨水集蓄利用工程的可持续性；它是一种微型工程，开发利用的水量很小，一般不会造成对环境的负面影响，可以认为是“对环境友好”的工程。因此，雨水集蓄利用是缺水山区、农村综合发展的可持续途径，许多省区把它作为促进脱贫致富和新农村建设、实现全面小康目标的一项战略性措施。而在城市地区，它是地表水、地下水的有力补充，是城市节能减排的一个重要方面。雨水集蓄利用应当作为水资源综合管理的一个不可或缺的重要方面，实现雨水资源利用的主流化。

第二节　雨水集蓄利用系统

雨水集蓄利用系统是采取工程措施对雨水进行收集、储存和高效利用的微型水利工

❶ 1 亩 = 1/15 hm^2。

程。雨水集蓄利用工程一般由集雨子系统、蓄水子系统、生活供水和灌溉子系统以及农业用水子系统四部分组成。图 1-1 表示雨水集蓄利用系统的构成，图 1-2 为雨水集蓄利用系统示意图。

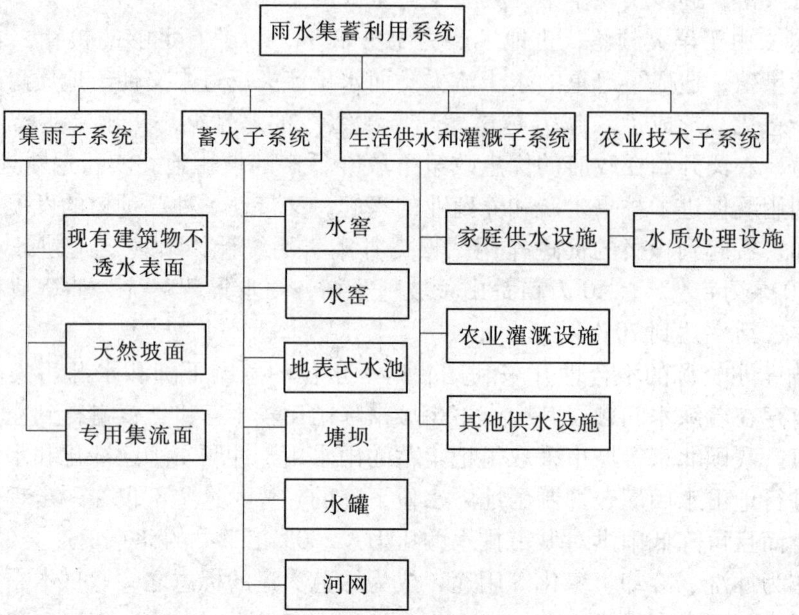

图 1-1　雨水集蓄利用系统图解

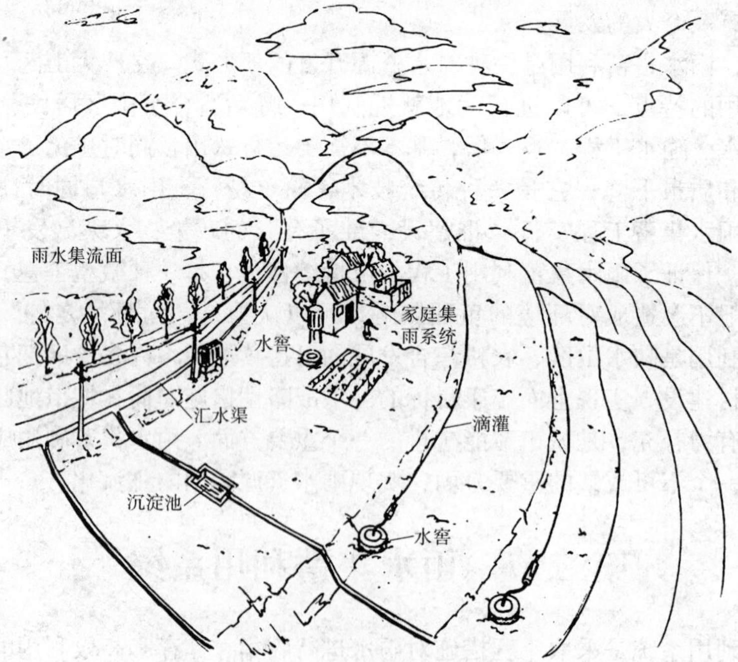

图 1-2　雨水集蓄利用系统示意图

一、集雨子系统

集雨子系统是雨水集蓄利用工程的水源部分，其功能是为整个系统提供满足供水要求的雨水量，因而必须具有一定的集流面面积和集流效率。集流面的建设是集雨子系统的主体之一。有些地方认为修建雨水集蓄系统就是打窖建池，衡量雨水集蓄系统就是看修了多少蓄水工程，这是一种误解。实际上，忽略了集流面建设，蓄水池就成为空池或者蓄不满，不能发挥工程效益。即使在湿润地区采用天然坡面作为集流面时，也需要检查其产流能力是否足够，并修建必要的截流、汇流沟渠，把雨水引入蓄水池内。

集雨子系统包括收集雨水的集流面及截流、汇流沟（渠）和输水沟（渠）几部分。

（一）集流面

雨水集流面可分为天然坡面、现有人工建筑物的弱透水表面以及修建的专用集流面等三种类型。为了降低造价，应优先采用现有建筑物的弱透水表面作为集流面，例如瓦屋面、场院、公路面、乡村道路、运动场、打谷场等。在一些湿润、半湿润地区，天然坡面可以有较高的集流效率，往往也可以用做集流面；而在半干旱地区，天然坡面土壤天然含水率通常较低，透水性强，一般不宜用做集流面。在远离公路或对高效利用雨水有特殊要求的地方，为了收集足够的水量，需要建设专用集流面，例如在天然坡面上用混凝土、水泥土、混合土等防渗材料进行衬砌或铺设塑料薄膜，也可以对表土进行夯实，或在土壤中加入固化剂来提高土壤的不透水性。

（二）截流、汇流沟（渠）和输水沟（渠）

在集流面位置的最低处，为了截住和集中坡面雨水径流，需要修建截流、汇流沟（渠）。当集流面出流处离蓄水设施有一定距离，或同一个集流面要向多个蓄水工程输水时，需修建输水沟（渠）。

二、蓄水子系统

（一）蓄水设施

蓄水子系统的作用是存储雨水，根据用水需求进行调节利用。我国雨水集蓄系统通常采用的蓄水工程有水窖、水窑、地表式水池、塘坝、水罐以及河网系统等 6 种。水窖和水窑是一种地下埋藏式蓄水设施。地表式水池是修建在地面上的水池，可以是开敞式的或者有顶盖的。塘坝是我国丘陵山区普遍采用的蓄水设施，一般利用天然低洼地进行建造。水罐是预制的盛水容器，容积较小。河网是我国江南地区历史上形成的，曾经是当地居民重要的生活和生产用水的水源。蓄水子系统还具有蓄存雨洪、降低排洪流量的作用。

（二）附属建筑物

蓄水子系统的附属建筑物主要包括沉沙池、过滤设施等。

三、生活供水和灌溉子系统

（一）家庭或公共生活供水子系统

在传统的雨水集蓄家庭供水工程中，常采用吊桶提水，不符合安全供水要求。近几年来，雨水集蓄系统较普遍地采用了手压泵抽水和电动潜水泵提水，在取水方便程度上和水质保障方面有了一定改善。按照安全供水的要求，生活供水系统还应设置水质处理设施。

（二）农业灌溉供水

我国的雨水集蓄灌溉技术大多数还是采用简易方法，如坐水种、膜上灌、膜下沟灌，以及点灌、注射灌等。在有资金条件的地方，也采用了现代微灌技术和低压管道灌溉技术。灌溉水质处理因灌溉方法不同而异。对于简易灌水技术，可以只采取对集蓄雨水蓄前沉淀的措施，去除雨水中含有的大量泥沙。当采用微灌技术时，则需要进行蓄前沉淀和粗滤，并在首部加设过滤器防止灌溉系统被堵塞。为取得微灌系统所需要的水压，可以设加压泵，有地形条件的地方，应尽量利用自压供水。

（三）其他生产供水

其他生产供水主要包括对畜牧业和小型农副产品加工业的供水。其水质处理应根据生产用水的要求，采用不同的技术方法。

四、农业技术子系统

高效的雨水集蓄利用不仅要求有较高的雨水集流效率，而且要求集蓄的雨水能实现最高的产量（单位集蓄雨水所生产的作物果实或生物量）和经济效益（单位集蓄雨水产生的以货币表示的经济价值）。为此，雨水集蓄利用系统还应包括农业用水子系统。其主要有为实现集蓄雨水高效利用的农业设施和技术措施。前者主要有常与雨水集蓄系统连体建设的温室大棚以及梯田、水平沟建设和平田整地等农田工程。后者包括在常规雨养农业中行之有效的技术措施，如耕作技术、施肥（施有机肥和配方施肥）、覆盖（塑料薄膜覆盖和生物覆盖）、作物蒸腾和土壤蒸发的抑制技术等。从广义上讲，还应包括根据市场需求和当地自然条件及农业特点调整农业结构，使单位雨水的产出最大化。

第三节　雨水集蓄利用的发展现状和前景

一、国外发展概况

雨水利用是一项古老的实用技术。公元前2 000多年的中东地区，典型的中产家庭都有雨水收集系统用于生活和灌溉。阿拉伯人收集雨水，种植了无花果、橄榄树、葡萄、大麦等。在利比亚的干燥河谷内，人们用堤坝、涵管把高原上的水引至谷底使用。20世纪70年代从卫星照片上发现了埃及北部的径流收集系统和非洲撒哈拉东南部存在的集水灌溉系统。埃及人用集流槽收集雨水作为生活之用。2 000年前，阿拉伯闪米特部族的纳巴泰人在降雨仅100余mm的内盖夫（Negev）沙漠，创造了径流收集系统，在如此低的降雨量条件下，种出了庄稼，后称为纳巴泰方法。在墨西哥、秘鲁和南美的安第斯山脉上，建有大片梯田和数百千米精巧的渠道，供应印加人的太阳帝国和现已消失的马丘比城，使数十万人在此生活。在哥伦比亚、厄瓜多尔、苏里南沿海和秘鲁南部高原，3 000 多年前的村居就成功地利用不同地形，修筑台地种植玉米，在沟底种植水稻。在印度西部的塔尔沙漠，人们通过水池、石堤、水坝、水窖等多种形式收集雨水，获得足够的水量来支持世界上人口最稠密的沙漠，每平方千米达 60 人。几百年前，在美国亚利桑那州的印地安人用漏斗状的长堤，把雨水集中到几公顷的土地上，种植玉米、甜瓜等。500 多年前，科罗拉多州的阿那萨基人建造数以千计的小坝截留雨水，种植玉米、豆子和蔬菜。可以毫不夸张地说，雨水利用曾经有力地支撑了古代许多地方的灿烂文明。从人类有了文明开始，就有了对雨水的利用。雨水利用是人们最早期利用水资源的形式之一。

从 20 世纪初开始，随着现代水利技术的发展，地下水在许多地方的开采和以控制洪涝灾害、利用河川径流为目标的大中型水利工程的修建，促进了社会经济的发展，特别是农业的持续稳定增长，取得了巨大的效益，而同时也使人们渐渐遗忘了雨水利用。但是，人类社会经济的进一步发展，人口的不断增长，对有限的水资源提出了越来越高的要求，水资源的紧缺已成为许多地方制约经济发展的因素，同时大型水利工程引起越来越多的生态环境问题也迫使人们思考和寻找其他出路。因此，从过去半个多世纪以来，雨水利用又引起了人们的注意，特别是 20 世纪 80 年代联合国“国际供水和卫生十年”的提出，促使这一技术迅速在世界各国复兴和发展，成为许多国家解决水资源不足，尤其是农村人口生活用水困难的一个重要途径。20 世纪 80 年代以来，雨水集蓄利用系统得到迅速发展，不仅在干旱地区，而且在一些多雨的国家也受到重视。雨水利用范围从生活用水向城市用水和农业用水发展。在发展中国家，如亚洲的泰国、尼泊尔、印度、斯里兰卡等，非洲的肯尼亚、埃塞俄比亚、尼日利亚、乌干达等；在工业发达国家中，如澳大利亚、美国、德国、日本等都在开发利用雨水。雨水集蓄利用得以在现代技术的支撑下迅速发展和大量推广。其中，泰国在 20 世纪 80 年代实施的“泰缸”(Tai Jar)工程利用屋顶集雨和容积为 2 m^3 左右的薄壁钢丝网水泥砂浆制作的储水缸，解决了 200 多万农村人口的家庭生活用水问题。这种储水设施后来推广到亚洲和非洲的一些国家，得到了广泛的应用。南澳大利亚有 300 多万人用集蓄的雨水冲厕、洗车和浇灌草坪。在百慕大地区，有 80% 的居民使用雨水作为生活用水主要的或辅助的水源。1982 年 6 月在美国夏威夷成立了国际雨水储存系统协会，并召开了第一届国际会议，以后又改名为国际雨水集流系统协会(International Rainwater Catchment System Association)。1995 年 6 月该协会在中国北京召开了第七届国际雨水集流系统大会，把我国雨水集蓄利用的经验介绍给了全世界。

二、我国雨水集蓄利用发展现状和前景

我国的雨水利用也有着悠久的历史。早在 2 500 年前，安徽寿县就修建了大型平原水库拦蓄雨水，用于农田灌溉。秦汉时期，在汉水流域的丘陵地区修建了库塘，对雨水进行拦蓄和调节。在西北黄土高原等半干旱山、塬区，人们在同干旱作斗争的过程中，修筑梯田、挖截水沟、筑土坝以就地蓄雨，并创造了水窖、大口井、水塘等雨水利用设施，对农业发展发挥了很大的作用。但由于历史原因，这些措施未能得到迅速发展，农业生产仍未摆脱“靠天吃饭”的被动局面。20 世纪 80 年代以来，由于北方干旱日益严

重，水资源日益紧缺，国内不少科学研究机构开始了雨水集蓄利用技术和水资源持续发展方面的研究。“七五”期间，北京开展了城市雨洪利用技术研究。80年代末，甘肃开展了雨水集蓄利用技术的系统试验研究和示范推广。在该成果的基础上，组织实施了“121雨水集流工程”（每户建1处100 m^2左右的雨水集流场，打2眼水窖，发展1片庭院经济）。之后，各省区相继实施了大规模的雨水集蓄利用工程，其中有内蒙古的“112集雨节水灌溉工程”（1户建1眼旱井或水窖，采用坐水种和滴灌技术，发展2亩抗旱保收田），宁夏的窖水灌溉工程，广西的水柜工程，陕西的甘露工程，四川、贵州、云南、河北、河南等省也都先后实施了雨水集蓄工程。截至2006年，我国共建设或改造利用各类集流面304亿m^2，建成各种类型蓄水设施1 032万个，年收集利用雨水45亿m^3，解决了2 194万人、978万头大牲畜的饮用水困难，为289万hm^2的土地提供了补充灌溉的水源，显著改善了缺水山区农村的生活用水和农业生产条件。在新建的34万hm^2林草地上采取了富集雨水的措施，提高了成活率，对重建生态系统、改善环境条件起到了积极作用。这些雨水集蓄利用工程产生了明显的经济效益、社会效益和生态效益，在全面建设小康社会、建设社会主义新农村中起到了重要的作用。我国的雨水集蓄利用不论在规模上还是在开发深度上都居于世界先进水平。

雨水集蓄利用在我国已取得了显著成效，但是应当看到，进入21世纪以来，我国水资源面临着一系列严峻的挑战：水资源短缺和供需矛盾进一步加剧，全面建设小康社会和建设社会主义新农村对水资源的需求进一步提高，全球气候变化带来的极端气候和洪涝灾害日益频繁发生。这些都要求雨水集蓄利用在今后一个时期内有更大的发展。与上述形势要求比较，我国的雨水集蓄利用还存在以下几个方面的问题：

（1）发展不平衡，潜力还很大。我国的雨水集蓄利用已有长足发展，但受认知水平、需求程度、资金支持、技术支撑等各方面因素的影响和制约，省区之间和同一省区的市县之间，发展尚不平衡。根据最近一项评估研究，我国目前雨水集蓄工程所利用的雨水还不足雨水资源量的1%，存在着较大的潜力。而缺水山区还有1 000万左右的人口需要采用集蓄雨水的办法来满足生活和生产对水的需求。需要在调查工程现状、摸清潜力和需求的基础上，制定长远和近期发展规划，并加大国家的投入力度，制定相应的规章制度和政策措施，推动雨水集蓄利用工程有一个较大的发展。此外，与农村雨水集蓄利用的发展速度和规模相比，城市雨水利用相对落后，应当是今后雨水利用的增长重点之一。

（2）工程标准还较低，水质亟待改善。我国雨水集蓄利用最初是从解决人畜饮水困难和农村扶贫起步的。在供水标准上，水量仅能满足人们对水的基本需求，与小康社会和新农村建设的要求差距还很大。限于经济条件和农户的实力，当时的水质处理措施较为简易。不少集蓄雨水的水质不能满足饮用水的卫生要求。雨水集蓄工程设施不够配套，结构比较简易，难以抵御自然灾害。目前，有一种错误认识，认为雨水集蓄利用只能低标准解决水的问题。而事实上，国外许多国家，包括一些发展中国家的雨水集蓄生活供水系统，从设计、施工到管理，采取了一系列的技术措施，做到了设备标准化和规范化，使雨水集蓄系统在水质、水量、使用方便以及保证率等方面，都能完全满足安全供水的要求。我国应当提高工程标准，并加强管理措施，使雨水集蓄利用工程进一步配套化、标准化和规范化，达到安全供水的目标。

(3) 雨水集蓄灌溉的效益有待提高。我国的雨水集蓄灌溉工程发展很快，已经有了一定的规模，当前的问题是如何进一步发挥效益。不少集雨灌溉工程蓄了水，但没有用来灌溉，导致地里的庄稼受旱减产。有的和集雨工程一起建了温室大棚，但用不了两年就废弃了。出现这些问题的原因主要是利用雨水进行农业灌溉的示范推广不深不广，对充分利用雨水脱贫致富的先进典型宣传不够；农户对集雨节灌意义和方法的认知程度较低；同时，集蓄设施不配套，水源不足，缺少灌溉设备，灌水不方便。为此，需要研究和开发适合集雨节灌，并能使农户支付得起的灌溉设备，使之配套和形成标准产品。加强集雨节灌技术和信息服务，交流致富经验，帮助农户充分发挥雨水资源的效益，实现脱贫致富奔小康。

(4) 管理不到位。其主要表现在对雨水集蓄利用还缺乏明确的目标和规划；根据不同地区特点的分类指导做得不够；对工程建设一般比较重视，采取的措施比较得力，抓得也较紧，但工程管理措施不够到位，缺少资金和管理专业人员；如何在工程建成后用好工程、充分发挥效益，宣传、示范、培训和推广工作做得不够；生活供水的水质已经有了具体的技术标准，但管理缺乏规章制度，职责不够明确。

上述问题的出现，归根结底，是由于对雨水利用在我国水资源可持续开发利用中的地位和作用认识不够，没有把雨水利用作为水资源综合管理中的一个重要组成部分，与地表水、地下水工程同等对待。如前所述，我国是一个贫水国家，地表水资源和地下水资源的利用数量已经很高，再增加开采利用的数量将是十分有限的，今后这方面的重点应主要放在提高水的利用率和使单位水的产出最大化上。而雨水集蓄利用在我国刚开始发展，雨水的利用潜力还很大。它将是我国水资源开发利用中的一个新途径和发展方向。可以预期，雨水集蓄利用在我国有着十分广阔的发展前景，它将在以下几个主要方面进一步得到发展：

(1) 成为缺水山区家庭安全供水的主流方式之一。在广大偏远山区，以及由于水源、地形、地质条件无法实行集中供水的地方，雨水集蓄利用将是解决农村生活供水的主流方式，甚至是唯一可行的方式。对于已经或将要实施集中供水工程的地方，由于雨水集蓄的成本低，技术简易，它也能成为一种经济可行的补充水源。今后的雨水集蓄家庭供水工程应具有较高的工程标准、设备齐全配套，能够完全满足农村家庭安全供水的要求。

(2) 促进我国雨养农业生产水平上新台阶。雨水集蓄利用的实施主要在雨养农业地区，我国虽然有着悠久的灌溉历史，但雨养农业占耕地总面积的比重仍达56%，在我国农业发展中具有举足轻重的地位。由于传统的雨养农业主要依赖天然降雨，经常受到干旱影响，产量低而不稳，是我国低产田的主要集中地区，因而也是发展农业生产的潜力所在。实践表明，实施雨水集蓄灌溉可以显著提高雨养农业地的产量，使产量水平上一个新台阶，避免或减轻干旱造成的作物减产，显著提高雨水资源利用率和集雨灌溉水生产率，使我国粮食的安全性得到增强。

(3) 为改变雨养农业区农业结构单一的状况提供水的条件。雨水集蓄利用的实施将促进农业结构的优化，使农户能够根据市场需求和自身特点发展包括农林牧副各业在内的高效农业。提高单位雨水的产出价值和效益，帮助缺水山区农户实现脱贫致富。同时，还要充分发挥雨水利用在生态建设和环境保护中的作用，使雨水集蓄这一微型工程为小康社会和社会主义新农村的建设贡献一份力量。

（4）发展城市雨水利用。在解决城市缺水问题中，雨水成为地表水和地下水的有力补充。城市雨水利用主要在回灌地下水、抑制地下水位下降方面和在为城市绿化、冲厕、水景观等方面提供新水源，还可以减轻雨洪对城市排水的压力。城市雨水利用的发展水平应作为城市节能减排的一个重要指标。为此，应通过优惠政策措施的制定和建设示范样板楼房和小区，积极推广城市雨水利用。

第二章　雨水集蓄利用工程规划

第一节　雨水集蓄利用工程规划的要求

一、雨水集蓄利用工程规划的任务和原则

（一）规划的主要任务

（1）明确雨水集蓄利用工程任务与综合利用要求，即明确该工程的任务是以灌溉为主还是以人畜供水为主，或是既有灌溉又有人畜供水或兼有小型加工业用水等综合利用要求。根据当地的自然条件和社会经济状况，论证建设其工程的必要性与可行性。

（2）根据当地降雨条件、集流条件、生产与生活用水要求及水量平衡分析结果，确定工程规模。

（3）根据地形、作物种植和集雨条件等情况拟订总体布置方案，选择适合的集流方式、蓄水工程类型、灌水方式，合理布置集流场、蓄水工程、供水与灌溉设施。

（4）进行工程建设费用估算。

（5）研究工程实施程序和措施及运行管理方式。

（6）综合评价工程的经济、社会效益和生态效益，以及对环境的影响。

（二）规划的主要原则

（1）雨水集蓄利用工程应规划在缺乏地表水或地下水开采利用困难、降雨量稀少的地区，或虽然降雨充沛但因季节性干旱存在着严重缺水问题的地区。

（2）在实施中应尽可能集中连片、整村整乡推进。发挥规模优势，有利于实现区域性农业种植结构调整，以获得最大的经济、社会效益和生态效益。

（3）实行因地制宜、综合利用的原则。将生活供水、农田灌溉、水土保持和庭院经济统一考虑，并与节水技术相结合，达到充分利用雨水资源和节省投资的目的。

（4）远近结合，统一规划。既要照顾当前的利益，又要考虑长远的发展。统一规划、分期实施，根据当地社会经济的发展要求逐步推进。

二、基本资料的收集

基本资料的收集主要包括地理地形、水文气象、集流设施、供水对象、地质及土壤等资料。

（一）地理地形资料

地理地形资料包括拟建雨水集蓄工程所处的位置、高程、地形高差。一般情况下，不要求测绘地形图，但应有集雨面、蓄水设施和灌溉土地之间的相对位置及高差资料。对于规模较大的集雨工程和地形复杂的集雨场及灌溉土地，应当收集或测绘必要的简易

地形图。

（二）水文气象资料

（1）降水资料。应收集工程所在地的年降水实测资料。降水资料系列年限要求不少于10年。对于无实测资料的地区，可根据当地降雨量及 C_v 等值线图查算。

（2）气象资料。包括多年、月平均蒸发量，最大、最小月蒸发量；年、月平均气温，最高、最低气温（发生年月）；风速及主导风向；冰冻期及冻土深度；历年旱期、干旱类型、发生频次，以及对农作物生长的影响等。

（三）集流设施资料

对于以天然坡面作集流场的雨水集蓄工程，应估算集流场面积和地面坡度，收集集流场的植被情况资料；以屋顶、庭院、打碾场坝、公路、乡村道路等作集雨面时，应对面积进行丈量。此外，对工程实施范围内已建集雨面的形式、材料和集流效率，蓄水设施种类、结构和容积、节水灌溉设施、节水灌溉制度、工程运行管理情况等应进行调查。

（四）供水对象资料

供水对象资料包括现有人畜数量和未来10年的增长率，计划进行灌溉的作物种类、面积和需水量、单产量和灌溉现状及其他供水要求等资料。

（五）地质及土壤资料

地质及土壤资料包括工程实施范围的土壤质地、容重、田间最大持水量、渗透系数、集流场地层岩性等资料。

（六）其他资料

应尽量收集的其他资料包括当地社会经济现状和发展规划、农业发展规划，建筑材料来源及地点、储（产）量、质量、价格、运距、交通通信、能源供应等资料。

第二节 雨水集蓄利用工程规模的确定

一、集流面面积的确定

（一）供水量的确定

设计供水量根据用水对象的用水需求确定。对于家庭生活用水工程，主要根据用水人口、用水牲畜数量以及用水定额计算确定，根据2010年颁布的《雨水集蓄利用工程技术规范》（GB/T 50596—2010）中的用水定额，半干旱地区用水定额为20～40 L/(人·d)，而半湿润、湿润地区的用水定额则为40～60 L/(人·d)。

对于灌溉工程，一般首先根据本地区农作物、树、草的需水特性和可能集蓄的雨水数量，采用非充分灌溉的原理，确定补充灌溉的次数和每次灌水量。缺乏资料时，可参照《雨水集蓄利用工程技术规范》（GB/T 50596—2010），不同作物集雨灌溉次数和灌水定额取值见表2-1。对于畜禽养殖供水定额可按表2-2的规定取值。农副产业加工用水量应按照节约用水、提高回收利用率的原则，根据生产实际需要确定或参照《农村给水设计规范》（CECS 82:96）执行，见表2-3。

表 2-1　不同作物集雨灌溉次数和灌水定额

作物	灌水方式	灌水次数		灌水定额（m^3/hm^2）
		降雨 250 ~ 500 mm	降雨 > 500 mm	
玉米等旱田作物	坐水种	1	1	45 ~ 75
	点灌	2 ~ 3	2 ~ 3	45 ~ 90
	地膜穴灌	1 ~ 2	1 ~ 3	45 ~ 100
	注水灌	2 ~ 3	2 ~ 3	45 ~ 75
	滴灌	1 ~ 2	2 ~ 3	150 ~ 225
一季蔬菜	滴灌	5 ~ 8	6 ~ 10	150 ~ 180
	微喷灌	5 ~ 8	6 ~ 10	150 ~ 180
	点灌	5 ~ 8	6 ~ 10	90 ~ 150
果树	滴灌	2 ~ 5	3 ~ 6	120 ~ 150
	小管出流灌	2 ~ 5	3 ~ 6	150 ~ 240
	微喷灌	2 ~ 5	3 ~ 8	150 ~ 180
	点灌（穴灌）	2 ~ 5	3 ~ 6	150 ~ 180
一季水稻	“薄、浅、湿、晒”和控制灌溉		6 ~ 10	300 ~ 450

表 2-2　畜禽养殖供水定额

畜禽种类	大牲畜	猪	羊	禽
定额(L/(头、只·d))	40 ~ 60	15 ~ 20	5 ~ 10	0.5 ~ 1.0

表 2-3　农副产品加工用水量

名称	轧油（m^3/t）	豆腐加工（m^3/t）	制糖（m^3/t）	罐头食品（m^3/t）	酿酒（m^3/t）	制砖（m^3/万砖）	屠宰（m^3/只）	制皮（m^3/片）
用水量	6 ~ 30	5 ~ 15	15 ~ 30	10 ~ 40	20 ~ 50	7 ~ 12	0.3 ~ 1.5	0.3 ~ 1.5

（二）供水保证率设计年降雨

供水保证率是指对用水需求的保证程度，一般根据水资源条件，结合用水对象的重要程度确定。雨水集蓄利用工程的供水保证率可按《雨水集蓄利用工程技术规范》（GB/T 50596—2010）确定，见表 2-4。设计降雨是降雨频率等于供水保证率的年降雨量。年降雨频率的确定可采用经验频率或计算频率分布参数的方法确定。

表 2-4　雨水集蓄利用工程的设计供水保证率

供水项目	家庭生活	集雨灌溉	畜禽养殖	小型加工业
保证率（%）	90	50 ~ 75	75	75

（三）集流效率

1. 集流效率定义

集流效率是指集流面上收集到的雨水径流占相应降水量的比例，可用式（2-1）表述，即

$$RCE = \frac{W_{\mathrm{Runoff}}}{W_{\mathrm{Rain}}} \times 100\% \tag{2-1}$$

式中 RCE——集流效率（%）；

W_{Runoff}——集流面上的径流量，m^3；

W_{Rain}——相应集流面上的降水量，m^3。

甘肃省曾对几种常用的集流面的集流效率进行了系统的试验研究，得出了在混凝土、各种屋面瓦、水泥土、埋藏式塑料薄膜、原土夯实和天然地面等 8 种材料集流面上集流效率和降雨特性之间的定量关系，对土质材料集流面，还试验了集流效率和雨前含水量之间的关系，为雨水集蓄工程的设计提供了十分重要的基础资料。

2. 影响集流效率的因素

影响集流效率的因素很多，主要有当次降雨的特性（降雨量和降雨强度）、集雨面材料性能、集流面前期含水量，以及集流面坡度和坡度方向的长度等。此外，降雨过程的气温、风速等都对集流效率有一定影响。

1）降雨特性对集流效率的影响

全年降雨量的多少及雨强的大小，是决定集流效率大小的重要因素。集流效率随降雨量和雨强的增加而增加。

2）集流面材料对集流效率的影响

集流面材料的吸水率和透水性直接与集流效率相关。根据试验，各种集流面集流效率的大小依次为裸露塑料薄膜、混凝土、水泥瓦、机瓦、塑膜覆砂（或覆土）、青瓦、三七灰土、原状土夯实、原状土。施工质量的好坏也对集流效率有重要影响。

3）集流面前期含水量对集流效率的影响

集流面前期含水量较高时，当次降雨的集流效率就高。但对于混凝土、水泥瓦等透水性较小的集流面，这种影响要小于透水性较大的集流面，如土质集流面。

4）集流面坡度对集流效率的影响

一般来讲，集流面坡度较大，其集流效率也较大。坡度较大时流速也大，入渗水量相对于径流量的比例就小。

3. 年平均集流效率

年平均集流效率是进行雨水集蓄利用工程设计的主要参数，可按式（2-2）计算

$$RCE_{\mathrm{y}} = \frac{\sum_{i=1}^{n} RCE_i \cdot R_i}{\sum_{i=1}^{n} R_i} \tag{2-2}$$

式中 RCE_{y}、RCE_i——年平均、年内第 i 场降雨的集流效率（%）；

R_i——年内各次降雨量，mm；

n ——年内发生降雨的次数。

甘肃省水利科学研究院根据上述不同材料集流面场次降雨集流效率与降雨特性之间关系的试验成果，采用省内代表多年平均降水量为 300 mm、400 mm 及 500 mm 地区的 9 个雨量站的长系列降水资料，计算得出了年平均集流效率，其结果见表 2-5。

表 2-5 不同降水量条件下不同材料集流面的年集流效率

平均降水量（mm）	降雨频率（%）	不同材料集流面的年集流效率（%）						
		混凝土	水泥土	覆盖式塑料薄膜	黄土夯实	水泥瓦	机制黏土瓦	小青瓦
200～300	50	78	47	41	20	71	41	34
	75	75	40	34	17	66	34	28
	95	73	33	28	13	62	30	24
300～400	50	80	52	46	26	75	49	40
	75	78	46	41	21	72	42	34
	95	75	40	34	17	67	37	29
400～500	50	80	53	46	25	75	50	41
	75	79	51	45	23	74	48	38
	95	76	42	36	19	69	39	31

从表 2-5 可以看出，多年平均降水量较大地区的年集流效率高于多年平均降水量较小地区的年集流效率，这是由于降水较小的地区，小雨场次的比重较高，因而降低了年平均集流效率。由于同样的原因，在同一多年平均降水量的地区，降水频率较高的年份也是较为干旱的年份，其年集流效率也低于同地区的湿润年份。

可见，集流效率与地区的多年平均降水量水平的关系十分密切。表 2-5 中的集流效率数据是甘肃省在半干旱条件下得到的，全国广大地区还不能直接引用。

《雨水集蓄利用工程技术规范》（GB/T 50596—2010）规定，年集流效率应根据各种材料集流面在不同降雨情况下的观测试验资料确定。为了便于在缺乏资料的地区确定雨水集流效率，在甘肃省试验研究成果的基础上，根据在国内其他湿润地区雨水集蓄工程设计和实际经验的调查与分析，规定可按照表 2-6 中的数据取值。

表 2-6 《雨水集蓄利用工程技术规范》（GB/T 50596—2010）规定的年集流效率 （%）

集流面材料	不同降雨条件下年集流效率		
	降雨 250～500 mm	降雨 500～1 000 mm	降雨 1 000～1 500 mm
混凝土	73～80	75～85	80～90
水泥瓦	65～75	70～80	75～85
机瓦	40～55	45～60	50～65
手工制瓦	30～40	40～50	45～60
浆砌石	70～80	70～85	75～85
良好的沥青路面	65～75	70～80	70～85
乡村常用土路、土场和庭院地面	15～30	20～40	25～50

续表 2-6

集流面材料	不同降雨条件下年集流效率		
	降雨 250 ~ 500 mm	降雨 500 ~ 1 000 mm	降雨 1 000 ~ 1 500 mm
水泥土	40 ~ 55	45 ~ 60	50 ~ 65
化学固结土	70 ~ 80	75 ~ 80	80 ~ 90
完整裸露膜料	85 ~ 90	85 ~ 92	90 ~ 95
塑料膜覆中粗砂或草泥	28 ~ 46	30 ~ 50	40 ~ 60
自然土坡（植被稀少）	8 ~ 15	15 ~ 30	25 ~ 50
自然土坡（林草地）	6 ~ 15	15 ~ 25	20 ~ 45

（四）集流面面积的确定

集流面面积应根据设计供水保证率下的设计降雨量、集流面的集流效率与设计供水量决定。

当采用单一集流面时，集流面面积可按式（2-3）计算

$$S = \frac{10^5 W}{\kappa P_p} \tag{2-3}$$

式中　W——雨水集蓄利用工程的年设计供水量，m^3；

S——集流面面积，m^2；

κ——集流面防渗材料的年集流效率（%）；

P_p——设计年降水量，mm。

当几种集流面防渗材料联合应用时，集流面面积可按式（2-4）计算确定，即

$$\sum_{i=1}^{n} S_i \kappa_i = \frac{10^5 W}{P_p} \tag{2-4}$$

式中　S_i——第 i 种防渗材料的集流面面积，m^2；

κ_i——第 i 种防渗材料的年集流效率（%）；

n——集流面防渗材料种类；

其他符号意义同前。

二、蓄水容积的确定

蓄水容积可以用以下两种方法来确定。

（一）容积系数法

蓄水工程容积可按式（2-5）进行计算

$$V = \frac{KW}{1 - \alpha} \tag{2-5}$$

式中　V——蓄水容积，m^3；

W——全年供水量，m^3；

α——蓄水工程蒸发、渗漏损失系数，无资料时，可取 0.05 ~ 0.1；

K——容积系数，可按表2-7的规定取值。

表2-7　蓄水工程容积系数（一）

供水用途	多年平均降雨量下蓄水工程容积系数		
	降雨250～550 mm	降雨550～800 mm	降雨>800 mm
家庭生活	0.55～0.6	0.5～0.55	0.45～0.55
旱作大田灌溉	0.85～0.9	0.8～0.85	0.75～0.8
水稻灌溉	—	0.75～0.8	0.7～0.75
大棚温室常年灌溉	0.55～0.6	0.45～0.55	0.4～0.45

在多年平均降雨量大于800 mm的地区，当根据实际情况，集流面面积采用比式（2-3）和式（2-4）的计算结果大50%以上时，蓄水容积系数可按照表2-8的规定取值。

表2-8　蓄水工程容积系数（二）

供水用途	多年平均降雨量下蓄水工程容积系数		
	降雨250～550 mm	降雨550～800 mm	降雨>800 mm
家庭生活	0.51～0.55	0.4～0.5	0.3～0.35
旱作大田灌溉	0.75～0.8	0.75～0.8	0.7～0.75
水稻灌溉	—	0.65～0.7	0.6～0.65
大棚温室常年灌溉	0.5～0.55	0.35～0.5	0.3～0.35

（二）模拟计算法

1．入流、供水调节计算的基本方程

（1）入流量的计算。模拟计算的原理与一般水库调节计算相同，不同的是在雨水集蓄利用的情况下，来水是由降雨形成的，因此必须根据降雨资料和集雨效率计算入流（径流）量。而由于集雨效率与每次降雨的雨量和雨强有关，因此雨水集蓄系统入流量的计算一般要按每场降雨逐次进行。雨水集蓄系统的场次入流量应根据每场降雨的雨量和雨强所确定的集雨效率乘以降雨量得到，然后把每场次降雨产生的径流累计入每个计算时段（月或旬），得出全年的来水过程线。

计算时段可采用旬或月。一般来讲，生活供水工程全年用水比较均匀，采用月作为计算时段可保证容积计算的足够精度；而雨水集蓄灌溉供水一年内只有几次，宜用旬作为计算时段，否则可能造成较大误差。

（2）供水过程的计算。供水过程线应根据供水在年内的分配，按照计算时段统计。

（3）调节计算的基本方程。基本方程为

$$V_{i+1} = V_i + F_{\text{lin}} - W_s - L_{i,i+1} \tag{2-6}$$

式中　V_i、V_{i+1}——t_i、t_{i+1}时刻的容积；

F_{lin}——t_i～t_{i+1}时段内的入流量；

W_s——$t_i \sim t_{i+1}$时段内的供水量；

$L_{i,i+1}$——时段内蓄水工程的蒸发渗漏损失量。

如果在时段中初始蓄水量或来水量太小，不足以满足供水量和损失量，则发生缺水，用下式表示为

$$W_s > F_{lin} - (V_{i+1} - V_i) - L_{i,i+1} \tag{2-7}$$

如果初始蓄水容积大或时段内降雨量很大，则期末容积可能超过最大库容，则将发生弃水，用下式表示为

$$V_{max} < V_i + F_{lin} - W_s - L_{i,i+1} \tag{2-8}$$

2. 模拟计算方法

模拟计算方法有典型年法和长历时法两种。

1）典型年法

（1）典型年选择。可以选择年降雨量等于或接近设计保证率降雨量的年份作为典型年。应选择2～3个符合条件的典型年进行计算，选用计算结果中较大的蓄水容积作为设计容积。典型年也可以不按照年降雨量来选择，而选择关键期的降雨量等于或接近设计保证率降雨量的年份作为典型年。关键期是指一年内来水和用水之间缺口最大的时期，一般为枯水期末。

对所选典型年的各月或各旬的降雨量按照设计年降雨量和该典型年年降雨量的比值进行同倍比放大或缩小，使各典型年的降雨量都等于设计降雨量。

（2）逐时段进行容积计算时，起始时间应为蓄水容积等于零时，即不应按日历年计算而应按水文年来计算。蓄水容积为零的时间一般是在供水关键期末，对于生活供水工程，一般是在枯水季末，对于灌溉供水工程，北方地区一般是在6月中下旬。具体可以通过试算确定。

2）长历时法

长历时法一般要求水文系列不短于30年，对雨水集蓄系统应要求有不少于30年的降雨资料。入流量与供水过程线的计算方法与上述典型年法相同。为确定在要求保证率下的蓄水容积，可假定几个蓄水容积，计算在不同蓄水容积下发生缺水的年数并求得相应的供水保证率，绘制蓄水容积和保证率的关系曲线，从曲线上选择与设计保证率相应的蓄水容积。这一计算可以很容易地用Excel表格计算完成。

缺水的检验可以用式（2-7）进行。需要注意的是，这里所说的缺水年份是指年内任何一个计算时段发生缺水时，即认为是缺水。

当采用模拟法计算确定集流面面积和蓄水工程容积时，如果计算结果与按照容积系数法所得结果不一致，则宜采用长历时法的计算结果，但《雨水集蓄利用工程技术规范》（GB/T 50596—2010）又规定，如其计算结果小于容积系数法计算结果的0.9倍，则为安全计，仍宜采用容积系数法的计算结果。

模拟计算法计算比较繁杂，一般需要借助计算机进行，而且需要大量降雨资料和集流效率的试验成果，因此难以在我国的雨水集蓄利用工程中普遍应用。广大县（乡）技术人员确定雨水集蓄工程规模时，仍应以容积系数法为主。而长历时法则可以由省（市）水利技术部门，根据本地区的资料进行计算，验证适合当地降雨和农业用水条件

的容积系数，供县（乡）实施雨水集蓄利用工程的技术人员参考使用。

第三节　工程布置

一、集流场布置

集流场是雨水集蓄利用工程中承接和收集天然降水的设施，其布置类型依供水目的而异，可分为屋顶集流和地面集流两种。屋顶集流即利用农舍屋面收集雨水，屋顶集流一般比较干净，有时难免会有昆虫、鸟粪、杂物污染雨水，但污染量少，易处理。屋顶集流径流形成快，集流效率较高，且使用和管理方便、造价较低，应尽量加以利用。地面集流有天然坡面，现成可以利用的院坝、晒坝（场）、公路路面和人工修建的混凝土、三合土、塑料薄膜等防渗集流面三种类型。集流面的选择应遵循因地制宜、就地取材、集流效率高、工程造价低的原则。

（一）家庭供水和庭院作物灌溉雨水集蓄利用工程的集流面

以家庭供水和庭院作物灌溉为目的时，可利用屋面作为主要集流面，在北方半干旱地区，当屋面集流量不够时，可在庭院内进行人工防渗衬砌作为补充。由于屋面集流相对于庭院地面集流水质较好，因此宜对这两种集流面上的径流分别储存。在屋面下应设置接水槽，蓄水设施可建在较高位置，形成自流供水的简易自来水。地面径流则应在混凝土地面上设浅槽，把水引入蓄水设施。在南方湿润地区，为家庭供水的集流面也可利用植被较好的天然坡面或岩石坡面。

（二）以灌溉供水为目的雨水集蓄利用工程集流面

以灌溉供水为目的时，应充分利用现有建筑物的不透水或弱透水表面作为集流面，以降低造价。例如，水泥混凝土或沥青铺砌的公路路面、场院面、乡村道路、打谷场等，都可以作为集流面。利用公路路面作为集流面时，可利用公路的排水沟收集径流，把水引入蓄水设施。天然荒山坡地在南方湿润地区被广泛应用为集流面。在北方半干旱地区，虽然天然坡面的集流效率较低，但由于地广人稀，可以用做集雨的荒山荒坡较多，因此仍可加以利用。此外，在实施雨水集蓄利用工程后，一些地区大量发展起来的温室大棚的塑料薄膜顶棚，常常作为集流面加以利用。当要灌溉的作物经济效益较高而由于降雨量较稀少、集流量不足时，还可修建人工防渗集流场。

对于天然坡面集流面，当坡面沿坡度方向较长时，为减少对坡面的冲刷和沿程渗漏，宜按一定间距修建截流沟，把径流引入汇流沟，再送入蓄水设施。

集流面的位置应尽量高于要灌溉的地块，形成一定的高差，尽量满足各种灌溉方式需要的水头，以便进行自压灌溉。

（三）其他供水目的的集流面

有其他供水目的时，应根据对水质、水量的具体要求，尽量利用已有建筑物的表面或天然坡面进行集流。

二、蓄水建筑物的布置

（一）类型选择

蓄水设施可分为水窖、水窑、水池、水罐、塘坝、河网等类型，要根据当地的气候、地形、土质、集流方式及用途选择蓄水建筑物的类型。北方地区为了减少蒸发损失和便于储存地面径流，宜采用埋藏式蓄水建筑物，如水窖、水窑。南方地区的灌溉工程需水量较大，宜采用地表式水池，可以减少挖深、便于施工。有地形条件和适宜土质的丘陵山区，宜修建塘坝。

（二）位置选择

以家庭供水为目的的工程，水池修建应靠近住家，北方水窖应尽量建在庭院内。有灌溉目的的水池，应建在靠近灌溉地块和集流面处。蓄水窖（池）一般应选择在高于灌溉地块的地方，以便实行自流灌溉或自压灌溉。所有蓄水设施位置都必须避开填方或易滑坡的地段，设施的外壁距崖坎或根系发达树木的距离不小于 5 m。多个蓄水窖（池）相邻布置时，窖（池）外壁之间的最小距离应不小于 4 m。设置于公路两旁的蓄水设施应符合公路部门的排水、绿化、养护等有关规定。蓄水建筑物的主要附属设施如沉沙池、输水渠（管）等，应统一进行布置。

三、雨水集蓄工程的布置形式

（一）家庭供水雨水集蓄工程的布置

在北方地区常利用屋顶和混凝土衬砌的庭院地面作为集流面，而采用水窖作为蓄水建筑物。屋顶下设接水槽，储水池位置可以布置在高处，见图 2-1。南方湿润地区可以只利用屋顶集流，设高位蓄水池；也可建地表有顶盖蓄水池，采用水泵提水。

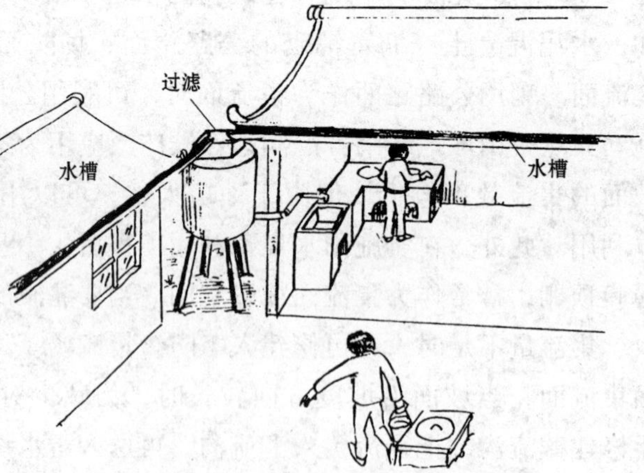

图 2-1　家庭供水雨水集蓄工程的布置示意图

（二）公路集蓄工程的布置

公路具有较高的集流效率，是良好的集流面。可以在公路两旁布置蓄水池（窖）

群。利用公路两侧的排水沟在适当地点把水引出排水沟，经过沉淀后，再通过输水渠引入蓄水池，见图2-2。当地块离开公路较远时，宜修建引水输水渠道把水分别引入蓄水池（窖），见图2-3。

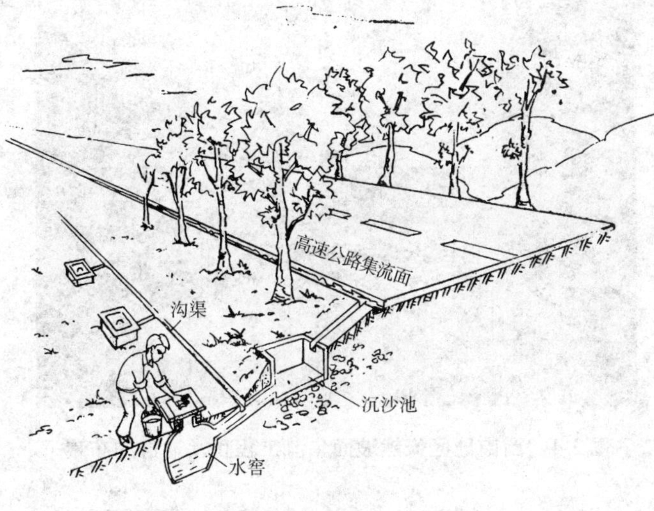

图2-2　公路集蓄工程的布置

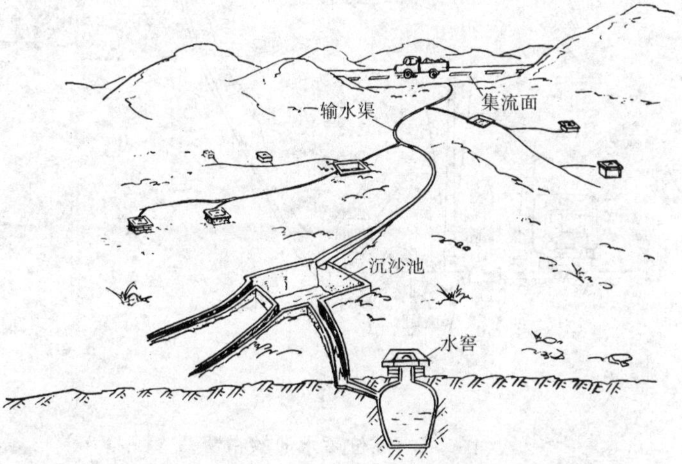

图2-3　输水渠引水到多个蓄水建筑物的布置

（三）天然坡面集流工程的布置

植被较好的土质坡面和岩石坡面都可以加以利用作为集流面。当坡面植被较差，容易引起冲刷时，宜在坡面上修建截流沟和汇流渠，把坡面径流引到蓄水建筑物。南方降雨量较大的地区，利用集蓄的雨水进行水稻的补充灌溉，常在山坡、河谷内修建水池群，储存坡面和沟道里的降雨径流，见图2-4。

（四）高位蓄水池的布置

为利于需要一定压力的灌溉方式，如滴灌、微喷灌等，可利用水泵把储存在水池（窖）内的水提升到高位水池，然后与管道连接进行灌溉，见图2-5。

（五）由一处集流面供给单个蓄水池工程的布置

有些集流面如打谷场、一段农村土质道路，收集的水量只能供给单个水窖（池），蓄水池布置在地块附近，需修建引水渠把雨水引到蓄水窖（池）内，见图2-6。

图2-4　西南地区天然坡面集流工程和水池群的布置

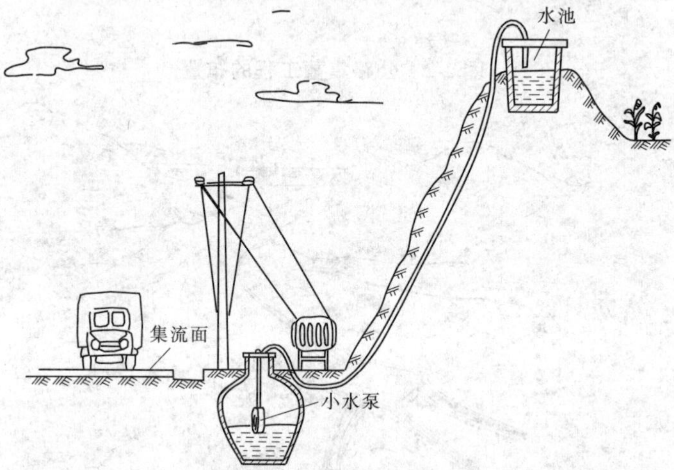

图2-5　高位蓄水池的布置

（六）温室大棚雨水集蓄工程的布置

温室大棚的塑料顶棚是良好的集流面，在湿润地区，集蓄的雨水可以基本满足温室大棚内作物的用水需求；在半干旱地区也可以满足大棚内一季作物用水需求。水窖可以建在大棚内或棚外，沿棚面下修建汇流渠，把水引入水窖，也可以用水罐储存来自顶棚的水，见图2-7。

四、灌溉系统规划

雨水集蓄利用工程灌溉系统规划的任务是确定灌溉范围，选定节水灌溉方法和类型，进行系统的首部枢纽布置和田间管网布置等。

图 2-6　由一处集流面供给单个蓄水池工程的布置

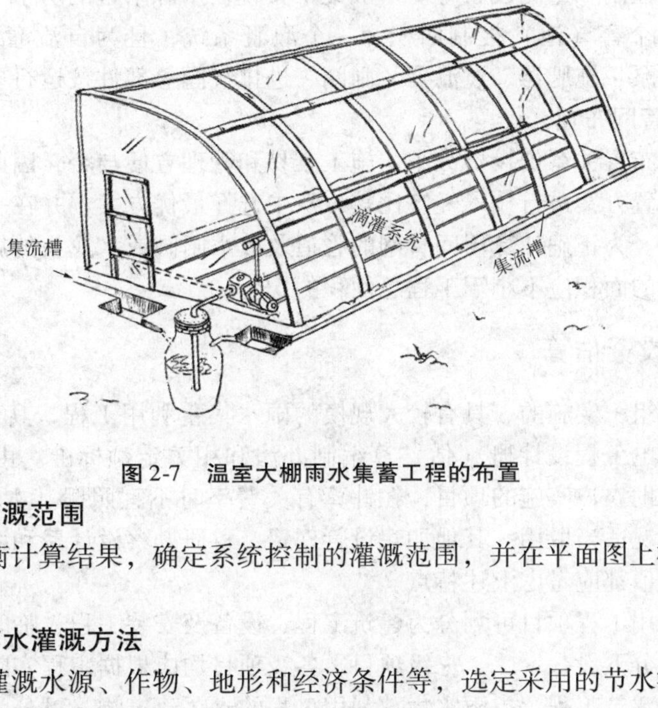

图 2-7　温室大棚雨水集蓄工程的布置

（一）确定灌溉范围

根据水量平衡计算结果，确定系统控制的灌溉范围，并在平面图上标出界线，以便进行灌溉网布置。

（二）选定节水灌溉方法

根据当地的灌溉水源、作物、地形和经济条件等，选定采用的节水灌溉方法，如滴灌、渗灌、注水灌、点灌、浇灌、沟灌和坐水种等。

（三）选定节水灌溉类型

为了节省投资，有条件的地方应首先考虑采用自压灌溉的方式，没有自压灌溉条件的地方考虑采用人工手压泵或人工吊桶提水，电源方便时可用微型电泵提水。

对于滴灌，根据所控制的面积和作物种类等选用固定式、半固定式和移动式的类型。在灌水期间整套系统（包括首部枢纽、管网和灌水器）都固定于地表或部分固定于地表下的系统为固定式滴灌系统。这种类型施工安装方便、灌水效率高、便于实现自动化，但投资较大。灌水期间首部枢纽、主管道固定不动，只有支、毛管（或毛管）和灌水器（滴头）移动的系统为半固定式滴灌系统。与固定式滴灌系统相比降低了投资，但增加了移动工作量。在灌水期间，整套系统不固定或首部枢纽固定，管网和灌水器移动的系统为移动式滴灌系统，此种滴灌系统投资最省，但移动劳动强度大。目前，较普遍采用的是移动式滴灌系统和半固定式滴灌系统。

对于南方山区的大田作物灌溉，以往多采用人工挑水进行点灌。近年来，随着经济条件的改善，多在田间布置管网并设置给水龙头，灌水时在龙头上接移动软管进行点灌（如贵州近年实施的烟水配套工程中普遍采用了这种方式），这种灌溉方式极大地减轻了人工取运水和浇灌的劳动强度，而且当需要改用喷滴方式时也较方便，同时这种方式可以增大蓄水窖（池）容积来增大布置间距，减少窖（池）数量，以给水龙头来控制取水距离，因此工程投资较节省。

（四）首部枢纽布置

对于面积较大的雨水集蓄系统，其首部枢纽应包括提水设备、动力设备、放水设备、过滤设备、控制和量测设备等。一般集中布置在水源附近的房子中，对于面积较小的系统，如以一个窖（池）控制面积为一个灌溉系统，且为自流灌溉，则可不建房。在规划时应将机泵、施肥器、过滤器、闸阀、进排气阀等部件按运行要求布置好。

（五）田间管网布置

田间管网的布置关系到投资大小、施工难易和管理方便与否，因此较大的灌溉系统应有多个管网布置方案进行技术经济比较，从中选择最优方案，并在平面图或地形图上绘出管网布置图。为正确计算田间管网的管道及放水闸阀或水龙头的用量，应进行典型设计，典型设计的面积应不小于工程总面积的5%。

五、工程投资估算

县或县以上组织实施的、具有较大规模的雨水集蓄利用工程，其工程投资概（估）算可参照水利水电工程设计概（估）算编制办法和相关定额标准。由于雨水集蓄利用工程均为国家补助农户实施的项目，在计算有关费率时不宜照搬基本建设项目的规定，而应根据实际情况适当取用。其他如建设管理费、科研勘察设计费和咨询服务费的确定以及预备费的取值都应考虑上述特点。

雨水集蓄利用工程项目可划分为建筑工程、设备及安装工程、临时工程和其他费用四大部分。各部分下设一、二、三级项目，各级项目均应根据工程实际需要设置。

第一部分　建筑工程。指雨水集蓄利用工程的永久建筑物，可分为集流工程、输水工程、蓄水工程、家庭供水和灌溉工程、田间工程等五个一级项目。集流工程包括集流面、截流沟、汇流沟等二级项目；输水工程包括输水渠道、渠道建筑物、管道工程等二级项目；蓄水工程包括蓄水窖（池）、沉沙池、过滤池等二级项目；家庭供水和灌溉工程包括提水设备、机房、灌溉首部枢纽井等项目；田间工程包括田间灌溉渠道和干支管、取水栓或放水阀井、镇支墩等项目。三级项目为二级项目中的土石开挖、混凝土、浆砌石、钢筋制安等工程项目。

第二部分　设备及安装工程。指构成雨水集蓄利用工程固定资产的全部设备及安装工程，雨水集蓄工程一般包括家庭供水或灌溉供水的提水机泵设备、动力设备及微灌、喷灌等设备，还应有过滤设备、控制设备、量测设备、灌水设备，以及田间输水管道、管件、闸阀等设备和安装工程。一级项目应按“第一部分　建筑工程”一级项目分类。

第三部分　临时工程。对于以社区为单位规模较大的集中型雨水集蓄工程，可适当考虑临时工程，主要有为建设工程服务的临时施工便道和临时施工仓库及工棚。

第四部分　其他费用。雨水集蓄工程的其他费用一般有建设管理费和科研勘测设计费两项，建设管理费中包括建设单位预备费、质量监督检测费和工程施工监理费等。

预备费由基本预备费和价差预备费两项组成。基本预备费是指因设计变动和国家的政策性变动而导致投资增加的预留费用；价差预备费是指工程建设过程中，因材料、设备涨价和人工标准、费用标准调整而导致投资增加的预留费用。

上述四大部分与预备费之和即为工程总投资，根据总投资可算出单位面积投资和各部分工程费用所占投资比例等经济指标。若为灌溉和生活用水结合的工程，应按用水量进行投资分摊。应根据国家有关政策，分别计算出在总投资中国家补助和农户投劳折价部分的费用。

六、效益分析

雨水集蓄利用工程的效益可分为经济效益、社会效益和生态效益三部分。在分析比较经济效益、社会效益和生态效益以及投入的基础上，可以论证雨水集蓄利用工程的必要性和合理性。

家庭供水的雨水集蓄利用工程的经济效益主要包括节约项目实施前挑水劳力和费用（畜力、汽车和拖拉机运水燃料等），以及由于改善水质所减少的医疗费用等。生产目的供水的雨水集蓄利用工程的经济效益主要体现在抗旱增产（包括调整农业结构后增值）、畜牧业养殖、小型加工业发展等。效益计算时应进行合理的效益分摊，抗旱增产效益宜按多年平均、设计年和特大干旱年的年增产值进行加权平均计算。

社会效益主要体现在雨水集蓄工程建成后推动了扶贫开发、农村经济的发展和农村精神文明建设。有了水，可以促进当地农业结构调整和农民增收致富，发展节水优质高效农业，改善农业生产条件和农民生存环境，促进社会主义新农村建设。

生态效益是指工程建成后对当地生态环境的影响，如对缓解用水矛盾、减少水土流失、改善环境卫生条件等方面的效益。

第三章 雨水集蓄利用系统设计

第一节 集流子系统设计

集流工程主要包括集流面、集流沟和输水渠等。

一、集流面材料分类

集流面可分为利用现有建筑物不透水表面的集流面、利用天然坡面（岩石面或土质面）的集流面以及专门修建的防渗集流面（见表3-1）。

表3-1 不同方式的集流面材料

集流系统	集流面材料
现有建筑物的不透水表面	路面、场院、屋面
天然坡面	荒坡、沟壕
专用集流面	混凝土、水泥土、三合土、原土夯实、塑料薄膜、其他集流材料

（一）现有建筑物不透水表面

现有建筑物的不透水表面主要是指将已形成的集流效率较高、渗透系数小、适宜集流的场地用做集流面，如已有房舍屋顶、庭院、水泥或沥青路面、打谷场、操场等都可作为集流面利用。

（二）天然坡面

南方湿润地区的天然坡面集流效率较高，同时一般植被也较好，适宜用做集流面。西北和华北半干旱地区的天然坡面虽然集流效率较低，但其地域辽阔，如黄土高原地区的荒坡、沟壕和东南沿海的海岛、石灰岩溶地区均可利用作为集流面。

（三）专用集流面

在一些地区，由于降水稀少又远离可利用的公路、场院等现有集流面，则需要修建人工集流面。这种模式适宜在解决人畜饮水发展庭院经济的农村地区推广。如在华北、西北黄土高原丘陵山区需要集流雨水进行节水灌溉的地区等。人工集流面常用的防渗材料有混凝土、水泥土、三合土、塑料薄膜、衬砌块石等。

近年来，研制了HEC土壤固化剂、复合型石油沥青玻璃布油毡、机制防渗布等材料，初步试验结果表明，集流效果良好。

二、不同类型集流面设计

（一）现有建筑物不透水表面利用设计

当利用屋顶做集流面时，一般应在屋檐下设置接水槽。如果同时还利用庭院集水，则由于这两部分水的水质有差别，应分别储存。当利用公路集流时，可利用公路旁的排水沟集流，在适当地点把水引入输水渠，送到蓄水设施内。其他场院集流面应视具体情况设计截流沟、输水渠。

（二）天然坡面集流面设计

建设于荒山荒坡上的集流面，应在坡面上按照 20～30 m 的间距修建截流渠，把水送至汇流渠，再通过输水渠把水送到蓄水设施。渠道坡度一般采用 1/50～1/100，当坡度太大易引起冲刷时，渠道应进行衬砌。

（三）专用集流面设计

专用集流面的类型主要有混凝土集流面、浆砌石（砖）集流面、水泥土集流面、三合土（二合土）集流面、原土夯实集流面、塑料薄膜集流面以及其他新型材料的集流面。

1. 混凝土集流面

庭院集流面的混凝土强度等级一般可采用 C15，厚度为 3～4 cm，集流面纵向宜采用 1/10～1/20 的坡度，横向一般用 1/50～1/100 的坡度。混凝土配合比技术参数见表 3-2。

表 3-2　混凝土配合比技术参数

设计强度等级	水泥强度等级	水灰比	最大粒径（mm）	配合比			每立方米用料					
				水泥	砂	卵石	水泥（kg）	砂		卵石		水（kg）
								kg	m^3	kg	m^3	
C15	32.5（复合水泥）	0.6	20	1	2.87	4.13	290	838	0.56	1 215	0.71	170
			30	1	2.97	5.28	256	765	0.51	1 374	0.80	150
	42.5	0.7	20	1	2.99	5.28	261	780	0.52	1 377	0.81	185
			30	1	3.11	5.80	246	765	0.51	1 428	0.84	175

为防止裂缝，混凝土施工时应分块浇筑，在分块缝内设止水材料。止水材料主要有沥青砂浆、塑料焦油胶泥，也可采用木条、黏土等，但止水效果较差。

2. 浆砌石（砖）集流面

在石料较多的地区，可采用块石或石板来铺砌集流面，以提高雨水集流效率。砌筑厚度依石料厚度而定，常为 15～20 cm，应采用水泥砂浆坐浆砌筑。为了提高防渗效果，通常在砌体的表面涂抹一层水泥砂浆。用于修建浆砌石集流面的水泥砂浆的强度等级为 M10。

3. 水泥土集流面

水泥土是把一定数量的水泥与土混合后，压实而成的一种集流面建筑材料。与混凝土相比，它具有不需要用砂子和石子等材料的优点，但比混凝土透水性大。多种土质都可拿来使用，如砂壤土、壤土及粉壤土。水泥土有干硬性和塑性两种。干硬性水泥土拌和时用水量比较少，它的强度和防渗能力都优于塑性水泥土，但制作时需要加很大的压力才能使水泥土块成型。通常是用专用机械预制成 30～40 cm 见方、厚 4～5 cm 的板块，再进行砌筑。塑性水泥土可以就地施工，不需要机械。水泥土中的水泥含量一般应占整个水泥土重量的 8%～12%。每立方米水泥土用水泥 120～190 kg。塑性水泥土施工可以用一般土方夯实时的工具进行夯实。夯实后的干容重应不低于1.55 t/m³。

4. 三合土（二合土）集流面

三合土是石灰、黏土和普通土的混合料拌和均匀后经过夯实而成的。通常石灰、黏土和土的体积比例为1:2:4。二合土是石灰与土的混合料夯实而成的，石灰与土的比例常用3:7或4:6。三合土和二合土的施工方法与塑性水泥土相同，都可以采用压实土方的方法来施工。

5. 原土夯实集流面

原土夯实集流面是一种完全就地取材的集流面，集流效率较低，寿命较短。具体的做法是把土刨松30 cm，除去杂草，当土料太湿时就要适当晾干后再进行分层夯实。每层松土厚度15 cm左右。地表坡度不大于10%。

6. 塑料薄膜集流面

塑料薄膜具有防渗性能优良、价格低、施工简便等优点。但缺点是容易老化，有时还会被根茬刺破或牲畜踩破而造成漏水。塑料薄膜的铺设有两种方式：一种是裸露铺设。这种方式的优点是集流效率很高，可以达到0.9以上。但寿命很短，最多能用一个作物生长季节。另一种是在塑料薄膜上铺一层厚度为3~4 cm的中、粗砂，草泥或低强度等级砂浆，以防止老化和机械破坏。这样虽然延长了薄膜的使用寿命，一般可以用3~5年，但却大大降低了集流效率。埋藏式薄膜宜用0.1~0.2 mm厚的聚氯乙烯或聚乙烯薄膜。

塑料薄膜防渗集流面还可采用固定式和移动式两种方式敷设。对坡面集流面一般采用固定式，四周用现浇混凝土、砌砖或原土夯实压边；对打谷场、庭院或操场集流面可采用移动式，雨前铺设，雨后收拢，可延长使用寿命。

7. 其他新型材料的集流面

近年来，西北农林科技大学、中国农业大学等单位先后开展了HEC土壤固化剂和AAM活性铝酸盐混合物、高掺量粉煤灰、复合型石油沥青玻璃布油毡、机织防渗布等高分子材料，以及化学集流材料（包括钠盐、石蜡、沥青、硅酮、土壤稳定剂）和防蚀剂等坡面化学处理剂材料的集雨试验研究，目前尚在试验阶段。

第二节　截流引水工程设计

雨水集蓄利用工程的截流引水工程主要包括截流沟、汇流渠、引水渠和屋面接水引水设施等。

一、工程布置

工程布置因地形条件、集雨场位置和渠道防渗材料的不同而异。

对于因地形条件限制离蓄水设施较远的集雨场，应规划建成固定的土渠。如果土质渗漏较大，可采用素混凝土、浆砌石、塑料薄膜等进行防渗处理。U形或矩形的素混凝土渠是一种施工简易的衬砌方式。

利用公路、道路作为集流场时，应利用路边排水沟汇集径流，在适当地点建输水渠，把水送到蓄水设施。路边排水沟及输水渠也应视需要进行防渗处理。

利用山坡地作为集流场时，可依地势每隔 20 ~ 30 m 沿等高线布置截流沟，避免雨水在坡面上漫流距离过长而造成冲刷和水量损失。截流沟可采用土渠，坡度宜为1/30 ~ 1/50。截流沟应与汇流沟连接。输水沟宜垂直等高线布置，并采用矩形或 U 形素混凝土渠防渗，南方地区也可以用砖进行衬砌。

利用已经进行混凝土硬化防渗处理的小面积庭院或坡面，可将集流面规划成一个坡向，使雨水集中流向沉沙池的入水口，可不另设输水渠。

利用屋面做集流面时，宜在屋檐下设置接水槽，再用管道（槽）输送至蓄水池。

二、渠道断面形式及材料

截流沟和输水渠，如果坡度不大，可以采用梯形土质渠道。渠道边坡可采用 1∶0.5（水平∶竖向），渠道坡面应加以拍实。汇流渠道一般沿坡度方向布设，流速较大，应加以衬砌。断面形式可采取梯形、矩形或 U 形。前两种形式一般采用 C15 素混凝土、石板或块石 M10 砂浆砌筑。U 形混凝土渠一般用素混凝土预制安装，也可以采用现场浇筑的方法。输水在有特殊地形要求时，也可以采用管道形式，如混凝土管道或塑料管。

三、渠道断面计算

引水渠修建于集流面的最低处，其作用是将集流面汇集的雨水引入蓄水设施中储存起来。对雨水利用工程而言，一定集流面上的汇水流量可按式（3-1）计算

$$Q = 1.667 \times 10^{-5} ISE \tag{3-1}$$

式中　Q——设计集流面上的汇水流量，m^3/s；

E——集流面集流效率（%）；

S——引水渠控制汇流区域的集水面积，m^2；

I——设计降雨强度，mm/min，参考当地降水特性确定，无资料时取0.2 ~ 0.3 mm/min。

引水渠断面可按照明渠均匀流公式计算。一般情况下，可不作计算，采用底宽和渠深 10 ~ 30 cm 的断面。对于庭院集流面，可以在混凝土面上做一个向水池（窖）方向倾斜的浅槽，使水流适当集中即可。

四、接水槽

在西北和华北半干旱地区，为补充屋面集流量的不足，同时也收集庭院地面的径流（地面一般用混凝土衬砌），应将屋面和地面的径流分别蓄存，此时，为改善水质，应在屋檐下设置接水槽。接水槽可以用镀锌铁皮制作，也可以用直径 20 cm 的排水管剖成两半使用。

第三节　蓄水工程设计

一、水窖

（一）水窖结构

水窖是一种建在地下的埋藏式蓄水工程，与一般开敞式水池比较，它有以下一些优点：

（1）由于水蓄在地下，夏季水的温度比较低，水窖口又都装有顶盖，因此容易保持良好的水质。

（2）由于水窖位于地下，可以储存地面径流。

（3）水窖位于地下并且加盖，可以防止蒸发，减少水量损失。

（4）在土质地区，修水窖用的建筑材料相对比较少，可以节省投资。

（5）北方地区的水窖在冬季水窖内的水不会结冰，不影响使用，也不会对工程造成破坏。

由于水窖的上述优点，水窖普遍用于我国北方地区，在西南一些省（区、市）也有应用。

按照水窖的结构和建造材料不同，可将水窖分为以下几种形式。

1. 水泥砂浆薄壁水窖

水泥砂浆薄壁水窖是在传统的土窖结构形式基础上，改红胶泥防渗为水泥砂浆抹面防渗的一种经济、实用的窖型结构。这种水窖适用于土质比较密实坚固的土层，在土方开挖后的土坑可以依靠土体自身保持稳定。土质疏松和砂性土壤不宜采用。具体结构如图 3-1 所示。

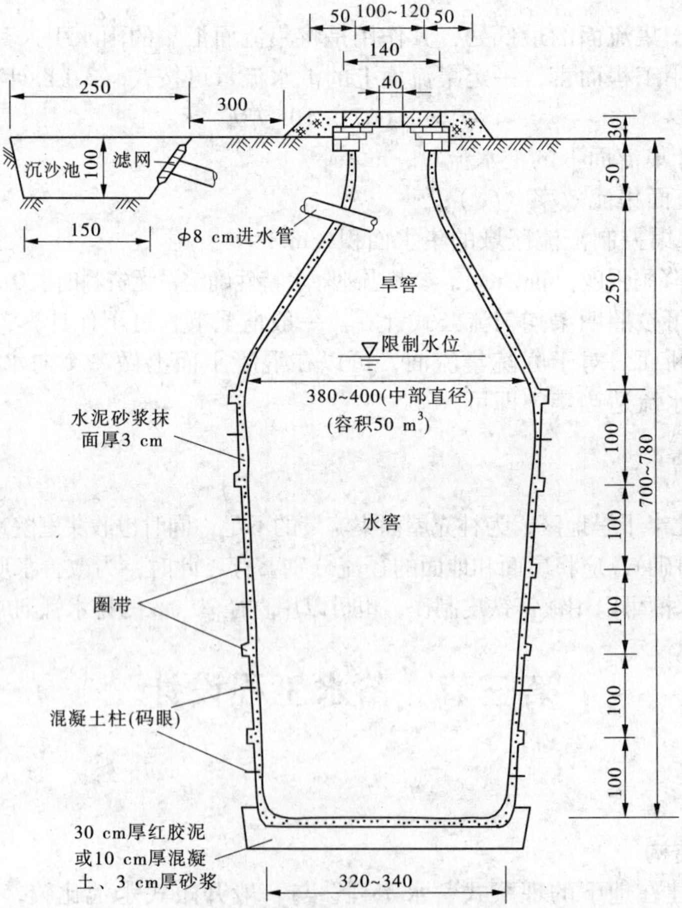

图 3-1　水泥砂浆薄壁水窖　（单位：cm）

1）水窖组成

水泥砂浆薄壁水窖窖体由旱窖、水窖两部分组成。

（1）旱窖部分位于水窖上部，由窖口经窖脖子（窖筒）向下逐渐扩展，与水窖部分的上口相接。受土壤力学结构的制约，旱窖的结构关系到水窖的稳定与安全，其矢跨比（矢高与直径比）应不小于0.5。

（2）水窖部分是工程的储水部位，形似水缸，呈上大下小形状，应确保不渗漏，保证水窖安全。

2）防渗处理

水窖防渗处理分窖壁防渗和窖底防渗两部分。为了使防渗层与窖体土层紧密结合并防止防渗砂浆整体脱落，沿水窖中部直径以下的水窖部分，每隔1.0 m在窖壁四周沿等高线挖一条宽5 cm、深8 cm的圈带，在两圈带中间，每隔30 cm打混凝土铆钉（码眼），梅花桩形布设，以增强防渗砂浆层与窖壁结构的整体性。窖壁结构为3～4 cm厚的水泥砂浆抹面层，一般分两遍进行抹面处理，第一遍采用1∶3水泥砂浆抹面，第二遍采用1∶2水泥砂浆抹面，最后用纯水泥浆通刷两遍，以达到良好防渗的目的。对窖底结构，以锅形或反弧形结构受力最好，即中心位置比四周低0.2～0.3 m为宜。对窖底与窖壁的结合部位，也应以小弧段过渡，避免应力集中致使水窖结构受到破坏。在处理窖底时，首先要对窖底原状土进行夯实，增强土壤的密实度，防止底部发生不均匀沉陷。当土质状况良好时，窖底也可采用厚3～4 cm的水泥砂浆防渗处理。根据有些地方群众的经验，在水泥材料建造的水窖底部铺设一层红黏土，可改善水质。

3）尺寸和主要技术指标

水泥砂浆抹面水窖总深一般为5.7～8.1 m，其中水窖深3.7～5.3 m，底径2.5～3.5 m，中径2.8～4.1 m，旱窖深（含窖脖子）2.0～2.8 m，窖口径0.8～1.1 m。窖体由窖口以下50～80 cm处圆弧形向下扩展至水窖中径部位，窖台高30 cm，蓄水量20～60 m^3。

不同容积水窖主要技术指标及工程量见表3-3。

表3-3　水泥砂浆抹面水窖主要技术指标及工程量

容积（m^3）	中径（m）	底径（m）	窖颈深（m）	水窖深度（m）	壁厚（cm）	挖方（m^3）	砂浆（m^3）	水泥（t）	砂子（m^3）
20	2.8	2.5	2.0	3.7	4	43.4	1.93	1.06	1.97
30	3.2	2.8	2.2	4.2	4	58.5	2.47	1.36	2.52
40	3.5	3.1	2.4	4.6	4	73.0	2.96	1.64	3.02
50	3.8	3.3	2.6	5.0	4	87.8	3.45	1.91	3.51
60	4.1	3.5	2.8	5.3	4	101.3	3.87	2.14	3.95

2. 混凝土盖碗水窖

混凝土盖碗水窖形状类似盖碗茶具，故取名盖碗窖。当土质坚固性稍差时，为保证安全，水窖上部采用素混凝土穹形结构，以承受上部土体重量和人群活荷重。具有结构安全、稳定性好等特点，一定程度上避免了因传统窖型窖脖子过深带来的建窖取土、提水灌溉及清淤等困难。但混凝十数量较大，使工程投资有所增加。混凝土盖碗窖具体结构见图 3-2。

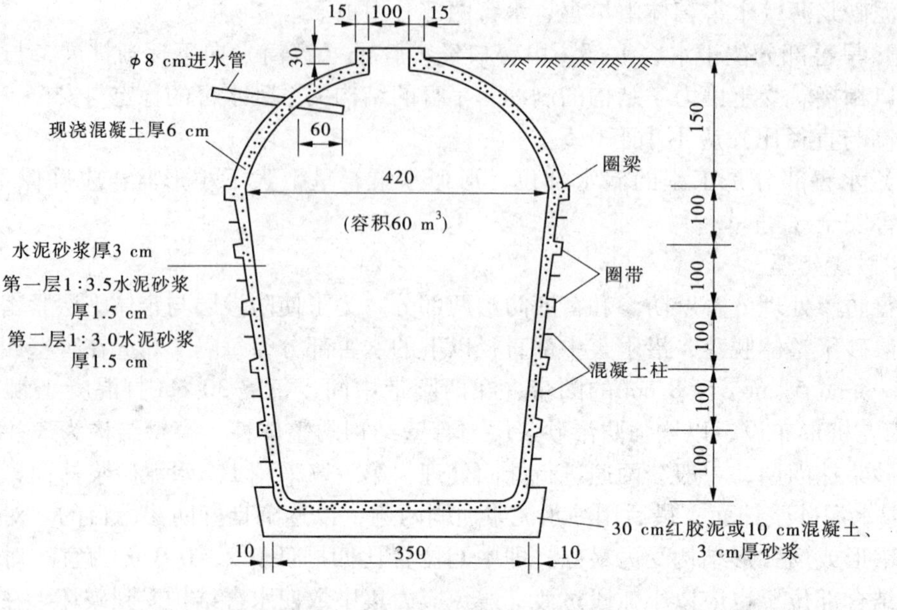

图 3-2　混凝土盖碗窖具体结构　（单位：cm）

混凝土盖碗水窖由顶部混凝土盖碗部分、下部水泥砂浆抹面及窖底素混凝土三部分组成。与水泥砂浆薄壁水窖不同的是混凝土盖碗窖的上部——混凝土盖碗的一部分也可用于蓄水，从而增加了水窖容积。

（1）上部混凝土盖碗部分为薄壳型铅丝网混凝土穹形顶盖，矢跨比可采用 1/2 ~ 1/4。一般在符合设计尺寸且修整好的土模上采用 C15 混凝土现浇成型，厚度 8 ~ 10 cm。帽盖上布设进水管、窖口和窖台。铅丝网布置如图 3-3 所示。

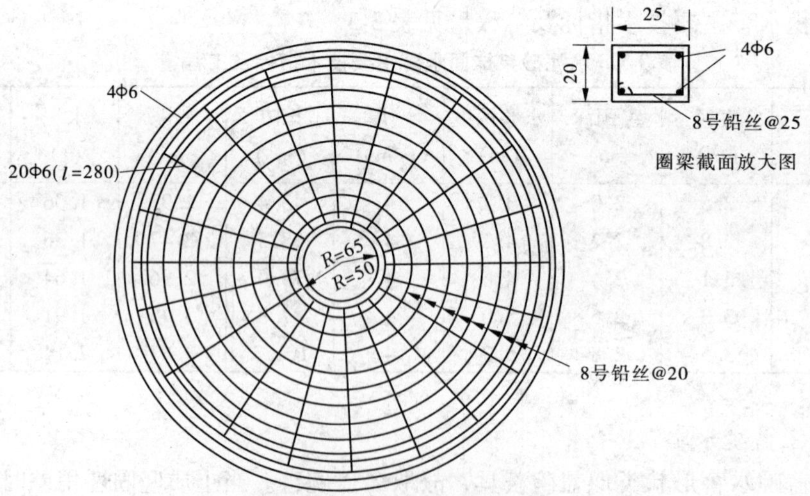

图 3-3　混凝土帽盖铅丝网平面图　（单位：cm）

（2）下部水泥砂浆抹面部分的结构与水泥砂浆薄壁窖完全相同。

不同容积水窖主要技术指标及工程量见表3-4。

表3-4　混凝土盖碗水窖主要技术指标及工程量

容积（m^3）	中径（m）	底径（m）	矢高（m）	水窖深度（m）	壁厚（cm）	挖方（m^3）	填方（m^3）	混凝土（m^3）	砂浆（m^3）	水泥（t）	砂子（m^3）	石子（m^3）
20	2.6	2.3	1.1	4.5	4	29.4	7.28	0.51	1.61	1.29	1.92	0.40
30	3.0	2.6	1.2	5.1	4	42.5	9.97	0.58	2.11	1.66	2.46	0.45
40	3.3	2.9	1.3	5.6	4	55.8	12.56	0.64	2.56	2.00	2.95	0.50
50	3.6	3.1	1.4	6.1	4	69.1	15.08	0.69	2.98	2.32	3.41	0.53
60	3.8	3.3	1.5	6.5	4	81.5	17.38	0.73	3.36	2.60	3.81	0.57

3. 混凝土穹形顶盖圆柱形砂浆窖

此种窖与盖碗窖基本相同，但边墙部分做成直立式。混凝土穹形顶盖仍为C15混凝土，厚度为10～12 cm，并采用铅丝网加强，穹顶的矢高比可以适当减小，开挖深度和水窖上部高度都可以减少。而边墙仍为厚3～4 cm的砂浆层防渗。窖的剖面见图3-4。尺寸和工程量见表3-5。

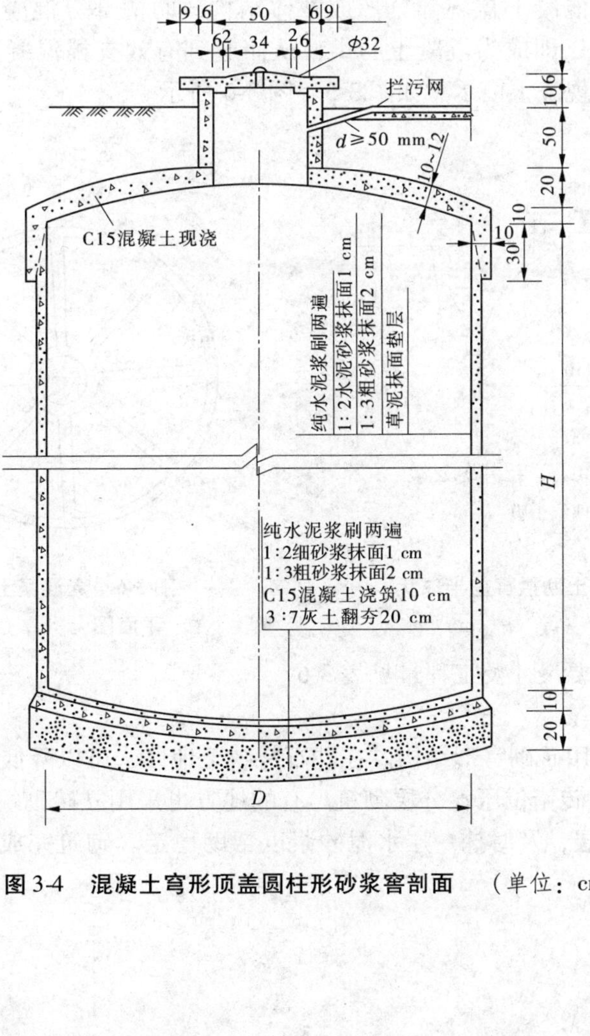

图3-4　混凝土穹形顶盖圆柱形砂浆窖剖面　（单位：cm）

表 3-5　混凝土穹形顶盖圆柱形砂浆窖主要技术指标及工程量

容积 (m^3)	直径 (m)	深度 (m)	壁厚 (cm)	挖方 (m^3)	填方 (m^3)	混凝土 (m^3)	砂浆 (m^3)	水泥 (t)	砂子 (m^3)	石子 (m^3)
20	2.7	3.5	4	29.2	5.85	1.90	1.34	1.26	2.38	1.49
30	3.1	4.0	5	42.8	7.80	2.46	2.18	1.84	3.53	1.92
35	3.3	4.2	6	49.3	8.67	2.70	2.85	2.24	4.34	2.11
40	3.4	4.4	7	56.3	9.59	2.95	3.62	2.68	5.26	2.30
50	3.7	4.8	8	69.4	11.19	3.39	4.78	3.38	6.67	2.65

4. *混凝土肋拱盖碗水窖*

混凝土肋拱盖碗水窖的窖体组成、适用范围、技术指标、附属设施等均与混凝土盖碗窖完全一致，唯一区别之处是在混凝土盖碗结构底层增加了混凝土肋拱，从而将原混凝土盖碗部分的铅丝网混凝土结构改为素混凝土结构，减少了铅丝用量。

混凝土肋拱盖碗水窖施工时，要在修整好的半球状土模表面上由窖口向圈梁辐射形均匀开挖 8 条宽 10 cm、深 6 ~ 8 cm 的矩形小槽，窖口外沿同样挖一条环形槽，帽盖混凝土浇筑后，拱肋与混凝土盖碗部分形成整体结构，肋槽部分混凝土厚度由拱壳的 8 cm 增加到 12 ~ 14 cm，即成为混凝土肋拱，从而起到有效支撑混凝土结构的作用。混凝土肋拱窖盖碗部分现浇土模示意如图 3-5、图 3-6 所示。

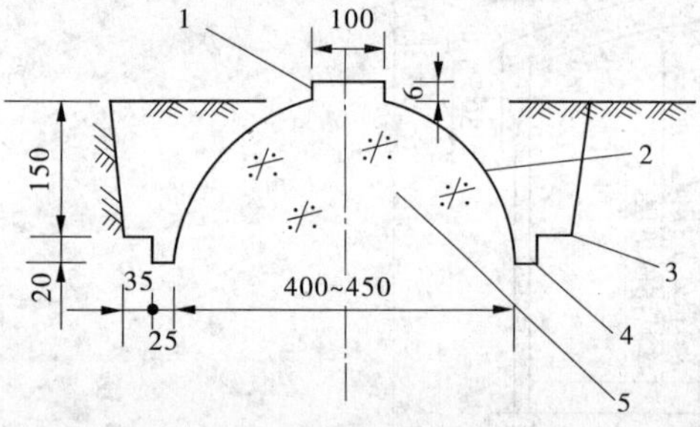

1—中心土盘；2—窖盖内缘；3—工作平台；
4—圈梁槽；5—半球状土膜

图 3-5　混凝土肋拱窖盖半球状示意图　（单位：cm）

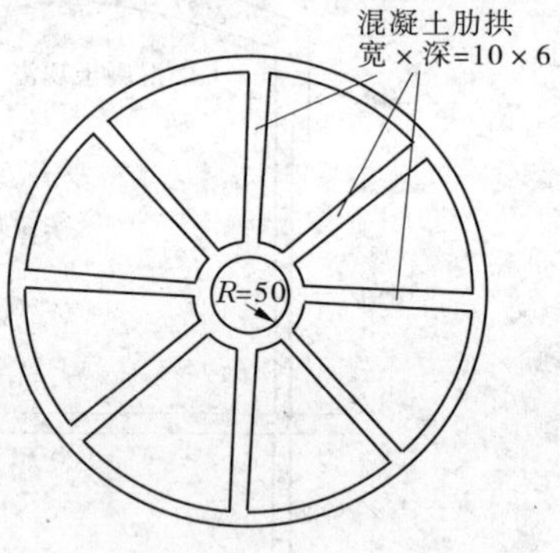

图 3-6　素混凝土肋拱帽盖平面图　（单位：cm）

不同容积水窖主要尺寸及工程量见表 3-6。

5. *砖砌穹形顶水窖*

顶盖部分也可采用砖砌穹形结构。在砂石料缺乏地区，可以降低造价。矢跨比一般为 0.4 ~ 0.5。采用红砖错位压茬分层砌筑。有的地方也采用立砖砌筑。此时每砌高 3 ~ 5 层砖后，在砖体外层，及时抹一层水泥砂浆以帮助稳定。砌筑完成后，在内层再抹 3 层水泥砂浆。

表 3-6　混凝土肋拱盖碗窖主要技术指标及工程量

容积 (m^3)	中径 (m)	底径 (m)	矢高 (m)	水窖深度 (m)	壁厚 (cm)	挖方 (m^3)	填方 (m^3)	混凝土 (m^3)	砂浆 (m^3)	水泥 (t)	砂子 (m^3)	石子 (m^3)
20	2.6	2.3	1.1	3.4	4	29.4	7.18	0.61	1.61	1.31	1.97	0.48
30	3.0	2.6	1.2	3.9	4	42.5	9.85	0.70	2.11	1.69	2.52	0.54
40	3.3	2.9	1.3	4.3	4	55.8	12.44	0.76	2.56	2.03	3.02	0.60
50	3.6	3.1	1.4	4.7	4	69.1	14.94	0.82	2.98	2.35	3.48	0.64
60	3.8	3.3	1.5	5.0	4	81.5	17.23	0.87	3.36	2.63	3.89	0.68

砖砌穹形顶水窖结构尺寸及相关技术指标与混凝土盖碗水窖完全相同，剖面图见图 3-7,主要工程量见表 3-7。

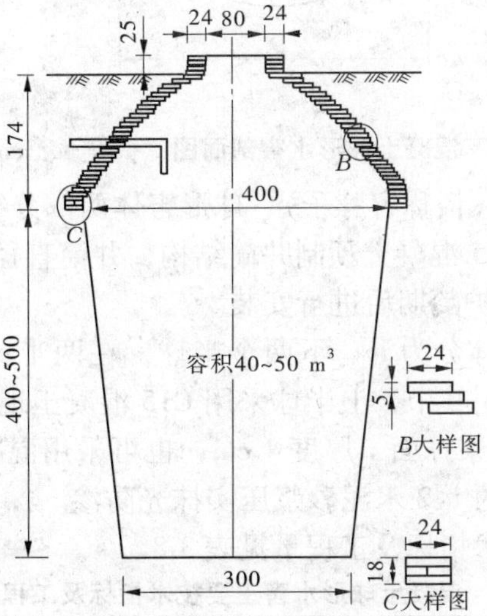

图 3-7　砖砌穹形顶水窖剖面图　（单位：cm）

表 3-7　砖砌穹形顶水窖主要技术指标及工程量

容积 (m^3)	中径 (m)	底径 (m)	矢高 (m)	窖深 (m)	壁厚 (cm)	挖方 (m^3)	填方 (m^3)	砌砖 (m^3)	混凝土 (m^3)	砂浆 (m^3)	水泥 (t)	砂子 (m^3)	石子 (m^3)
20	2.6	2.3	1.1	3.4	4	29.8	7.38	2.37	0.25	2.16	1.62	2.33	0.19
30	3.0	2.6	1.3	3.9	4	43.1	10.11	3.10	0.28	2.82	2.11	3.03	0.22
40	3.3	2.9	1.4	4.3	4	56.5	12.75	3.77	0.31	3.43	2.55	3.66	0.25
50	3.6	3.1	1.5	4.7	4	70.0	15.32	4.39	0.34	4.00	2.97	4.26	0.26
60	3.8	3.3	1.6	5.0	4	82.6	17.67	4.94	0.36	4.50	3.33	4.78	0.28

6. 混凝土球形水窖

混凝土球形水窖具有结构稳定、适应的地质条件较广、使用寿命长等优点，因而也得到了一定规模的推广利用。但该窖型工程量较大，施工比较复杂。具体结构形式如图 3-8 所示。

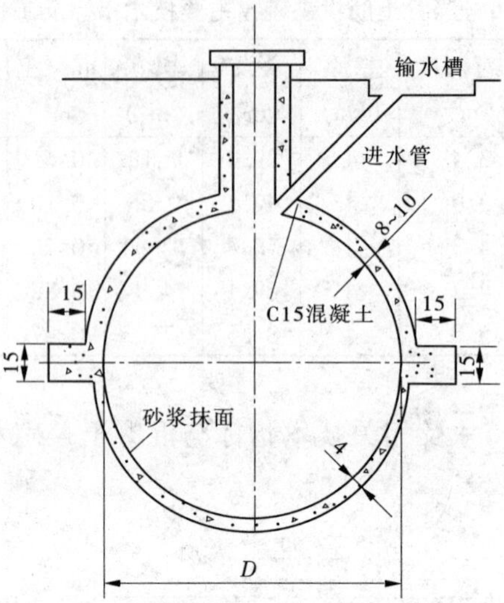

图 3-8　混凝土球形水窖剖面图　（单位：cm）

混凝土球形水窖由窖颈（俗称窖脖子）、球形窖体两部分组成。

（1）窖颈。一般采用 C15 混凝土预制井筒结构，井筒直径不小于 60 cm、厚度不小于 6 cm，在球形窖体达到养护龄期后进行安装。

（2）球形窖体。球形窖体分为上、下两个半球，在两半球结合部位设计有混凝土圈梁，有利于窖体结构稳定。其中，上半球采用 C15 混凝土现浇结构，厚度一般为 8 ~ 10 cm；下半球可采用水泥砂浆抹面，厚度 4 cm，也可采用混凝土结构。球形结构现浇完成后，再用 1.5 ~2 cm 厚的 1∶2 水泥砂浆压实抹光防渗。

混凝土球形水窖主要技术指标及工程量见表 3-8。

表 3-8　混凝土球形水窖主要技术指标及工程量

容积 (m^3)	直径 (m)	上半球厚 (cm)	下半球厚 (cm)	挖方 (m^3)	填方 (m^3)	混凝土 (m^3)	砂浆 (m^3)	水泥 (t)	砂子 (m^3)	石子 (m^3)
20	3.36	10.0	4	48.8	25.43	2.45	1.08	1.72	2.40	1.91
25	3.65	10.0	4	59.8	30.32	2.80	1.27	1.94	2.78	2.18
30	3.85	10.0	4	68.3	34.00	3.06	1.42	2.11	3.06	2.38
35	4.06	10.0	4	78.1	38.13	3.34	1.57	2.29	3.37	2.60

7. 土窖

传统土窖因各地土质不同，窖型样式较多，归纳起来主要有两大类，即瓶式窖和坛式窖。其区别在于瓶式窖脖子细而长，窖深而蓄水量小；坛式窖脖子相对短而容量大、蓄水多。土窖可用于土质较密实坚固的地区，其中以坛式土窖采用较多。土质水窖结构如图 3-9 所示。

1）窖体组成

窖体由旱窖、水窖两部分组成。

2）结构特点

（1）结构形状。传统土窖大多符合“三头停”（即三个方向尺寸相同）窖型规格，

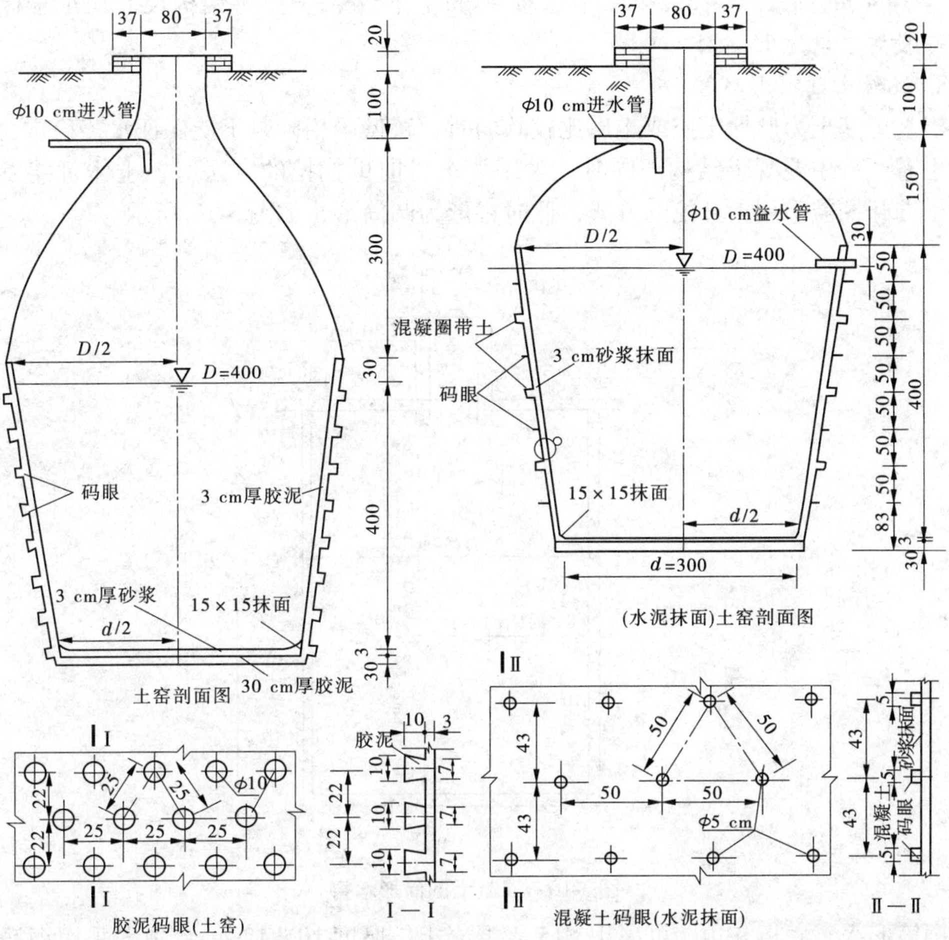

图 3-9　土窖结构图　（单位：cm）

即旱窖深度（含窖脖子）、水窖深度、缸口尺寸（中径）一般都在 4 m 左右。

（2）旱窖部分为原状土体，不作防渗处理，也不能蓄水。

（3）水窖部分采用红胶泥防渗或水泥砂浆抹面防渗。当采用红胶泥防渗时，在水窖部分的窖壁上布设码眼，用拌和好的红胶泥锤实，码眼水平间距 25 cm、垂直间距 22 cm，梅花桩布设。码眼成外小内大的台柱形，深 10 cm、外口径 7 cm、内径 12 cm，以利于胶泥与窖壁的稳固结合。窖底用 30 cm 红胶泥夯实防渗，窖壁红胶泥防渗层厚度必须保证在 5 cm 以上。当采用水泥砂浆抹面防渗时，其抹面厚度、抹面次数等与水泥砂浆薄壁水窖完全相同，唯一区别就是土窖的旱窖部分不作防渗处理。

3）适用范围

土窖普遍适用于土质条件良好的红、黄土地区，红胶泥防渗土窖对净化水质有一定的促进作用，尤其适合于干旱山区解决生活用水时使用。但缺点是施工工艺复杂，若使用不当（如超蓄），容易引起毁坏。

4）主要技术指标

土窖的口径 80～120 cm，窖深 8.0 m（其中水窖深 4.0 m，旱窖（含窖脖子）深 4

m）、中径 4 m、底径 3～3.2 m、蓄水量 40 m^3。但大部分土窖结构尺寸均小于标准尺寸。一般蓄水量为 15～25 m^3。

8. 混凝土圆筒形水窖

当水窖基土为砂性土质或土质比较软弱时，窖壁采用砂浆不能保证水窖稳定，此时窖壁也需要采用混凝土结构。同时，采用从窖口向里掏挖的方法时，土体可能发生垮塌，土方开挖需采用大开挖的方式，此时窖形为圆筒形，如图 3-10 所示。

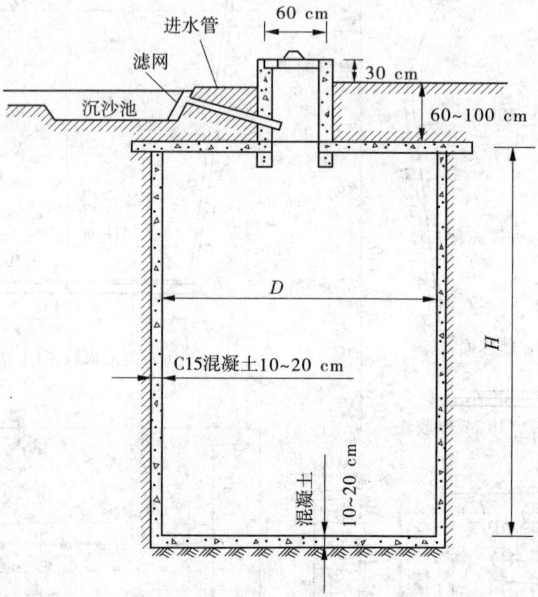

图 3-10　混凝土圆筒形水窖

圆筒形水窖底板和边壁可采用 C15 素混凝土，厚度 10～12 cm。顶盖采用钢筋混凝土预制梁板结构。当覆土厚度为 0.5 m 时，板厚可为 10 cm，主钢筋直径可采用 10 mm、间距 10 cm，单层放置于板的下部。梁的截面可采取 20 cm×40 cm（宽×高），主钢筋 2 根Φ24。为节省钢材，顶盖也可以采用预制素混凝土块或砖砌穹形结构，需架设脚手架，施工技术要求较高。

9. 矩形水窖

上面所介绍的水窖横剖面均为圆形。其特点是"口小肚子大"，开挖深度一般为水窖直径的 2 倍以上。当土质较为坚硬，或者在砂砾石或岩石地区，开挖深度大，施工十分困难，此时需要采用宽浅式的矩形水窖。为防止冬季冻结，其顶部仍埋藏于地面以下。这类矩形水窖容积往往比圆形水窖大得多，在河北等地修建的矩形水窖容积有的达到1 000 m^3。

矩形水窖边墙一般为挡土墙结构，可采用素混凝土或浆砌石结构。当长度较大时，需要设置隔墙，以减少长度方向两边墙的跨度。隔墙可以做成拱形墙，即墙的下部为空的，使墙两面的水体连通，墙底部为素混凝土或浆砌石结构。顶板可采用预制钢筋混凝土板，以免除现浇混凝土需要的大量脚手架和模板。矩形水窖的结构与地表水池结构相似，具体可参看本节地表水池的有关部分。

（二）水窖容积确定

雨水集蓄系统所需要的蓄水容积已在第二章进行了介绍。这里主要介绍确定单个水窖容积应考虑的问题。一般来讲，单个水窖容积越大，单位容积的造价就越低。因此，从经济角度考虑，雨水集蓄系统所需要的蓄水容积应尽量修建一个水窖来满足。但水窖容积也取决于土质条件、水窖形式与结构、施工方法和施工技术水平等。因此，在必要时，也应修建 2 个或多个水窖来满足蓄水容积要求。

1. 根据土质条件确定容积

水窖作为我国北方广大农村地区应用最广的蓄水设施，其容积大小受当地地形、土壤质地条件的影响，一般情况下，单个水窖的容积可选用 20 ~ 80 m^3。当土壤质地密实，如在红土、黄土区，当土壤结构比较完整且无裂隙时，水窖容积可适当选大些；而土质较差的地区，如沙壤土、黄绵土地区则应适当小一些。

2. 按照不同窖型结构确定容积

水泥砂浆抹面水窖对地质条件、施工工艺要求高，砂浆抹面层较薄，省工省料。但这种结构的水窖适应变形的能力较差，容积一般应控制在 30 m^3 左右，最大不应超过 50 m^3；而混凝土盖碗窖、混凝土肋拱盖碗窖、混凝土球形水窖等衬砌结构的水窖容积则可适当大一些，但最大仍不宜超过 80 m^3。

3. 按照不同用途确定容积

用于解决家庭生活用水的窖大都采用水泥砂浆抹面水窖、混凝土盖碗窖、混凝土肋拱盖碗窖、混凝土球形水窖等，其水窖容积一般为 30 ~ 50 m^3。用于农田灌溉时，一般要求水量较大，因而所需水窖容积也较大，容积一般为 50 ~ 80 m^3。

水窖容积的确定除考虑上述因素外，还受当地经济水平、投入能力、施工方法和施工技术水平等多种因素制约。水窖容积、窖型结构的不同，其水窖的造价差别很大。为此，在确定水窖容积时，要综合考虑前述诸因素，进行分析确定。

二、水窑

水窑是在崖面上修建的地下埋藏式蓄水建筑物。收集的雨水可以从崖面的底部引入窑内。水窑的蓄水部分建在崖面地面以下，见图 3-11。当水窑以上土层不很厚时，也

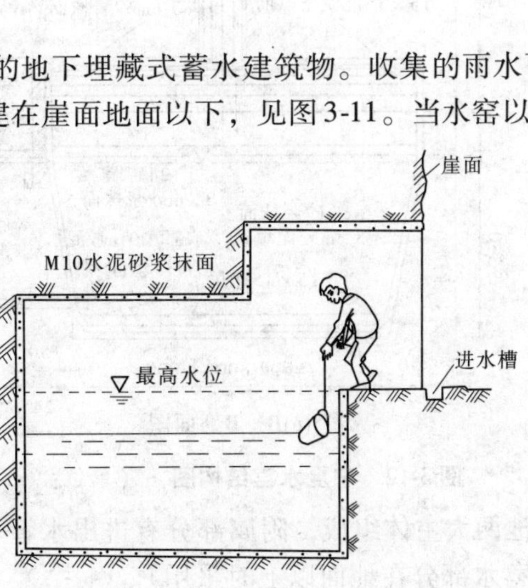

图 3-11　崖面上修建的水窑示意图

可从顶部把水引入。此时，水窖蓄水部分建在地面以上，在崖面上需要建一个挡水坝，见图 3-12。从水窖引水可以采取人力或安装水泵提水。由于水窖的集流主要来自道路或天然坡面，因此一般不作为生活用水，而用于灌溉或牲畜饮用。

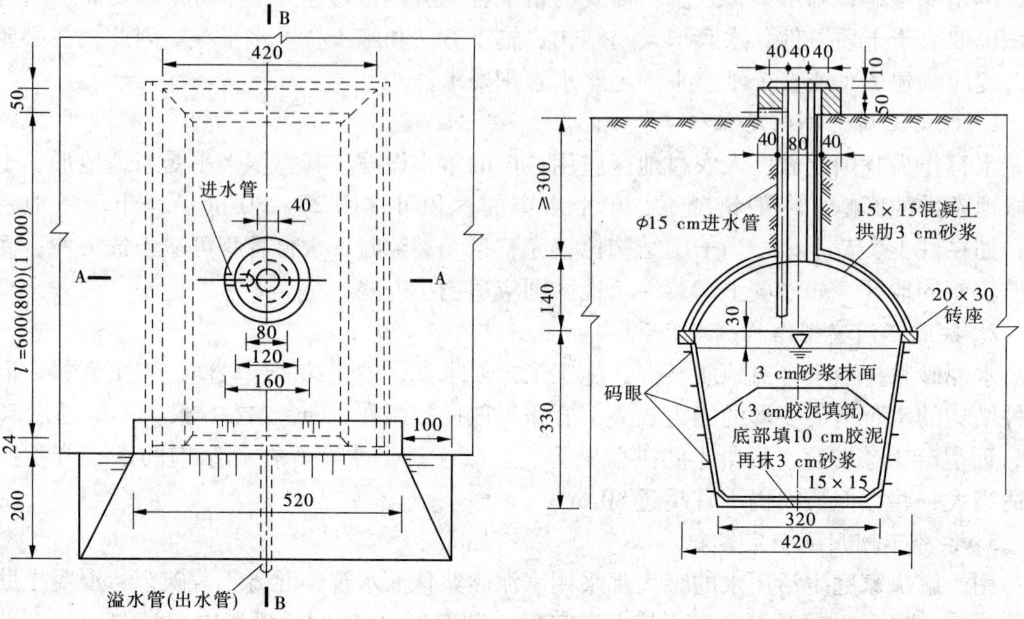

(a)平面图　　(b)A—A剖面图

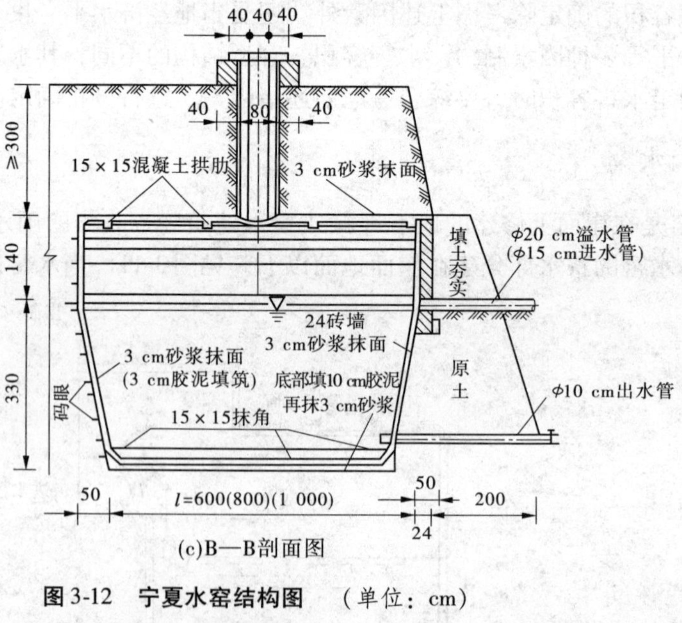

(c)B—B剖面图

图 3-12　宁夏水窖结构图　（单位：cm）

水窖由土窑、窖池两大主体组成，附属部分有进出水管（或取水管）、溢流管等以及窖口的挡水坝（当蓄水部分在地面以上时采用）。

（一）土窑

根据土质情况、来水量多少和蓄水灌溉要求确定尺寸大小，窑宽控制在4～4.5 m，窑深包括蓄水部分为6～8 m，土窑拱顶形状一般为半圆形，即矢跨比为1:2，当土质较好时，矢高可适当减小。施工开挖由窑口向内逐渐推进。窑顶用草泥或水泥砂浆抹面2～3遍。

（二）窖池

在土窑下部开挖，一般为矩形，窖池深3～4 m，池体挖成后再进行防渗处理。

（三）附属部分

进、出水渠（管）根据地形条件布设。在窑顶上面开挖布置时，可采用混凝土管或塑料管。布置在崖面底部时，可采用沟渠引入。当蓄水部分在崖地面以上时，需在崖地面上建挡水坝。可用土坝加防渗措施，或者用浆砌石或混凝土结构。

图3-13为甘肃省榆中县的水泥砂浆抹面水窑示意图。它由工作窑（取土、进水、取水用）和蓄水窑洞两部分组成。工作窑宽度及高度为1.5 m，蓄水窑宽度和高度为3 m。工作窑及蓄水窑为近似抛物线状。蓄水深度一般为2 m，单位长度窑深蓄水量约4.7 m^3，根据蓄水总量推求窑窖深度 L。

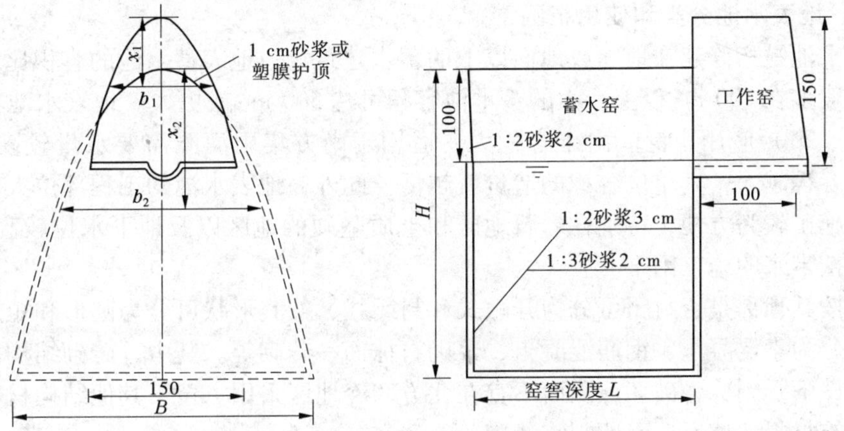

图3-13　甘肃水泥砂浆抹面水窑示意图　（单位：cm）

图3-14是河南省西部推广的一种旱地土水窑断面图。该水窑上部为拱形，下部为梯形。实践证明，这种形状的水窑四壁受力状况和稳定性都较好。窑体断面的几何尺寸见表3-9。土水窑的宽度依土质状况而定，对渗透性小的黏土，其最大宽度的窑体均在

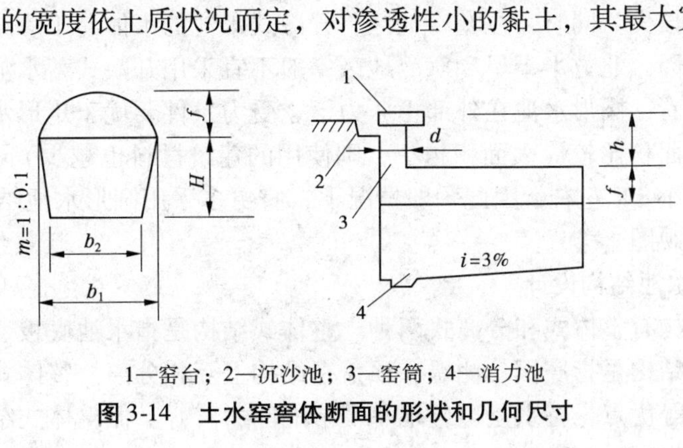

1—窑台；2—沉沙池；3—窑筒；4—消力池

图3-14　土水窑窑体断面的形状和几何尺寸

地面以下，所以蓄水深度和窑长一般应根据地形、土质、施工难易程度等具体确定。

表 3-9　旱地土水窑几何尺寸规格

类型	窑口直径（m）	窑筒深（m）	矢高（m）	上口宽（m）	下底宽（m）	蓄水深度（m）	窑长（m）	容积（m^3）
Ⅰ	0.45	1.5	0.7	2.0	1.44	2.8	5	24.0
							8	38.0
							10	48.0
Ⅱ	0.45	1.5	1.0	3.0	2.50	2.5	5	34.0
							8	55.0
							10	68.0
Ⅲ	0.45	1.5	1.3	4.0	2.70	2.7	5	50.0
							8	80.0
							10	100.0

三、地表水池

（一）地表水池分类和使用范围

地表水池是指修建在地面或地面以上的蓄水建筑物。地表蓄水池的容积比水窖要大得多，一般多在 100 m^3 以上。大的蓄水池容积可达 500 m^3 或更大。地表水池在我国西南省（区、市）应用广泛。由于容积大，适用于南方集雨灌溉需要水量较多的情况，同时单池容积越大，其单位容积的造价就越低。此外，地表水池的工程部位大部分在地面以上，施工较为方便，特别在岩石地区和土质坚硬的地区以及地下水位较高的地方，避免了深挖带来的施工困难。

水池按其顶部是否封闭可分为开敞式和封闭式，按其形状可分为圆形和矩形，按其结构材料分为素混凝土、钢筋混凝土、浆砌石抹面、砖砌等。其中，砖砌结构由于容易在负温条件下受到冻融破坏，因而不宜在北方寒冷地区采用。至于其他结构材料则应根据当地建筑材料的情况，因地制宜选用。

为了节省水池顶盖的投资，为灌溉或牲畜饮水修建的蓄水池多为开敞式的。在南方湿润地区，由于降雨量一般都大于实际蒸发量，因此开敞式水池从降雨接收的水量要大于因蒸发损失的水量。但在半干旱地区，水面蒸发量都大于降雨量，因此开敞式水池会造成较大的水量损失。同时，在寒冷地区，开敞式水池的水体易于冻结而对结构造成损害。基于以上原因，北方半干旱和寒冷地区一般不宜采用开敞式蓄水池。

从工程形状看，圆形水池在外部土压力下，受力条件要优于矩形水池。同时，按单位容积的结构表面积比较（表面积越小，则使用的建筑材料也越少），圆形水池要比同体积的矩形水池小 8% 左右，因此一般情况下，宜更多采用圆形水池结构。图 3-15 是典型的圆形水池外观图。

（二）地表水池结构设计

地表水池结构有整体式和分离式两种。整体式结构是指水池底板、侧墙和顶盖为整体结构。分离式结构是指底板、侧墙和顶盖在结构上互相分离。整体式结构具有结构坚固、防渗性能好等优点，特别是适应地基变形的能力较好。但整体式结构为钢筋混凝土

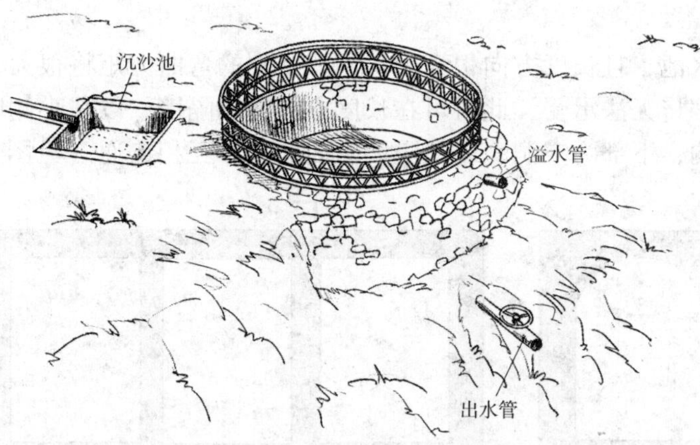

图 3-15　典型圆形水池外观图

结构，造价高、技术要求高、施工复杂，不适用于以群众性施工为主的雨水集蓄工程。因此，雨水集蓄工程的地表水池绝大多数均采用分离式结构。以下分别介绍水池底板、侧墙和顶盖的结构特点。

1. 底板

水池底板只受到水池水压力的作用，内部应力很小。一般采用现浇素混凝土或浆砌石结构，也有的采用在浆砌石基础上再浇筑一层混凝土的复合结构。素混凝土底板可采用 C15 混凝土，厚度可采用 20 ~ 50 cm，视底板的跨度而定。混凝土浇筑时应分块进行。一般浇筑块尺寸为（2 ~3） m×（2 ~3） m。浆砌石可采用 M10 水泥砂浆砌块石，厚度应为 2 ~3 层石料，一般为 30 ~50 cm。应采用坐浆砌筑的方法，不宜用干砌灌浆的办法，后者往往不能保证防渗效果。砌筑后应进行勾缝，勾缝应为平缝，不采用凸缝。为了提高防渗性能，有的地方采取在浆砌石面上再抹 1 ~2 层水泥砂浆。底板具体采用何种材料结构，则应根据当地建筑材料情况进行经济分析比较后确定。

为防止地基沉陷对水池的破坏，在底板施工前，应对地基进行夯实处理。要求底板下土层干容重不小于 1. 55 t/m^3。

2. 侧墙

侧墙要受到水池内部水压力的作用产生环状拉应力和作为悬臂结构而产生的弯曲应力。但由于雨水集蓄利用的水池水深都不大，一般不超过 4 m，因而上面两种应力值都很小，仍然可以采用素混凝土或浆砌石结构，但要保障一定的结构厚度。对于素混凝土侧墙，厚度应不小于 0. 2 倍池深，并不小于 30 cm。对浆砌石结构则应不小于 0. 3 倍池深，并不小于 50 cm。用于矩形水池的侧墙常采用挡土墙式。侧墙可以内壁直立、外部倾斜，也可以内壁倾斜、外壁竖直。在墙高不大时（不大于 3 m），一般挡土墙底宽可采用 0. 4 倍墙高，墙顶宽度不小于 20 cm。

侧墙结构材料的选择同样应根据当地建筑材料的情况进行经济分析比较确定，在分析比较时还应考虑侧墙的施工因素。由于侧墙混凝土结构如果采用现场浇筑，则需要相当数量的模型板和脚手架，将增加侧墙的造价，同样方量的侧墙混凝土要比底板混凝土贵很多。为了减少模型板和脚手架的费用，还可以采用预制混凝土块砌筑代替现场浇筑。

当采用矩形水池，且长度方向很大时，侧墙受到的弯曲力矩将很大，一般的素混凝土或浆砌石结构都将无法承受，此时可在长度方向增加隔墙，以减小侧墙的跨度。隔墙可以做成拱形结构，下部为空洞，以便隔墙两面的水体互相连通（见图 3-16）。

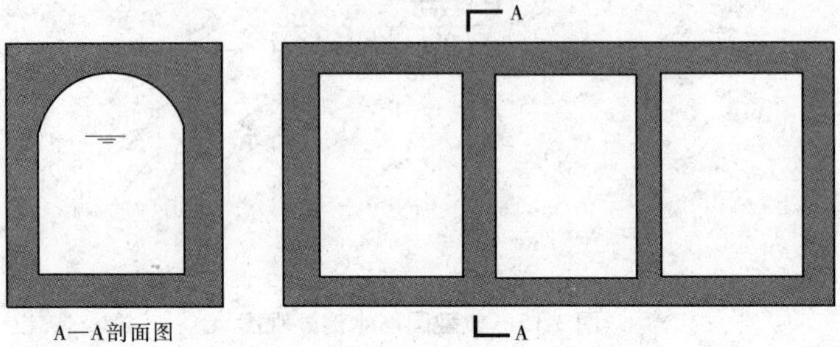

图 3-16　矩形水池中的隔墙示意图

3. 顶盖

当水池用于生活供水时，为保证水质，应设置顶盖。圆形水池的顶盖可以现场浇筑，但现场浇筑需要较多数量的模型板和脚手架，耗费大量木料，施工技术也比较复杂，因此也可采取预制安装的方法施工。先预制钢筋混凝土板和大梁，再进行安装。当水池直径或矩形水池跨度很大时，有时需要增设柱子。梁先架设在柱上，板再架在梁上。图 3-17 是顶盖采用预制板时柱梁板的示意图。

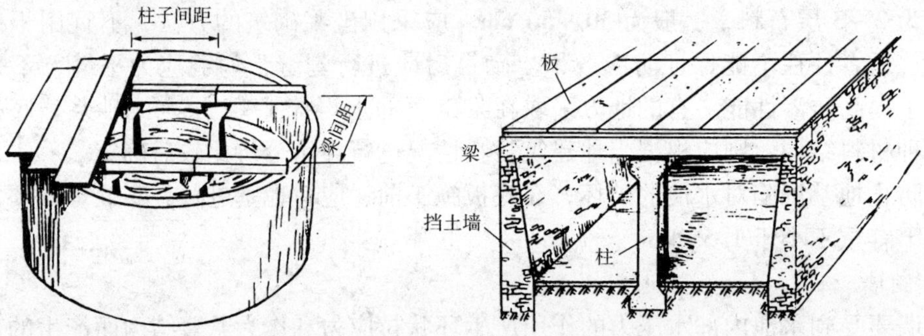

图 3-17　水池中的柱梁板布置示意图

顶盖应采用钢筋混凝土结构，厚度为 12 ~ 15 cm。对地表式水池，顶盖上一般无须覆土。此时，顶板中的钢筋为单层，设置于板的下部。当板跨度为 3 m 时，板厚 12 cm，主受力钢筋直径 8 mm、间距 20 cm 即可。在寒冷地区，为了保温，则需覆土，其厚度根据当地的最大冻深确定，此时钢筋直径和间距应根据覆土厚度进行计算。例如，当覆土厚度为1 m时，可采用板厚 15 cm，主钢筋直径 12 mm、间距 20 cm。

由于农村中没有起重设备，为了不使预制板的重量过大，利于人工安装，板的长度，即矩形水池的横向宽度最好不要大于 3 m。要满足容积要求可以增加水池的长度。

4. 水池附属管道及相应设备

水池附属管道应包括进水管、出水管（供水管）、溢流管、排水管等。进水管高程应高于水池设计最高水位5 cm。出水管道的进口应高出水池底板30 cm，以防止池底淤泥进入管道。排水管道进口应设置在水池底部最低处，必要时，可以在池底修建一个深度为10～20 cm的排水坑，以便把水池完全放空，排水管还兼有排泄泥沙的功能。溢流管进口应高于水池设计最高水位处5～10 cm。溢流管和排水管的出口，应修建导流设施，防止溢流和排水冲刷水池地基土壤，影响工程安全。所有管道的出口应保证畅通。出水管和排水管出口处都应安装阀门。阀门应设置密闭良好的阀门室，防止阀门锈蚀无法打开或关闭。

所有管道穿过水池墙时，要作好防渗处理，一般可在墙内布设橡胶止水环或用沥青油麻绑扎，然后用水泥砂浆将四周空隙填筑捣实。管道在水池外应设置砖砌或砌石修建的镇墩固定管道，防止管道晃动引起对池壁结构的破坏。寒冷地区水池进出水管都应保温防冻。

管道材料可采用PVC管或钢管。其中，进水管直径宜为80～100 mm，出水管直径可采用50～80 mm，溢流管和排水管直径为50～80 mm。

四、水罐

为蓄存人的饮用水，可以采用水罐的形式，水罐的容积一般为1～3 m^3，蓄存的水量比较有限，主要用于东南沿海地区，如我国浙江一带农村和乡镇中的人饮工程。由于南方湿润地区雨量丰富，水罐可以多次充蓄。同时，东南沿海不少地区将雨水作为一种补充水源，满足对水质要求较高的用途。水罐多在工厂制作，在市场上有售。按材料类型有钢丝网水泥砂浆、塑料和不锈钢三种。集流面为屋顶，通过屋檐下接水槽和落水管送入水罐，也有的建设温室，利用温室顶棚集雨。水泥砂浆水罐的结构示意图如图3-18所示。

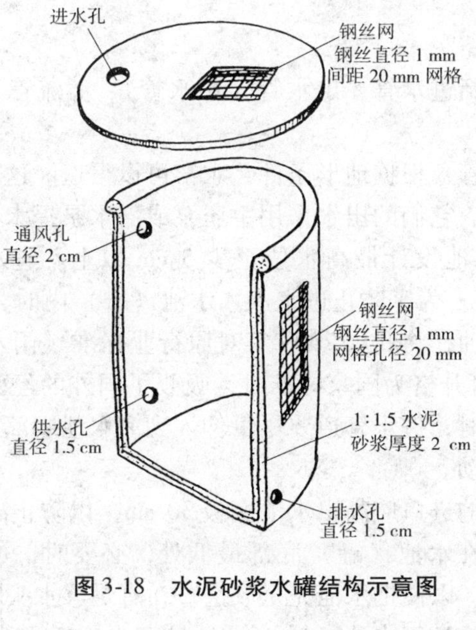

图3-18　水泥砂浆水罐结构示意图

五、塘坝

塘坝作为雨水的蓄水池，一般情况下是单位库容耗费的材料和资金最少的一种蓄水设施，因此在雨水资源丰富的南方地区和我国南方降水量比较充沛的山区有着广泛的应用，是山区人畜饮用和补充灌溉的重要水源。塘坝主要利用低洼地形修建，汇集周围山坡径流或泉水，不需要建设专门的建筑物。有的建于小沟、小溪上的塘坝，利用沟谷地形形成库容，则需要在沟溪上修建低挡水坝或挡水堰，但工程量都不大。在北方地区小流域综合治理中的沟谷治理，为了防止水土流失，在沟谷上建坝拦沙蓄水，也是蓄集雨水的工程。挡水坝或挡水堰应根据就地取材、经济实用的原则，采用土石坝或浆砌石、混凝土坝。关于挡水坝和挡水堰的设计可参看有关专门著作。

六、河网

我国江南地区历史上形成的河网是当地蓄集雨水的重要设施。河网的最初作用是为了航运的需要发展起来的，但它同时也成为当地主要的生活和灌溉供水的水源之一。此外，河网对于调节暴雨造成的洪水，减少排泄流量起了十分重要的作用。江苏徐州市有计划地兴建沟渠，连接蓄水工程，形成既可蓄雨供水，又可调洪减排的长藤结瓜式水利工程，在供水、灌溉和防洪上发挥了很大作用。

但是近年来，江南不少地方由于工业和生活污水没有进行处理就排入河网，加之在农田中过量使用化肥、农药，造成对土壤和地下水的污染，目前江南的许多河网水质已严重恶化，不能再作为生活用水水源，只能用于灌溉。此外，城市的快速发展，一些地方填河造地，使不少河网被废弃，河网对洪水的调节作用也大大降低了。

七、蓄水建筑物附属设施

（一）管道

蓄水建筑物的管道包括进水管、出水管（供水管）、溢流管、排水管等。封闭式水池和水罐应设置通气孔。

水窖一般只设置进水管，根据地形条件，水窑可设渠道。这两种蓄水建筑物都不设出水管、溢流管和排水管。它们的出水采用手压泵或潜水泵提水，或者采用吊桶人力提水。进水管高程应高于水池设计最高水位至少 5 cm 以上。进水管直径宜为 80 ~ 100 mm，可采用塑料管或钢管。为了防止进水落入水池（窖）内时，把池（窖）底部沉淀的泥沙搅起而造成水的浑浊，将我国 2008 年对原行业标准《雨水集蓄利用工程技术规范》（SL 267—2001）修订升格为国家标准时，吸收了国外的经验，要求对生活供水的雨水蓄水建筑物在有条件时，进水管道要尽量伸入到离水池底部 50 cm 左右处，并设置缓流箱，避免对泥沙的搅动。

水池和水罐出水管道的进口应高出水池底板 30 cm，以防止池（罐）底淤泥进入管道。排水管道进口应设置在水池（罐）底部最低处，必要时，可以在池底修建一个深度为 20 ~ 30 cm 的集水坑，以便把水池完全放空。在有足够水头时，排水管还兼有排泄泥沙的功能。溢流管进口应高于水池（罐）设计最高水位 5 ~ 10 cm。水池出水管、溢流管和排水管直径采用50～80 mm，可采用塑料管或钢管。水罐因容积很小，出水管、排水管和溢流管道的直径为15～20 mm。出水管、溢流管和排水管的出水，应修建导流设施，防止出水水流冲刷水池地基土壤，影响工程安全。所有管道的出口应保证畅通。出水管和排水管出口处都应安装阀门，阀门应设置密闭良好的阀门室，防止阀门锈蚀无法打开或关闭。

所有管道穿过水池墙时，要作好防渗处理，一般可在墙内布设橡胶止水环或用沥青油麻绑扎，然后用水泥砂浆将四周空隙填筑捣实。管道在水池外应设置砖砌或砌石修建的镇墩固定管道，防止管道晃动引起对池壁结构的破坏。寒冷地区水池进出水管都应保温防冻。

通气孔上应设带弯头的管道，避免降雨直接落入水池（罐）和杂物掉入。

（二）沉沙池

沉沙池对提高集蓄雨水的水质，确保蓄水设施的正常使用具有重要作用。尤其是在我国北方半干旱地区利用天然坡面集流时，由于坡面植被较差，径流中往往挟带着一定数量的泥沙，在进入蓄水建筑物之前必须对泥沙进行沉淀处理。利用屋面集流蓄水时，可不设沉沙池。

沉沙池应布置在水池（窖）前面、集流面汇流引水渠上，距离水池（窖）不小于2 m，以防止沉沙池渗水造成水池（窖）壁坍塌。

1. 沉沙池尺寸

沉沙池形状一般为矩形。其尺寸可根据当水流通过沉沙池时，水流中泥沙刚好沉到池底来设计。由此可推导得沉沙池长宽关系，由下式表示

$$L = \frac{Q}{Bv_c} \tag{3-2}$$

$$v_c = 0.563D_c^2(\gamma - 1)$$

式中　L、B——沉沙池长度、宽度，m；

Q——集流流量，m^3/s；

v_c——泥沙沉淀速度，m/s；

D_c——泥沙的标准粒径，mm；

γ——泥沙颗粒密度，g/cm^3。

根据经验，长宽比可取2∶1，深度可为0.6～0.8 m，则可得

$$L = \sqrt{\frac{2Q}{v_c}}$$

如某集雨工程，设计径流量$Q=0.001\,15\ m^3/s$，需要将粒径大于0.05 mm的泥沙沉淀，泥沙颗粒密度$\gamma=2.67\ g/cm^3$，故有：

标准粒径沉速　　$v_c=0.563\times0.05^2\times(2.67-1)=2.35\times10^{-3}$ (m/s)

沉沙池长度　　$L=\sqrt{2\times0.001\,15/(2.35\times10^{-3})}=0.989$ (m) ≈1.0 m

沉沙池宽度　　$B=1/2L\approx0.5$ (m)

沉沙池深度　　$h=0.6\sim0.8$ m

当缺乏泥沙资料时，也可按照水流行进流速控制在0.01 m/s左右来设计沉沙池

尺寸。

沉沙池的尺寸既要满足澄清水流中泥沙的作用，又要考虑尽量减少沉沙引起的水量损失。由于北方半干旱地区相近两次降雨的间隔往往较长，沉沙池体积越大，则一次降雨滞留在池中的水量也越大，而这些水量一般都消耗于蒸发，不能利用。雨水集蓄系统的容量较小，因此多数情况下，沉沙池尺寸可不作计算。半干旱地区蓄水容积为30～80 m^3，水窖需要的沉沙池的尺寸一般可采用长1 m、宽0.5～0.6 m、深0.6～0.8 m。

2. 沉沙池形式

沉沙池池底应有一定坡度。进水口高程可根据集流面输水渠的高程确定，并与沉沙池的正常水位相衔接。出水口应在沉沙池设计水位以下10～20 cm，并与蓄水建筑物的进水高程衔接。对于雨水集蓄系统，沉沙池尺寸很小，通常由人工清淤，可不设排沙孔。为防止沉沙池溢流造成基土冲刷，有时需要设溢流孔和导流渠，把溢流引到安全处排放。

为了提高沉沙效率，减小沉沙池尺寸，可在池内设置隔墙，以延长水流流程，增加沉淀时间。墙与水流垂直，也可斜交。图3-19是普通沉沙池和设置隔墙沉沙池的示意图。

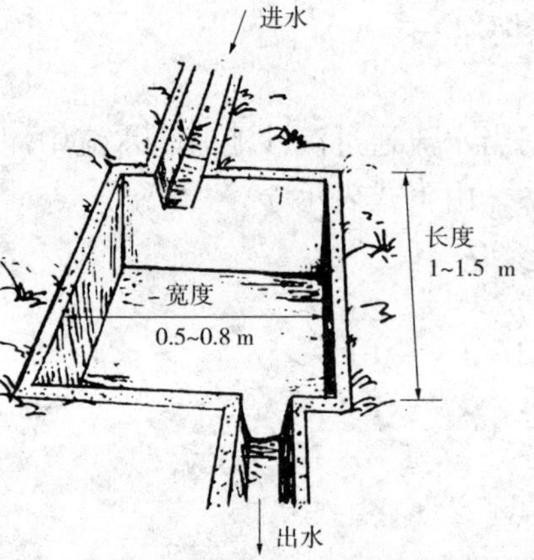

(a) 普通沉沙池

(b) 设置隔墙沉沙池

图3-19　两种沉沙池形式

3. 沉沙池结构和施工要求

沉沙池按材料结构可分为水泥砂浆抹面池、砖砌池、浆砌石池和混凝土池等。砖砌结构易受冻融破坏，在北方寒冷地区一般不采用。

（1）水泥砂浆抹面池。一般采用梯形或宽U形池。池体按设计尺寸挖好后，夯实池底和边坡。用1∶3.0水泥砂浆由下往上抹面，厚度为3 cm，并进行洒水养护。

（2）砖砌池。一般采用矩形池，池墙用单砖砌筑，厚12 cm，用1∶3.0水泥砂浆抹面3 cm，池底采用混凝土或砂浆抹面结构，最后洒水养护不少于7 d。

（3）浆砌石池。采用矩形池，池墙、池底为M7.5水泥砂浆砌石，厚20～25 cm，池内壁和池底用1∶3.0水泥砂浆抹面防渗，并洒水养护不少于7 d。

（4）混凝土池。采用矩形池，用C15混凝土整体现浇，池墙、池底混凝土厚8～12 cm，并进行洒水养护。

（三）过滤池

对水质要求高时，可建过滤池，过滤池尺寸及滤料可根据来水量及滤料的导水性能确定。图3-20及图3-21分别为山东长岛路面集流和四川成都龙泉驿区坡面集流两种形式的过滤池。

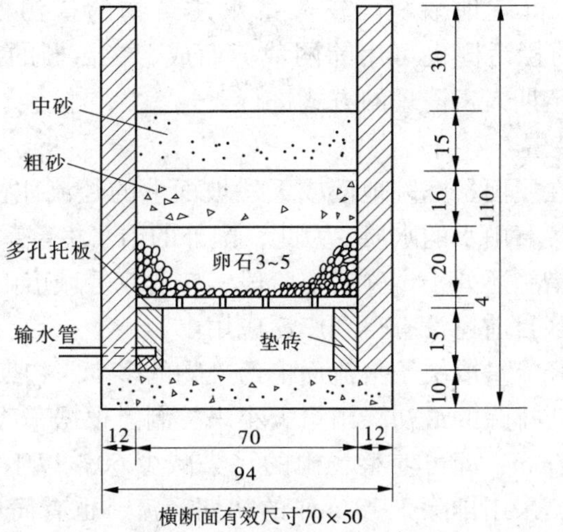

图3-20　山东长岛路面集流用过滤池　（单位：cm）

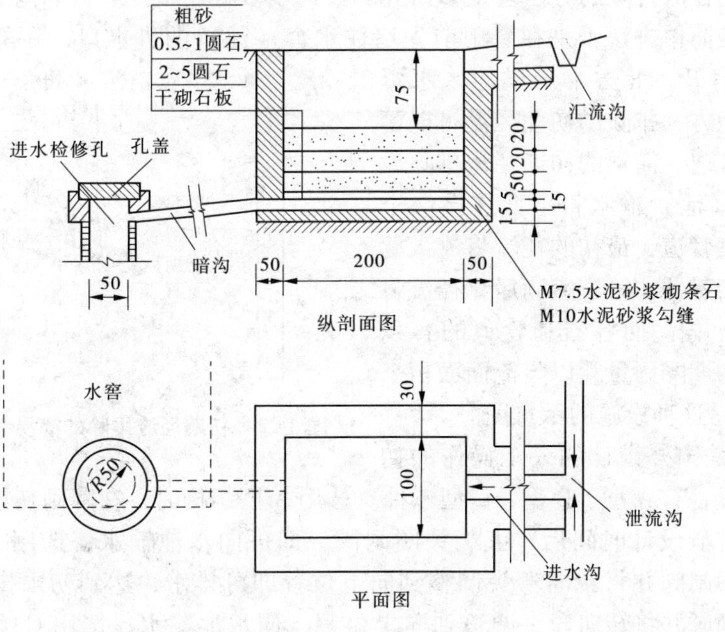

图3-21　成都龙泉驿区坡面集流过滤池布置　（单位：cm）

过滤池可采用混凝土、浆砌石或砖砌结构。施工时，其底部先预埋一根过滤池的出水管，输水至蓄水池或窑窖。滤料一般采用卵石及粗砂、中砂，自下而上顺序铺垫，各层厚度应均匀，同时为便于定期更换滤料，各滤料层之间可采用聚乙烯塑料密网或金属网隔开。此外，为避免杂质进入过滤池，在非使用时期，过滤池顶应用预制混凝土板盖住。

（四）拦污栅（网）

为防止杂草污物等进入水窖（池）内，均需在水窖（池）进水管前设置拦污栅（网），拦污栅（网）可就地取材。较大蓄水建筑物的拦污栅可用钢筋、铅丝等焊（编）制而成，较小的拦污栅也可用筛网裁剪而成。拦污栅的大小以能覆盖进水口即可，其清理一般采用定期人工清理的方式进行。

（五）初雨排泄装置

降雨发生初期，在屋面、庭院地面或天然坡面上的径流往往挟带大量泥沙、树叶，甚至禽畜粪，影响了集蓄雨水的水质。为此，国外的雨水集蓄系统多采取措施排除初期的径流。我国对这一措施还处于试验研究阶段，在北京等城市雨水利用中有少量的示范和推广，而在农村地区目前还没有得到广泛应用。

需要排除的初期径流量取决于集流面上污染物的多少、初期降雨的强度和集流面的坡度等因素，一般以要排除的最初降雨量大小来控制。根据车武等人的研究，屋面排除的初期降雨量为 1 ~ 3 mm，即可使整场雨的污染减少 60% 以上。国外有的研究按照初期降雨径流的浑浊度，采用排除 3 ~ 8 mm 的初期径流，也有简单地按照排除最初 3 ~ 5 min 降雨来控制。

国外对初期径流排除的方法有很多研究，设计了多种设施。农村的雨水集蓄系统排除初期径流的最简单方法，是在降雨前先堵住水窖（池）的进水口，在降雨产生径流一定时间后再打开。北方半干旱地区水资源十分缺乏的地方，排除的初期径流可以蓄在灌溉用的水窖内。简单的初期径流排除设施可以在水窖（池）输水管下面连接一个容器或一段竖直管道，最初的径流将流入此容器或管道，当容器或管道盛满后，径流将流入水窖（池）内。而容器和管道的容积则按照要排除初期降雨量乘以集流面面积来设计，图 3-22 是这种设施的示意图。

图 3-22　初期径流排除的简易装置示意图

图 3-23 则是国外设计的人工操作的初期径流排除装置，有 A 型、B 型、C 型三种。选用 A 型结构时，在降雨初期打开闸阀排水，达到初雨排泄设计时间后，人工关闭闸阀，即可向水池输水；选用 B 型结构时，在降雨初期关闭闸阀并将转向弯头调整到向下位置即可排水，达到初雨排泄设计时间后，人工开启闸阀并将转向弯头调整到向上位置，向水池输水；选用 C 型结构时，在降雨初期将转向弯头调整到向下位置即可排水，达到初雨排泄设计时间后，再将转向弯头调整到向上位置，开始向沉沙过滤池输水。

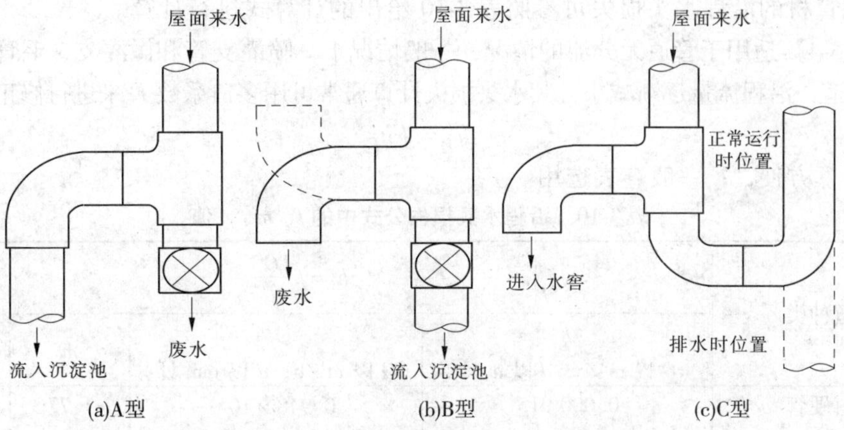

图 3-23　初雨排泄装置结构设计　（单位：mm）

八、水泵及配套设施

（一）水泵机组选型

水泵机组的选型主要由雨水集蓄系统所需要的流量及扬程确定。对于家庭生活供水工程，供水流量很小，可采用手压泵或容量 3 ~ 5 m^3/h、扬程 10 ~ 20 m 的微型潜水泵。对灌溉系统，水泵流量根据灌溉系统的面积、灌溉定额、灌水周期及灌水历时等确定，扬程则根据系统的管网布置、供水流量、系统工作压力等确定，不同的灌溉系统其确定方法有所差异。以下介绍压力灌溉（喷灌、微灌）情况下水泵的选择方法。

1. 流量确定

设灌溉面积为 S（hm^2），每次灌水定额为 M（m^3/hm^2），设计灌水周期为 T（d），每天灌水历时为 t（h），灌溉水利用率为 η，则系统所需的供水流量（m^3/h）为

$$Q = \frac{SM}{Tt\eta} \qquad (3\text{-}3)$$

$$S = \frac{V_0}{M}\eta$$

式中　S——灌溉面积；

V_0——本次灌溉用水量，由灌溉计划确定，最大一次灌水量为蓄水建筑物的有效容积；

η——灌溉水利用率，对于滴灌系统 $\eta = 0.90 \sim 0.95$，喷灌系统 $\eta = 0.7 \sim 0.9$。

2. 扬程确定

水泵扬程为灌溉系统所需工作压力、地形高差及各级管道水力损失之和，即

$$H_p = H_0 + \Delta Z + \sum h_f \qquad (3\text{-}4)$$

式中　H_p——水泵扬程，m；

H_0——灌溉系统所需工作压力，m；

ΔZ——参考点距水源水面的高差，m；

$\sum h_f$　各级管道水头损失总和，m，包括沿程水头损失和局部水头损失。

不同管材的沿程水头损失可参照表 3-10 给出的计算式进行计算。

式（3-4）适用于管道无分流的情况，一般情况下，喷灌支管和微灌支、毛管为沿程多口出流管道，沿程流量逐渐减小，其水头损失计算通常可用多口系数 F 来进行修正，即

$$h'_f = Fh_f$$

为计算方便，F 一般查表选用。

表 3-10　沿程水头损失公式中的 f、m、b 值

管道种类	$h_f = f\dfrac{LQ^m}{d^b}$			
	f（Q 以 m^3/s，d 以 m 计）	f（Q 以 m^3/h，d 以 mm 计）	m	b
塑料硬管	0.000 915	0.948×10^5	1.77	4.77
铝管或铝合金管	0.000 800	0.861×10^5	1.74	4.74
旧钢管、旧铸铁管	0.001 790	6.25×10^5	1.90	5.10
钢筋混凝土管：				
$n=0.013$	0.001 740	1.312×10^6	2.00	5.33
$n=0.014$	0.002 010	1.516×10^6	2.00	5.33
$n=0.015$	0.002 320	1.749×10^6	2.00	5.33
$n=0.017$	0.002 970	2.240×10^6	2.00	5.33

局部水头损失为各种管件、控制件及各种辅助装置等处产生的水头损失，一般占沿程水头损失的 10%～20%，简化计算可将沿程水头损失值 h_f 乘以一个加大系数 K 作为局部水头损失与沿程水头损失之和，即

$$H_f = Kh_f \tag{3-5}$$

式中　H_f——水头损失，包括沿程水头损失和局部水头损失；

K——加大系数，$K=1.05\sim1.3$，一般可取 $K=1.1\sim1.2$。

3. 机组选型

根据前述计算的水泵流量、扬程，即可选择合适的水泵机组。雨水集蓄系统为微型水源，所需水泵容量均很小。

1）微型水泵

微型水泵主要有微型离心泵和微型混流泵，其泵型意义如下：

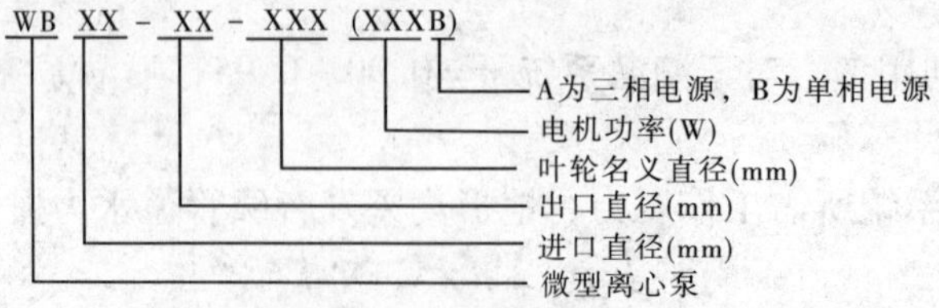

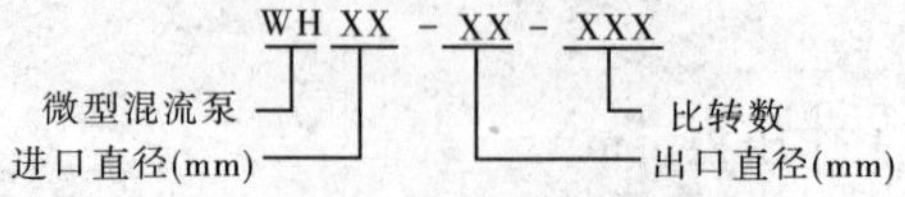

微型水泵主要泵型的技术参数如表 3-11 所示。

表 3-11　微型水泵主要泵型的技术参数

型号	流量 Q (m^3/h)	扬程 H (m)	转速 n (r/min)	效率 η (%)	配用功率 P (W)	吸上高度 H_s (m)
25DB－35	1.26	18.0	2 850		220	6.0
40BZ－12D	5.0	12.0	2 900		370	7.0
WB40－40－80（180B）	4.0	6.0	2 800	56	180	7.0
WB40－40－70（250B）	10.0	4.0	2 800	62	250	5.5
WB40－40－80（250B）	6.0	6.0	2 800	64	250	6.5
WB40－40－90（250B）	4.0	10.0	2 800	58	250	6.5
WB40－40－85（370B）	8.0	8.0	2 800	70	370	7.5
WB40－40－95（370B）	6.0	10.0	2 800	64	370	6.5
WB40－40－95（550A）	10.0	10.0	2 800	68	550	7.0
WB40－40－105（550A）	8.0	12.0	2 800	65	550	6.0
WB40－40－95（550B）	10.0	10.0	2 800	68	550	7.0
WB40－40－105（550B）	8.0	12.0	2 800	65	550	6.0
WB40－40－100（750A）	12.0	10.0	2 800	70	750	7.5
WB40－40－105（750A）	12.0	12.0	2 800	68	750	7.0
WB40－40－120（750A）	8.0	16.0	2 800	58	750	7.0
WB40－40－120（1 100A）	12.0	16.0	2 800	64	1 100	7.0
WB40－40－125（1 100A）	8.0	20.0	2 800	52	1 100	7.0
WB40－32－85（180B）	3.0	8.0	2 800	55	180	6.5
WB40－32－85（250B）	5.0	8.0	2 800	55	250	6.5
WH50－40－350	12.5	2.5	2 800	60	180	
WH50－40－250	12.5	3.0	2 800	60	250	
WH65－50－500	25.0	2.5	2 800	64	370	
WH65－50－350	25.0	3.5	2 800	64	550	
WH65－50－250	25.0	5.0	2 800	64	750	
WH65－50－180	25.0	8.0	2 800	64	1 100	

2）单相潜水电泵

单相潜水电泵分为干式泵型（QDX 型）和湿式泵型（QDS 型）两种，QDX 型泵装有自动保护装置，能确保电机安全运行。其使用条件为电泵潜入水下深度 0.5～5 m，水温不超过 40 ℃，水中所含固体杂质的体积比不超过 0.1%，pH 值 6.5～8，电源为 50 Hz、220 V 单相交流电源。适用范围为流量 Q＝1.5～25 m^3/h、扬程 H＝3～30 m、电机功率 P＝0.18～0.75 kW。其型号意义如下：

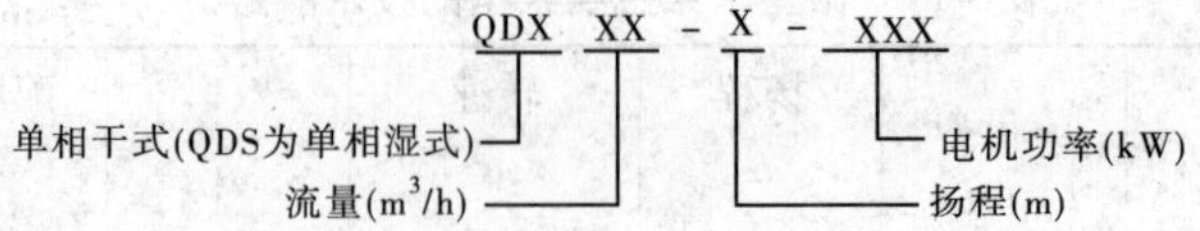

单相潜水泵主要泵型的性能参数如表3-12所示。

表3-12　单相潜水泵主要泵型的性能参数

型号	流量 Q (m^3/h)	扬程 H (m)	转速 n (r/min)	配用功率 P (kW)	质量 (kg)
QDX3-8-0.18	3.0	8.0	2 850	0.18	10.0
QDX3.6-6-0.18	3.6	6.0			
QDX6-5-0.18	6.0	5.0			
QDX10-3.5-0.18	10.0	3.5			
QDX1.5-12-0.25	1.5	12.0	2 850	0.25	17.0
QDX6-7-0.25	6.0	7.0			
QDX3-10-0.25	3.0	10.0			
QDX10-4.5-0.25	10.0	4.5			
QDX8-5-0.25	8.0	5.0			
QDX5-7-0.25	5.0	7.0			
QDX3-12-0.25	3.0	12.0			
QDX3-10-0.25	3.0	10.0			
QDX3-15-0.37	3.0	15.0	2 850	0.37	
QDX6-10-0.37	6.0	10.0			
QDX10-7-0.37	10.0	7.0			
QDX15-5-0.37	15.0	5.0			
QDX25-3-0.37	25.0	3.0			
QDX3-20-0.55	3.0	20.0	2 920	0.55	
QDX3-22-0.55	3.0	22.0			
QDX4-20-0.55	4.0	20.0			23.0
QDX6-15-0.55	6.0	15.0			23.0
QDX10-10-0.55	10.0	10.0			23.0
QDX10-12-0.55	10.0	12.0			20.5
QDX15-7-0.55	15.0	7.0			
QDX25-4.5-0.55	25.0	4.5			
QDX8-18-0.75	8.0	18.0	2 850	0.75	19.0
QDX1.5-32-0.75	1.5	32.0			
QDS3-30-0.75	3.0	30.0			19.0
QDS6-20-0.75	6.0	20.0			
QDS8-16-0.75	8.0	16.0			18.0
QDS15-10-0.75	15.0	10.0			19.0

3）喷灌泵

喷灌泵有自吸式离心泵和普通离心泵两种，具有扬程高、效率高等特点，能满足各种喷灌机的要求。自吸泵首次启动时加少量引水即可连续频繁启动。其型号意义如下：

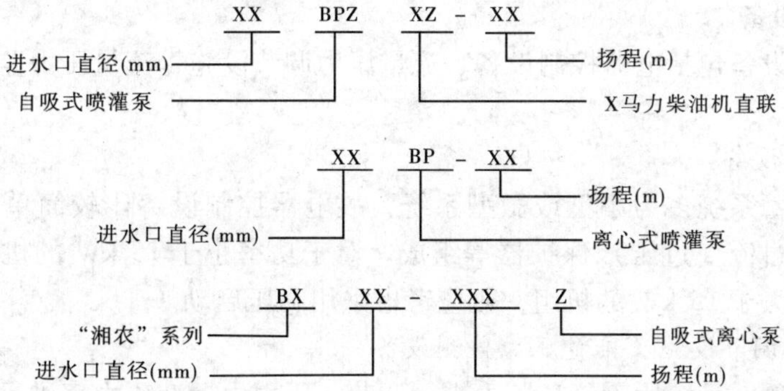

几种小型喷灌泵的主要性能参数如表 3-13 所示。

表 3-13　喷灌泵的型号及主要技术性能参数

水泵型号	流量（m^3/h）	扬程（m）	转速（r/min）	效率（%）	配用功率［hp（kW）］	吸上高度（m）	5 m 高度自吸时间（s）	泵质量（kg）
$50BPZ_{3z}-20$	20	20	2 400	65	3	7.2	60	30
$50BPZ_{4z}-35$	15	35	2 600	58	4	7.2	80	30
$50BPZ_{5z}-45$	15	45	3 000	58	5	7.2	80	30
$50BPZ_{6z}-45$	20	45	3 000	60	6	6.8	80	30
$50BPZ_{5z}-35$	20	35	3 000	63	5	7.0	60	30
50BPZ－45	15	45	3 000	55	5	6.0	70	43
50BPZ－35	15	35	2 900	56	4	7.5	60	
50BPZ－20	18	20	2 400	53	3	7.5		
50BPZ－40	18	40	3 000	58	5	6.0	120	
50BPZ－38	20	38	2 900	60	5	6.0	120	
BX50－31Z	20	31	2 950	67	5（4）	7.2		24
BX50－45Z	15	45	3 000	56.5	5（4）	7.2	80	30

注： 1 hp＝735.499 W。

多数雨水集蓄灌溉系统所需流量都很小，且蓄水建筑物大多在田间地头，距离灌溉地块很近，管道损失很小。同时，由于灌溉规模小，灌溉系统所需水头也不大，因此水泵扬程也不需要很大。例如，对于地形平坦的灌溉水窖（最大容量 80 m^3），可不作计算，直接选用 QDX3 - 20 - 0.55 型潜水泵（流量 3 m^3/h，扬程 20 m，电机功率 550 W）。

（二）配套设备

泵机组配套设备包括电器控制设备、流量压力调节设施、流量压力监测设备及进排气、充水设备。

1. 电器控制设备

由于雨水集蓄系统多为小型或微型系统，故电器控制设备比较简单，一般由电度表、控制开关和过流（过压）保护器等组成。对于功率小于 15 kW 的机组，通常直接启动，对于功率大于 15 kW 的机组，则应考虑采用降压启动。

2. 流量压力调节设施及流量压力监测设备

通常采用闸阀对系统所需流量压力进行调节，压力由标准压力表进行监测，流量一般采用家用自来水表测量。

3. 进排气设备及充水设备

进排气设备为在水泵启动时，排净水管中集存的气体或在停泵时由大气吸进气体，以保护管网而设置的，一般在水泵出口安装自动进排气阀。充水设备仅是对离心泵而言，每次启动前需对进水管进行充水直至水淹没泵轴线以上，泵机组方能启动工作，水泵进水管口一般安装底阀，以便充水，有条件的可采用真空泵或手压泵抽真空进行充水。

（三）其他提水方式

1. 太阳能提水设备

太阳能光伏提水技术是利用太阳能电池板将太阳能转换为电能，然后驱动各类电动机带动水泵提水。系统由四部分组成：太阳能电池板组件、最大功率点跟踪/控制（逆变）器或蓄电池组、电机和水泵。在边远地区，采用太阳光伏系统供电提水设备解决这些无电地区的人畜饮水和灌溉问题，是最理想的方式之一。一方面，我国西部边远地区太阳能资源十分丰富；另一方面，光伏提水设备无污染、无噪声、可靠性高、维护工作量极小。但是这种提水方式在目前雨水集蓄利用工程中的应用还很少，主要原因是一次性投资较大。但据水利部有关专家试验测评，在中国，光伏提水成本小于 0.2 元/t，比柴油机提水成本低一半左右。而其可靠性远超过风力提水。随着太阳能电池价格的下降，光伏提水将会有广阔的应用前景。

2. 风力提水设备

风能是一种使用简便且有效的绿色能源。在风力提水机组的产品品种上，我国已基本形成南方型低扬程大流量风力提水机组和北方型高扬程小流量风力提水机组两大系列，有十几种产品型号。主要产品和技术的发展趋势是：①低扬程大流量风力提水机多采用旋转式水泵，用于提取地表水和浅层地下水；②高扬程小流量风力提水机多采用往复式水泵，用于提取深层地下水；③风力提水机 - 微滴灌系统；④风力机 - 空气泵提水机组；⑤风力发电机 - 电泵提水系统。经过严格的生产考核运行和多年的实际应用，这些机组的产品质量基本可靠，有些机组的水平达到国际领先水平。

目前，在雨水集蓄利用工程中应用的主要是小型户用风力提水机组，扬程 10 ~ 40 m，流量 3 ~ 20 m^3/h，提供人畜饮用水和发展小面积灌溉。

3. 虹吸式提水

雨水集蓄利用工程大多建于山丘区，许多集雨工程建在灌溉地块的上方，可以利用地形高差进行自流灌溉。从蓄水设施提水可以采用虹吸管把水输送到下面的灌溉地块。虹吸管可以预先埋设在蓄水建筑物内，也可以在需要提水时插入水中把水吸出。虹吸式提水利用了地形条件，设备简单可靠，不需要电力（柴油）等运行费用，在有条件的地方应大力推广。但虹吸提水的限制条件是，蓄水水位低于蓄水池（窖）顶不能超过 6 ~ 7 m。

第四章　雨水集蓄利用工程施工

第一节　集流工程施工

雨水集蓄工程主要由农户实施，县乡水利部门要加强技术服务，对农民进行培训和科技普及教育，使他们了解和掌握雨水集蓄工程施工的常识及如何保证工程质量，并为他们提供必要的图样、小册子和技术数据等。

一、现浇混凝土集流面

为了保证质量，混凝土应按照设计配合比进行施工，特别要严格控制水灰比，以提高混凝土的强度和抗渗性能。县乡水利技术部门应根据不同地区砂石骨料情况，提出几种混凝土配合比，并根据称重换算为体积配合比，供农户使用。当因降雨引起骨料的含水量增大时，应向农户解释如何适当调整用水量，控制好水灰比。

当采用人工拌和混凝土时，应将水泥、砂子、碎石干拌和3遍，再按设计配合比加入水，均匀拌和3遍。为了增强混凝土的强度，浇筑过程中应加强振捣，有条件时可采用平板振捣器，无振捣设施时，应采用手夯、抹子、小锤等工具进行人工压实，尤其是在模板周边，应用力插捣、压实，以防止蜂窝状麻面出现。混凝土浇筑振捣完成后，表面要抹平收光并根据设计坡度找坡。混凝土初凝后，应覆盖麦草、草袋等洒水养护7 d以上，炎热夏季每天洒水不得少于4次。

为防止混凝土集流面出现收缩裂缝，现浇混凝土集流面应采用隔仓施工法，即用模板隔成方格分块浇筑，分块尺寸一般为（1.5 m × 1.5 m）～（2.0 m×2.0 m）。接缝宽度宜为1.5～2 cm。在拆模后，应在缝内填充沥青砂胶、聚氯乙烯胶泥等止水材料，也可使用木条、黏土填充。

为防止地基土沉陷而使混凝土集流面开裂破坏，应对地基土进行夯实处理，夯实厚度不小于30 cm。其具体步骤是把表层30 cm的土挖松，进行分层夯实，每层夯实厚度不大于15 cm，要求夯实干容重不小于1.55 t/m^3。没有特殊荷载要求的可直接在地基上铺浇混凝土，用于生活用水的集流面，接缝间填塞的材料不得使用聚氯乙烯胶泥。

二、浆砌石集流面

为降低造价，浆砌石集流面一般只用一层石料砌筑，石料以板材或块石为宜。砌筑时应在砌石层下面先铺一层水泥砂浆，再把石料坐浆砌筑。应避免采用把石料干砌再灌水泥浆的办法。浆砌石集流面的地基也应进行翻夯处理，其要求与混凝土集流面地基处理相同。

三、塑料薄膜集流面

固定式塑料薄膜集流面的铺设方法通常有两种：一种是将塑料膜直接放在地上，没有任何覆盖，这种方法的优点是集流效率高，可达0.9以上。但由于太阳辐射引起的材料老化以及机械损坏等原因，使用寿命大为缩短。另一种是在薄膜上覆盖厚度为3～4 cm的粗砂或草泥，防止膜料老化或外力损坏，使用寿命可达5年以上，但由于覆盖砂子及草泥层对水分的吸收作用，集流效率明显降低，特别是在半干旱地区，其集流效率只有裸地的一半。

塑料薄膜应尽量采用宽幅材料。薄膜连接有两种方式：一是焊接，二是搭接。其中，焊接止水效果较好。简易焊接方法可把两幅薄膜搭接10 cm左右，并在缝下垫一块薄木板，再用恒温熨斗匀速压过接茬处即可。搭接宽度一般为30 cm，采用折叠搭接的方式止水。

无论用哪一种薄膜铺设方式，都要求在铺设前对地面作预处理，即平整地面，进行压实，除去各种杂质，如石头、作物根系、杂草等。

四、水泥土集流面

水泥土有干硬性水泥土和塑性水泥土两种。雨水集流面一般为现场施工，因此主要采用塑性水泥土。塑性水泥土施工类似于土壤的压实过程。水泥土的最佳含水量应该比土壤夯实时的最佳含水量稍高一些。水泥土的夯实干容重一般控制在1.60 t/m^3左右。

五、瓦类集流面

瓦类材料主要有水泥瓦、机瓦、青瓦等。水泥瓦的集流效率要比机瓦和青瓦高出很多，故应尽量采用水泥瓦做集流面。

第二节　蓄水工程施工

雨水集蓄利用工程的蓄水设施主要包括水窖（窑）、水池、塘坝、水罐、河渠网等。本节主要介绍水窖（窑）、水池的施工方法。塘坝和河渠网施工相对比较简单，同时与当地条件密切相关，此处不作介绍。

一、水窖

（一）水泥砂浆抹面薄壁水窖

水泥砂浆抹面薄壁窖窖体包括水窖、旱窖、窖口和窖盖三部分。窖体施工顺序为挖窖体、窖壁砂浆抹面、窖底浇筑、窖体防渗、制作窖盖五个环节。

（1）挖窖体。窖址和窖的尺寸选定后，铲去表土，确定中心点，按窖口尺寸在地面上画小圆，在此范围内向下挖土，挖至1.5 m深左右按设计尺寸开始向四周扩展，并逐渐向下挖到旱窖的深度。当直径方向快要达到设计尺寸时，应在窖口中心用吊锤线不断检查尺寸，防止窖体偏斜。为使窖壁土壤更为密实，可在窖的周围留3～4 cm厚的土层不再开挖，而用木夯击实，达到设计尺寸。

水窖部分开挖，也同样从中心向四周扩展，按设计尺寸边检查、边向下开挖。水窖部分每下挖 1.0 m，可在窖壁上沿水平线挖宽 5 cm、深 5 ~ 8 cm 的圈带，在两圈带中间，每隔 30 cm 用木锤击土形成深 8 ~ 10 cm、直径 4 ~ 5 cm 的孔洞，填入水泥砂浆（码眼）并外露1 cm,或将长条形坚硬石片钉入窖体内，外露 1 cm，品字形布设，第一遍抹砂浆时要将外露砂浆或片石盖住。窖体开挖尺寸合格后，即可进行砂浆抹面施工。

（2）窖壁水泥砂浆抹面。窖壁清除浮土，并洒水湿润，用 M10 水泥砂浆（1∶3.5）将圈带内填筑后再由下往上抹面。砂浆厚度为 3 cm，分 2 ~ 3 次抹面。第一次用粗抹挤压，过 24 h 后再用铁泥抹细抹 1 ~2 次。为了节省脚手架，也可采取挖窖筒和窖壁抹面分段同步进行，即每下挖 1 ~ 1.5 m，窖筒尺寸合格后即进行抹面。每段以圈带处为接茬。但在下挖取土时，防止已抹砂浆的窖壁粘上土，下一层抹面刷浆前要仔细清理窖壁。

（3）窖底浇筑。窖底防渗是最重要的一环，要严格保证施工质量。在砂浆抹面或浇筑混凝土前要先将底部原状土仔细夯实，以防止地基土发生不均匀沉陷。在窖底要设防冲板，以落水点为中心浇筑 10 cm 厚的 C15 混凝土，防冲板面积不小于 1 m^2。

（4）窖体防渗。为加强防渗，在窖壁、窖底的砂浆抹面或浇筑混凝土工序结束 1 d 后，可进行刷水泥浆防渗。防渗浆用强度等级为 32.5 的水泥加水稀释成糊状，从上到下刷两遍。然后将窖口封闭，过 24 h 后洒水养护 14 d 左右即可蓄水。为了提高防渗效果，还可在水泥中加防渗削粉，用量为水泥用量的 3% ~5%，在第二次抹面和刷水泥浆时掺入使用。

（5）制作窖盖。制作窖盖时，采用 C15 混凝土按设计尺寸就地预制或集中预制，窖盖厚 8 cm、直径 1.2 ~ 1.4 m，并预留提水设备孔。为了便于管理，应在窖盖上刻写蓄水量、编号、施工年月、乡村名称等。窖盖表面要求平整，浇筑后洒水养护 7 ~ 14 d。

窖台用水泥砌砖或用混凝土预制窖圈，窖台高出地面 30 cm，并用水泥砂浆勾好砖缝，再安装窖盖。

（二）混凝土盖碗水窖

混凝土盖碗窖窖体包括水窖、窖盖两部分。水窖窖壁和窖底部分施工方法与上述水泥砂浆抹面薄壁窖相同。混凝土盖碗部分的施工可分为土模制作、钢筋绑扎、混凝土浇筑养护三道工序。

（1）土模制作。首先在平整好的窖址地面上整修直径为 5 ~ 6 m 的平地。在平面上画直径等于窖直径的圆，圆内土体按水窖穹形混凝土顶盖的下沿形状挖成穹形土体，顶部做成直径等于窖台外径、高 15 cm 的土盘，就成为浇筑穹形混凝土顶盖的土模。然后在穹形土体底部外沿挖一条宽 15 cm、深 10 cm 的环状槽，即为圈梁土模。最后将顶盖土模拍打密实，上面抹一层水泥砂浆。

（2）钢筋绑扎制作。圈梁为 4 根Φ 6 钢筋，环形布设。用 8 号铅丝做箍筋，间距 20 cm。窖口用Φ 6 环状钢筋，窖口与圈梁之间用 12 根Φ 6 钢筋沿土模表面均匀辐射分布。再用 8 号铅丝横向环绕，间距 20 cm。钢筋与铅丝交叉处用 24 号铅丝绑扎。

（3）混凝土浇筑养护。钢筋绑扎好后，即可浇筑顶盖混凝土，厚度为 8 ~ 10 cm，先从圈梁开始，然后沿四周由下往上浇筑。在距窖顶 50 cm 处预埋直径 8 ~ 10 cm 的进水管（孔）。混凝土浇筑时要一次成型，振捣密实，及时收面，并用防水水泥砂浆抹面三次，用麦草覆盖。12 h 后洒水养护，14 d 后方可开挖窖体内的土方。混凝土充分硬化后，顶盖上部土要分层回填夯实。窖口要及时作好窖台、窖盖设施。顶盖混凝土养护 14 d 后，从窖口位置开始，可进行窖体土方开挖和窖壁抹面以及窖底施工。其方法和上面所述砂浆抹面窖相同。

（三）素混凝土肋拱盖碗水窖

素混凝土肋拱盖碗水窖窖型的结构尺寸、技术指标、施工工序与混凝土盖碗窖完全相同。不同之处是增加了素混凝土肋拱作为受力支撑，而省去了窖盖与圈梁部位的钢筋。其施工程序为顶盖土模制作、肋槽开挖、顶盖混凝土浇筑、窖体土方开挖、窖壁砂浆抹面和窖底施工。除肋槽开挖外，其他施工工艺与混凝土盖碗窖相似。

肋槽开挖在土模制作成型后进行，其方法是沿半球状土模表面由窖口向圈梁均匀辐射开挖 8 条宽 8 cm、深 6 ~ 8 cm 的矩形沟槽，窖口外沿同样挖一条内径等于窖台直径的矩形断面环形槽，肋形槽开挖完成后，清除浮土，洒水湿润，抹一层水泥砂浆后即可浇筑顶盖混凝土。

（四）砖拱窖

窖体包括水窖、窖盖与窖口，水窖结构和施工工序与混凝土盖碗窖相同。砖砌式帽盖施工有以下两种方法：

（1）与混凝土盖碗窖的顶盖施工相似，即先按设计矢高、穹体直径等土模尺寸做顶盖土模，再用砖沿土模表面自下而上错位压茬分层砌筑到窖口。待砖缝砂浆固结后，即可从窖口开挖窖体土方和水窖部分施工。顶盖施工时应注意以下两点：

①砖的质量要求：砖面平整，大小均一，砖角方正，没有凹凸现象，断口色泽均一、致密，没有孔眼和裂纹，强度高（MU10 以上）。

②砌筑要求：施工前将砖充分吸水，采用 M10 水泥砂浆砌砖，砌筑时必须使砖块互相挤压紧密，砂浆饱满，每层砖要互相压茬。每砌完 3 ~ 4 层，在砖体上抹一层砂浆。

（2）先按水窖最大直径开挖水窖部分窖体，布设圈带、码眼，对窖壁进行砂浆抹面防渗。待水窖部分竣工后，再进行砖拱盖施工。

砖拱盖施工有以下两种方法：

（1）采用大开口法，首先砌基座。沿顶盖下部外沿处周围砌环状砖座，宽 24 cm，三层砖高 18 cm，各层压茬浆砌。然后砌拱盖。沿四周由下向上错位压茬，砖块平放，每层向窖中心悬伸 5 cm，逐渐收拢直到窖口，同时要边砌砖边回填夯实砖拱外围土方，使砖拱保持稳定。砖拱砌成后再做窖台，安装窖盖，此时顶盖厚度为砖的长度。

（2）采用立砖砌法，每层砖之间用砂浆来调整砌体的弧度，此时顶盖厚度为砖的厚度。这种砌法节省大量砖体，但施工技术要求高。顶盖承受荷载小于第一种砌法。

大开口法施工优点是窖体土方开挖快，便于水窖部分施工。但顶盖砌筑技术要求高，要求由技术熟练工人进行施工。

（五）土窖

土窖体结构包括水窖、旱窖、窖口和窖盖。

土窖施工程序分为砖砌窖口，窖体开挖，窖壁和窖底防渗。防渗材料有红胶泥防渗和水泥砂浆抹面防渗两种。其施工工艺也各有不同。

1. 红胶泥防渗（用于窖口以下的水窖部分）

（1）红胶泥打碎过筛，用水浸泡 1～2 d，使之充分吸水软化，再用铡背砸剁或牲畜踩踏，并反复翻拌成面团状，然后制成直径 7 cm、长 30 cm 的棒状胶泥锭子。

（2）将胶泥锭子塞入事先用木锤击打而成的外口径 6 cm、内径 10 cm、深 8 cm 的码眼内，使整个码眼填满胶泥。

（3）将码眼外余留的（约 15 cm）胶泥锭压平，使各码眼之间的胶泥连成一片，胶泥不够时可另补充胶泥（要保证胶泥层 3 cm 厚度），然后用木锤击打密实，增加与窖壁的黏结，并逐步压平成窖体形状。

（4）铺底。胶泥铺底前要先将底部原状土轻轻夯实。胶泥厚 30 cm，分两层铺，夯实整平。窖底和窖壁胶泥要连成整体，连结密实。

（5）用胡麻水或黑矾水刷面防渗。在 10～15 d 内每天要捶打防渗胶泥层一次，直至胶泥层牢固为止。

（6）向窖内放入少量水并封闭窖口和进水管、溢水管，保证窖内有一定湿度。

（7）在窖底落水点中心布设 C15 混凝土防冲板（面积不小于 1 m^2）。

2. 水泥砂浆抹面防渗

传统土窖水泥砂浆抹面防渗施工工艺与水泥砂浆薄壁窖基本相同。

（六）几种简易水窖土方开挖施工法

水窖是一种微型蓄水工程，它的施工场面小，挖（取）土方式特殊（从窖口由上而下取土），而山区经济条件差，技术设备落后，窖体土方采用人工开挖，工作量最大。长期以来，群众在打窖实践中，因地制宜，总结出了不少成功的施工方法。

1. 悬吊施工（2 人操作）法

用直径 15 cm、长 2.5～3.0 m 的 3 根木椽组成三脚架，位于窖口上方 1.3 m 处悬挂滑轮。绳索（棕绳、麻绳或尼龙绳等）两端通过滑轮后都吊在窖内，强劳力 1 人（通过打窖技术培训）在窖内既挖土又吊土（往下拉牵引绳，土筐上升），窖口 1 人帮助往上提绳并倒土，2 人每天可挖土 1～2 m^3，如图 4-1 所示。

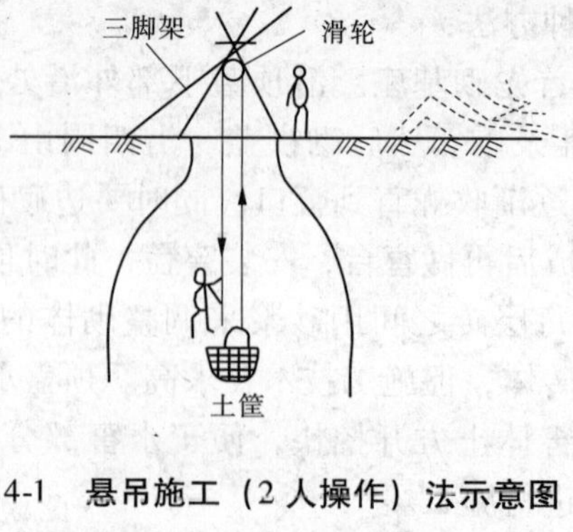

图 4-1 悬吊施工（2 人操作）法示意图

另外，还可采用独脚窝杆吊土施工。

2. 畜力牵引施工（4 人操作）法

在窖口安装脚架，系好滑轮，用绳索、笼筐装提土，畜力牵拉。2 人在窖内作业，其中 1 名技术熟练人员掌握窖型尺寸、开挖修整窖型，1 人装土、提筐；窖口边 1 人负责提筐倒土，并协调指挥作业，另一辅助劳力（妇女或小孩）牵引牲畜。这种施工作业，每天可取土 5～6 m^3，当前农村打窖采用较多的就是此法施工（见图 4-2）。但当既没有牲畜又没有机械动力时，采用 5 人施工作业，即窖内 2 人，窖上 3 人（其中 2 人拉绳吊土）。

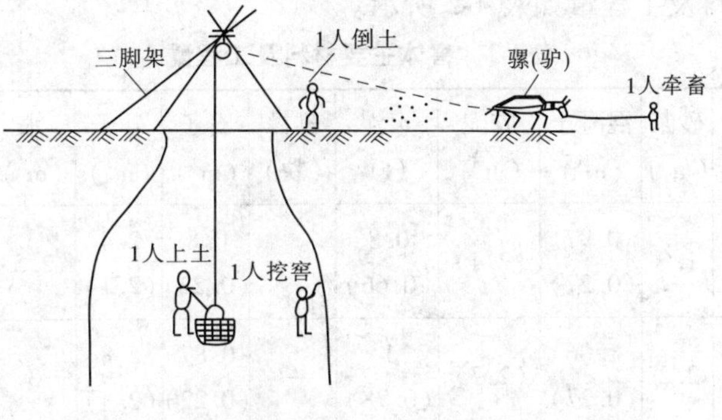

图 4-2　畜力牵引施工（4 人操作）法示意图

3. 机械牵引施工（6 人操作）法

如果农户有拖拉机，可采用机械提升土，减轻劳动强度。方法是在窖口安装三脚架、系好滑轮，窖口附近地上布设底滑轮。在离窖口 5～6 m 处固定手扶拖拉机，扒掉一只轮胎，缠好钢丝绳，绳的另一端通过 2 只滑轮吊在窖内。施工时 3 人在窖内作业，其中 1 名技术人员掌握窖体开挖，2 人挖土、装土、提袋（尼龙编织袋四个角拴绳即成土袋）；或上面 2 人提袋倒土（其中 1 人还负责联络指挥），1 人负责开动机械吊土。这种施工方法工效高，每天挖取土 12～15 m^3（见图 4-3）。

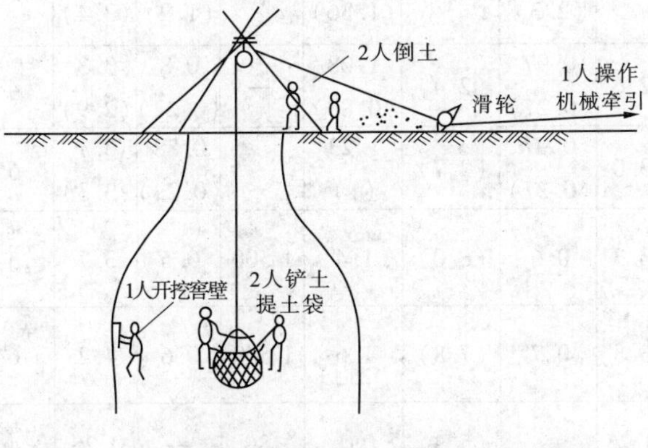

图 4-3　机械牵引施工（6 人操作）法示意图

在水窖（窑）开挖施工中应注意掌握好土壤的合适湿度。表 4-1 是几种土壤的适宜开挖含水量，但应注意，对湿陷性黄土，土壤含水量宜保持在较低水平，防止湿陷破坏。

表 4-1　窖体土方开挖适宜含水量

土质	砂壤土	壤土	黏壤土	黏土
含水量（%）	9～13	10～16	11～18	13～21

（七）建窖材料质量要求

建窖的主要材料有水泥、石子、砂子、砖等，其中水泥、砂子用量最大，要严把质量关。窖体主要材料及工程量如表 4-2 所示。

表 4-2　窖体主要材料及工程量

窖型		容积（m^3）	土方（m^3）	砂浆（m^3）	混凝土（m^3）	胶泥（m^3）	水泥（t）	红砖（块）	石子（m^3）	砂子（m^3）	水（m^3）	抗渗剂（kg）	说明
Ⅰ型	水泥砂浆薄壁窖	40	60	1.9	0.97 (0.27)	(2.4)	0.8 (0.66)	—	0.8 (0.22)	2.4 (2.1)	2.5	20	上部旱窖只墁一层（厚 1.5 cm）水泥砂浆
		50	70	2.2	1.06 (0.27)	(2.7)	1 (0.78)	—	0.87 (0.22)	2.8 (2.4)	3	23	
Ⅱ型	混凝土盖碗窖	50	70	1.9	3 (2.2)	(2.4)	1.45 (1.22)	—	2.4 (1.8)	3.6 (3.2)	3	24	抗渗剂用量为水窖部分砂浆中水泥用量的3%～5%
		60	80	2.1	3.1 (2.3)	(3.2)	1.51 (1.26)	—	2.5 (1.7)	3.8 (3.3)	3	28	
Ⅲ型	素混凝土肋拱盖碗窖	50	70	1.9	3.1 (2.2)	(2.4)	1.43 (1.24)	—	2.5 (1.8)	3.7 (3.3)	3	24	水泥强度等级采用 42.5，混凝土强度等级为 C20
		60	80	2.1	3.2 (2.3)	(3.1)	1.59 (1.36)	—	2.6 (1.9)	3.9 (3.4)	3	28	
Ⅳ型	砖拱窖	40	60	2.6	0.97 (0.27)	(2.4)	1.08 (0.88)	—	0.8 (0.22)	3.3 (2.9)	4	20	砖 1 700 块
		50	70	3.0	0.97 (0.27)	(2.7)	1.23 (1)	—	0.88 (0.22)	3.7 (3.3)	5	23	
Ⅴ型	崖窑窖	60	140	3.3	0.6	(6.0)	1.4	1 500	0.5	3.7	5	23	窖底为 30 cm 胶泥，3 cm 水泥砂浆抹面
		80	170	3.8	0.7	(7.8)	1.6	1 500	0.6	4.2	6	34	
Ⅵ型	传统土窖	30	50	0.25	—	(5.3)	0.1	180	—	0.25	4	5	窖底、水窖部分用红胶泥防渗
		40	60	0.25	—	(5.8)	0.1	180	—	0.25	5	6	

注：1. 当窖底采用 30 cm 红胶泥防渗时，选用括号内数据；

2. 当窖型为Ⅱ型、Ⅲ型时，均增加钢筋用量 30 kg、铅丝用量 20 kg。

（1）水泥。一般选用32.5 MPa普通硅酸盐水泥。施工季节窖内温度较低，对水泥的要求即终凝时间不得迟于12 h，安定性好，不受潮（水泥袋内不得出现小硬块）。

（2）石子（碎石、卵石）。石子是浇筑混凝土的主要材料，要求质地坚硬，不含杂质，最大粒径不超过5 cm（混凝土体积小）。

（3）砂子。砂子以中砂（粒径0.25～0.5 mm）为好，不得使用极细砂（粒径0.05～0.1 mm），含泥量不得超过砂子质量的3%。

二、水窑

水窑包括土窑、窖池两大部分。当蓄水水位在崖地面以上时，还包括窑前挡水墙。其施工顺序为崖面处理、土窑开挖、窑顶防潮、窖池开挖、窖池防渗、挡水墙砌筑等环节。

（一）崖面处理

崖面坡度不宜陡于75°～80°，否则需要进行削坡处理，确保崖面稳定。同时，崖面高度不小于4.5 m，以保证窖顶土体稳定。崖面以上地面要开挖排水沟，将水流引至集水沟渠内，防止坡面水流冲刷崖面。

（二）土窑开挖

可按如下顺序进行土窑开挖施工：

（1）确定土窑基座和进、出水口的高程，开辟工作平台。

（2）在崖面上按设计窑的矢高、宽度等尺寸画出窑窖的设计开挖线。

（3）在开挖线外侧按设计结构开挖窑窖口砌筑断面。

（4）加固窑口：在崖面上按窑的形状，先砌一个砖拱，以加固窑口，也可以用C15混凝土浇筑窑口。

（5）从砌筑或浇筑好的窑窖口向里进行土窑开挖，开挖时要从中心线位置向两侧扩展，达到设计尺寸。

（三）窑顶防潮

窑顶防潮可采用草泥或水泥砂浆抹面。草泥防潮层厚度为2 cm，其优点是可以就地取材、造价低，但窑内潮湿时易脱落。水泥砂浆抹面防潮一般在土壤结构疏松或土壤碱性较大时采用，水泥砂浆防潮层采用1∶3.5水泥砂浆从窑底两侧向拱顶抹面处理，厚度一般为1～1.5 cm。

（四）窖池开挖

当水窑水位低于崖底地面时，在土窑内向下按设计尺寸开挖水池。完成后，可适量洒水，用木夯夯实蓄水部位表面土壤，提高基土密实度，增强承压能力。

（五）窖池防渗

窖池防渗采用水泥砂浆抹面结构，其施工与水泥砂浆水窖相似。窑窖窖底同样设计成类似锅底形状。当窖身防渗处理完成后，应封闭窖口，每天洒水养护1次，养护时间超过14 d后方可蓄水使用，但当养护时间不足28 d时，第1次蓄水不应超过总蓄水容积的1/3，确保窑窖能够安全使用。

三、水池

目前，我国雨水利用区的蓄水池类型较多，从其结构形式来看，由于雨水集蓄利用工程很少受到地形条件限制，因而普遍采用圆形结构，只有极少一部分采用矩形结构；从使用的建筑材料来看，有混凝土现浇结构、砌体抹面结构（包括砌石、砌砖）。另外，从建设方式和使用条件来看，还有开敞式、封闭式，地下式、半地下式结构等。但总体来看，封闭式、地下式主要用于生活用水蓄水，而开敞式、半地下式主要用于农业灌溉蓄水和其他用水目的的蓄水。根据使用经验，砌体结构水池中砖砌抹面结构很容易发生抹面层脱落，在目前新建的蓄水设施中已经很少使用，这里将不再进行介绍。

（一）混凝土蓄水池

混凝土蓄水池施工一般采用大开挖方式进行，池底及边壁采用 C15 混凝土现浇，衬砌厚度为 8 ~ 10 cm，有关混凝土的具体施工要求按《混凝土结构工程施工及验收规范》（GB 50204—2002）要求进行。

混凝土蓄水池施工程序主要包括基坑开挖、池底基础处理、池底浇筑、模板制作与安装、池壁浇筑等环节。当为封闭式结构时，还包括顶盖制安、通气孔和进人孔制安、覆土回填等。

1. 基坑开挖

基坑开挖采用人工开挖方式进行开挖时，必须严格按照设计尺寸进行。当基坑边壁土方比较松软时，应预留 2 ~ 3 cm 厚度（欠挖），待全部土方开挖完成后，首先洒水湿润边壁，再采用木夯沿边壁四周进行夯实处理，以提高窖体土壤密实度。

2. 池底基础处理

基坑开挖后，若现有土壤结构比较致密，承载力较强，可直接进行原土夯实处理；但当土质比较松软时，要进行翻夯处理，翻夯层采用 1∶9 水泥土回填，厚度不小于 30 cm，夯实干容重不小于 1. 60 t/m^3。

3. 池底浇筑

池底浇筑采用 C15 混凝土现浇，厚度一般为 10 cm 左右。施工时，通底设浇筑仓面，一次完成整个底部混凝土浇筑，采用平板振捣器振捣或者铁质抹子反复用力压实，保证混凝土密实度，提高防渗效果。

4. 模板制作与安装

池壁采用有模浇筑，外模一般采用基坑边壁，内模采用木模、钢模和砖模等。当采用基坑边壁做外模时，首先要对基坑边壁洒水湿润并用木夯进行夯实处理，当基坑边壁仍较疏松时，可采用挂塑料薄膜或水泥包装袋等材料进行保护，以免土块进入浇筑仓内影响混凝土质量。有些地方为降低水池造价，采用了砖模代替模板，具体做法是将机制红砖沿长边方向在一侧打磨除掉 2 ~ 3 mm 后，沿基坑径向将打磨后的红砖竖向并排布设，使之形成内模，并逐层叠加从底部向顶部依次进行施工。采用这种方法可以节省大量模板。但应注意只有当混凝土硬化到一定强度后，才能拆除下层的砖模。如果拆除砖模过早，则将影响混凝土的强度。

5. 池壁浇筑

为确保混凝土浇筑的密实度，每层浇筑厚度一般控制在 20～30 cm，并用插入式振捣器振捣或钢钎反复捣实。混凝土浇筑应连续进行，若因故停止浇筑超过有关规定，则要将混凝土表面凿毛，除去表层杂质后，再用 1∶1 水泥砂浆铺层 2～3 cm，方可继续浇筑。整个池壁浇筑完成后，用草袋、膜料等覆盖池壁，洒水养护。在进行池壁浇筑时，应按照设计位置，预留进水口、出水口、排水管和溢流管的安装位置。

6. 顶盖制安

封闭式水池顶盖一般采用钢筋混凝土梁板结构。可以采用现浇、预制两种方式。现浇需要大量的模型板和脚手架，造价高、技术复杂，雨水集蓄利用工程是以群众性施工为主，因而较少采用。采用预制的主要困难是农村缺乏起重机械，一般多采取人工安装，因此构件不能过重。圆形水池应尽量减小直径，加大水池高度来满足容积要求。如果直径较大，为减小梁的跨度，还可以设置混凝土柱。柱的钢筋应与底板钢筋牢固连接。采用矩形水池时，应减小横向跨度，增加长度以达到需要的容积。预制板之间接缝应采用砂浆填塞。

7. 通气孔和进人孔制安

封闭式水池顶盖应设置通气孔和进人孔。通气孔应有挡雨设施。进人孔应设盖子。

8. 覆土回填

覆土的目的主要是用于冬季保温，在不同的地区对覆土厚度有着不同的要求，具体可按设计要求进行。对于半地下式结构，具有防冻要求时，其池壁外围也要进行填土保温，确保冬季安全运行。

（二）砌石结构蓄水池

砌石结构蓄水池施工程序主要包括基坑开挖、池底基础处理、池底砌筑、边墙砌筑、防渗抹面、管道安装等环节。当为封闭式结构时，还包括顶盖施工、进人孔制安、覆土回填等，其中基坑开挖、池底基础处理、顶盖制安、进人孔制安、覆土回填等施工环节与混凝土蓄水池相同。以下仅介绍池底砌筑、边墙砌筑和防渗抹面等工序。

1. 池底砌筑

池底砌筑在池底基础处理完成以后进行。砌筑应采用坐浆法进行施工，不宜采用干砌后灌注砂浆的方法。砌筑后应进行勾缝，勾缝应采用平缝，不宜用凸缝。由于浆砌石厚度较大，一般可不设伸缩缝。

2. 边墙砌筑

边墙砌筑要求包括：

（1）要按设计要求控制放线，严格掌握边墙垂直度、坡度和高程。

（2）要沿周边分层整体砌石，不可分段分块单独施工，以保证池壁的整体性。

（3）必须采用坐浆法进行施工，块石间空隙内灌注砂浆时应插入钢钎摇动，确保灌浆能够密实。

（4）池壁内侧临池面块石要求规则整齐、平整度好，若不能满足设计要求，则应在砌筑前进行铲凿修理。

（5）边墙临池面和地面以上部分的墙外侧浆砌石要进行勾缝处理。勾缝应采用平缝，不用凸缝。勾缝工作须待全部浆砌石完成后自上而下进行。勾缝前须将砌体缝隙刷洗干净，并洒水湿润。

（6）边墙砌筑时，应按照设计位置预留或预埋各种管道。

3. 防渗抹面

为增强防渗效果，池墙内侧临水面可用1:2防水砂浆抹面2遍，总厚度按2~3 cm控制。砂浆中应加入防水剂，用量为水泥质量的3%~5%。

第五章　集雨补充灌溉技术

第一节　集雨补充灌溉方法

利用集蓄雨水对作物进行灌溉时，由于雨水集蓄系统所能提供的水量有限，必须采用高效节水灌溉方法，避免或尽量减少蒸发和渗漏损失。我国的旱作农田雨水集蓄灌溉可以分成两种类型，即简易灌溉方法和微灌技术方法。受经济条件的限制，目前绝大部分雨水集蓄灌溉采用了简易灌溉方法，采用微灌等现代技术的不足总灌溉面积的10%。简易灌溉方法有坐水种、膜上灌溉、地膜沟灌、注射灌、点灌等。微灌技术包括滴灌、微喷灌、小管出流灌、小型移动式喷灌等。对水稻田应采用“薄、浅、湿、晒”来控制灌溉等节水灌溉技术。

集雨灌溉宜同时采取地膜覆盖、合理耕作、培肥改土、选用抗旱作物品种、化学制剂保墒等农艺技术措施。

一、简易灌溉方法

（一）坐水种

我国北方半干旱地区，作物播种时期土壤墒情往往较差，造成出苗晚甚至不出苗的现象，严重影响农业生产。为了保证出全苗，出壮苗，在生产实践中出现了一种称为坐水种的方法。其作业程序包括整地、覆膜、拌种、点种、注水、覆土等工序。通过坐水种能使作物的出苗率达到98%以上。

1. 坐水种技术简介

坐水种是在农作物播种时期结合播种，采取人工、机械或专用设备供水的形式，用较少的水量，浇灌并湿润籽种周围的部分土壤，以保证在干旱情况下种子能够发芽、出苗的一种灌水方式。坐水种是针对北方半干旱地区春季土壤墒情差，农作物不能按时播种所采取的抗旱播种技术。

坐水种经历了由手提肩担、畜力拉水到半机械化作业，从不规范到比较规范的发展过程。其在北方春旱地区已成为一种常规的、技术上较为成熟的播种期高效补灌技术。

2. 坐水种补灌技术的优点

（1）坐水种的设备较为简单，操作技术很快就可以掌握，农民很容易接受。

（2）播种效果好，出苗有保证。由于播种与灌水相结合，种、水、肥一并施于地下，加之有覆土、覆膜保墒，防止蒸发，提高了地温，为种子发芽、出苗建立了良好的种床。大量试验与实践证明，坐水种在一般干旱年份可保证作物出苗率在90%以上，苗齐苗壮。

（3）用水量很少。坐水种每亩灌水量一般为3～5 m^3，只湿润种子周围的部分土壤，湿润面积占田间总面积的22% ~40%，实现了局部灌溉，可抗旱30 ~40 d。灌水量只相当于一般地面灌溉方式的1/10左右，非常适合在雨水集蓄利用工程中应用。

（4）灌水作业成本低。配套农机具只需在拖拉机和播种机上加储水与施水装置，所以机具购置费较低。据对黑龙江某农场近3 000 hm^2 坐水种玉米的统计，包括水费、油费、电费、运水费、人工费、维修费等在内，总作业成本为270元/hm^2。在雨水集蓄利用工程中，若不计入人工费、水费等，则作业成本一般在150元/hm^2以下。

（5）适应性强。坐水种可一家一户进行，充分发挥畜力车、小型拖拉机、人力等优势，也可以联户大面积进行。只要有水源，就可以利用各种运水工具或塑料输水管进行施水作业，不受地形、地块大小、土质等因素的影响，而且适用于所有的旱作农作物。

3. 坐水种的抗旱节水增产机理

坐水种的显著效果就是省水并能抗旱和增产，这是多年来农民群众普遍喜欢应用，并能大面积推广应用坐水种的原因所在。

坐水种增产效果：东北与内蒙古地区玉米坐水种增产效果见表5-1。

表5-1　东北与内蒙古地区玉米坐水种增产效果

地点		年份	春季土壤状况	坐水种产量（kg/亩）	对照田产量（kg/亩）	增产量（kg/亩）	增产幅度（%）
黑龙江省肇东市		1988	较湿	377	297	80	26.9
		1989	一般	340	261	79	30.3
吉林省白城市		1989	典型调查				30 ~40
内蒙古	扎兰屯市	1992	干旱	504	207	297	143
	突泉县	1990	一般	396	288	108	37.5
	科尔沁右翼前旗	1994	干旱	360	206	154	74.7
				347	206	141	68.4
		1995	干旱	541	357	184	51.5
				619	357	262	73.4
	准格尔旗	2003	干旱	506	413.8	92.2	22.3
		2004	一般	478.3	365.6	112.7	30.8
平均				446.8	295.8	151.0	51.0

4. 坐水种的方法与技术

1）坐水种的技术参数

坐水种的技术参数主要是指坐水种补灌水量和注水深度等。

（1）坐水种补灌水量的确定。

坐水种补灌水量的多少主要依据土壤的干旱程度来确定。表5-2列出了黑龙江省肇东市水利局1986 ~1991年间对玉米坐水种试验进行分析得出的坐水种补灌水量指标，可供参考。

表 5-2　不同水文年坐水种补灌水量指标

水文年	0 ~ 30 cm 平均土壤含水量（占田间持水量的质量百分数，%）	坐水种补灌水量（m^3/亩）
轻旱年	62 ~ 70	1.7
中等干旱年	56 ~ 62	3.5
重旱年	51 ~ 56	5.0
严重干旱年	<51	7.0

（2）注水深度的确定。

注水深度一方面考虑播种深度，另一方面要考虑干土层的厚度。一般播种深度为 5 cm 左右。因此，注水深度以在此深度以下为宜，以利于与底墒相衔接，增强抗旱能力。

（3）抗旱天数的确定。

各地自然条件不同，抗旱天数也有差别。例如，吉林省水利科学研究所（2002 年更名为吉林省水利科学研究院）的研究成果，以抗旱天数为依据确定坐水种补灌水量。在开沟坐水条件下，抗旱天数以 40 d 为标准，确定的坐水种补灌水量为 3.1 ~ 4.0 m^3/亩，相当于表 5-2 中的中等干旱年的标准。

2）坐水种的灌水方式

坐水种的方式不同，所需的机具设备也不尽相同，目前有人工坐水种方式、机械开沟滤水方式及机械播种与注水相结合方式 3 种形式。

（1）人工坐水种方式。

这种方式除运水外，其余作业方式即挖穴、注水、点种、施肥和覆土等全靠人工来完成，完成全部作业程序需 5 ~ 7 人，日播种面积 4 ~ 6 亩，效率较低。

（2）机械开沟滤水方式。

用机械开沟，再将灌溉水用注水管注入沟中，待水渗入土中后，再由人工进行播种、施肥和覆土等作业，一般也需 5 ~ 7 人，但作业效率较人工坐水种方式提高 1 倍左右。

（3）机械播种与注水相结合方式。

这种方式又可分为明式注水和暗式注水两种。

①明式注水由拖拉机牵引水车，在开沟的同时向沟中注水，待水渗入土中之后，利用播种机进行播种、施肥和覆土等作业。为使上述作业连续进行，在第一条垄上开沟注水时播种机空行，待第二条垄开沟注水的同时，再由播种机在第一条垄上开始作业。这样，依次类推，田间作业效率较前两种方式大有提高。

②暗式注水利用暗式注水播种机来实现。这种方式的特点是水在播种位置以下，水不含泥，土不板结。整个作业由 2 人操作完成，效率较前述方式大大提高，每天可播种面积在 15 亩以上。

3）坐水种机具

全国各地相继研究试制了多种坐水抗旱播种机，如表5-3列出部分可供选用。

表5-3　坐水抗旱播种机一览表

机械名称	型号	研制单位
暗式坐水点播机	2BFS－1	黑龙江省水利科学研究所 黑龙江省水利冲填处劳动服务公司铸造铆焊
多功能播种机	J5－750	黑龙江省农业机械工程科学研究院
坐水点播机	2BT1	黑龙江省农业机械工程科学研究院
单体抗旱坐水点播机	2BFS－1	吉林乾安县农机局
坐水播种覆膜机	2BSM－2A	内蒙古自治区宁城县农机所
坐水播种覆膜机	2SBFM－3	内蒙古自治区宁城县水利局
旱地播施保多用机	WD－3	河北省青县农机修造厂
抗旱坐水种单体播种机		青海省水利水电科学研究所
抗旱灌水播种机		中国农业大学东校区
坐水式播种机		农业部南京农业机械化研究所
多功能灌溉机		农业部南京农业机械化研究所
多功能灌溉机		徐州水利机械厂

（二）膜上灌溉

1. 膜上灌溉技术简介

膜上灌溉是在地膜栽培技术基础上发展起来的一种新型节水灌溉技术，也称膜孔灌溉，它是在用地膜覆盖田面后，利用地膜输水，通过放苗孔和膜侧旁渗水到作物根部土壤中，进行局部浸润灌溉，以满足作物需水要求。膜上灌水技术适合各种地膜栽培作物。放苗孔和专设灌水孔只占田间灌溉面积的1%～5%，其他面积主要依靠膜侧渗水湿润，因而膜上灌溉实际上也是一种局部灌溉。

2. 膜上灌溉的类型

膜上灌水形式很多，基本形式有以下几种：

（1）平铺打埂膜上灌，也叫高垄低膜细流沟畦膜上灌，是在畦田侧向构筑高20～30 cm的畦埂，其畦田宽0.9～3.5 m，膜宽0.7～1.8 m。根据作物栽培需要，铺膜形式可分为单膜或双膜。对于双膜，其中间或膜两边各有10 cm宽的渗水带。这种膜上灌水技术，畦田低于原田面，灌溉时不易外溢和穿透畦埂，故入膜流量可加大到5 L/s以上。膜缝渗水带可以补充供水不足，主要用于玉米田上。双膜或宽膜的膜畦灌溉，要求田面平整程度较高，以增加横向和纵向灌水均匀度。

（2）膜孔灌溉。地膜两侧必须翘起5 cm高，并嵌入土埂中。膜畦宽度根据地膜和种植作物要求确定。双行种植玉米一般采用宽90～160 cm的地膜，穴播小麦采用宽145 cm以上地膜。作物需水完全依靠放苗孔供给，入膜流量为2～4 L/s。该灌水方法增加了灌水均匀度，节水效果好。

（3）开沟扶埂膜上灌。这种形式是用铺膜机把地膜铺在地表，两侧埋入地下。灌水前在两膜之间用开沟器开一条沟。

（4）翘边扶埂膜上灌。将地膜铺成梯形断面（两边翘起 5 cm 埋入土内），埂高 15 ~ 18 cm。可用膜上灌铺膜机一次完成。

（5）沟内膜上灌。把土地整成垄沟，沟深 25 ~ 30 cm。将地膜铺在沟底和土垄两边。

（6）膜缝灌。这种形式与前面沟内膜上灌的铺膜方法相反，把地膜铺在垄背上，相邻两膜在沟底形成灌水缝隙。

（7）平铺压边小块田内膜上灌。实行塑膜栽培时降低膜与地平行，平铺压土，通过放苗孔以及地膜缝渗水灌溉。

3. 膜上灌溉的作用机理

（1）可有效杜绝深层渗漏损失。由于膜上灌是通过放苗孔或膜缝灌水，土壤垂直受水面积小，仅为总面积的 13% ~15%，因此深层渗漏少。

（2）田间无效水分蒸发减少。由于地膜覆盖避免了棵间土壤表面蒸发，保墒效果好。

（3）采用膜上灌杂草少，减少了杂草耗水。

（4）增产节水效果明显。试验表明，膜上灌与常规沟灌相比，棉花节水 40.8%，增产皮棉 5.12%，霜前花增加 15%；玉米节水 58%，增产 51.8%；瓜菜节水 25% 以上。

（三）注射灌

1. 技术特点

注射灌溉技术是用特制的注水器直接向根区土壤注水（或水肥溶液）的一种灌水方法。群众称为“给土壤打水针”。目前，宁夏是借用全国推广的“LYJ”追肥枪，安装在农用喷雾器上，依靠喷雾器的打气压力，通过喷枪嘴，将水注入作物根区，如图 5-1 所示。其特点是：①灌水、追肥、根区施药可以一次完成。②因主要用于干旱地区果树、瓜类、葡萄、玉米等稀植作物灌关键水，所以比较节水。③根据作物长势情况进行定量灌溉，苗期可少灌浅灌，需水盛期可多灌深灌。灌水定额仅 30 ~ 45 m^3/hm^2。一般每处（每株）注水 0.5 ~1.0 kg。

图 5-1　追肥枪示意图

在有条件的地方可采用软管移动式注射灌溉，即将从窑窖抽出的具有一定压力的水，通过输水软管与注水器相连，进行注射灌溉，注水器的数量可根据抽水量的大小配置，一套设备可移动使用，每天可灌 0.27 hm^2 左右（宁夏水利厅等，1995）。

2. 节水增产效果

根据宁夏水利厅试验，1995 年在山区连续干旱情况下，西瓜全生育期注射灌 3～4 次，灌水定额为 30 m^3/hm^2，灌溉定额为 90～120 m^3/hm^2，西瓜产量达 30 000～45 000 kg/hm^2。在连续 7 个月未下雨的情况下，玉米注射灌水 5 次，灌溉定额为 315 m^3/hm^2，长势良好，产量在 5 250 kg/hm^2 以上。通过试验，总结出玉米不同生长期 4 个注灌水量值，即苗期 22.5 m^3/hm^2，五叶期 45 m^3/hm^2，七叶期 67.5 m^3/hm^2，抽雄期和孕穗期为 90 m^3/hm^2，可供类似地区参考。同时试验表明，在抽穗期、穗膨大期结合灌水追施肥料，增产效果好。

（四）点灌

点灌是用容器或软管在作物生长的临界需水期进行灌水的一种节水方式，如图 5-2 所示。采用砂压地表点灌的方法种植西瓜非常省水，每季砂地瓜亩均耗水仅 6 m^3，且是分成 3 次完成，每次亩均浇水只有 2 m^3。砂地瓜亩产可达 2 500 kg，现已成为一些地方的支柱产业。

图 5-2　用水壶进行玉米点灌的示意图

二、微灌

（一）滴灌

1. 概述

1）滴灌及其优缺点

滴灌是滴水灌溉的简称，它是按照作物需水要求，通过一套设备将水加压（或利用地形落差自压）、过滤，再通过低压管道系统和滴头（灌水器）把水和溶于水的养分，以较小的流量均匀而准确地直接输送到作物根部附近的土壤表面或土层中的一种灌水方法。与传统的地面灌溉和喷灌方法相比，滴灌只湿润作物根区附近的部分土壤，因此又称为局部灌溉。

滴灌的主要优点是省水、省工、节能、灌水均匀度高、增产优质，对土壤和地形的适应性强，可充分利用小水源。其主要缺点是滴头过水断面小，容易引起堵塞，影响滴灌系统的正常工作，因此其对水质要求严格。

2）滴灌系统的组成与分类

（1）滴灌系统的组成。

滴灌系统由水源、首部枢纽、输配水管网和滴头四部分组成，如图 5-3 所示。

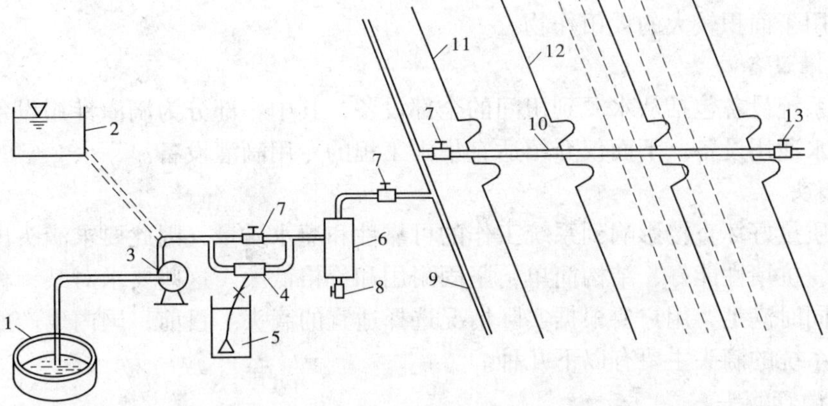

1—水源；2—蓄水池；3—水泵；4—施肥器；5—肥料溶液；6—过滤器；7—阀门；
8—排污管；9—干管；10—支管；11—毛管；12—灌水器；13—冲洗阀门

图 5-3　滴灌工程示意图

①水源。集雨工程的水源主要有窖窖、蓄水池、涝池和塘坝等小水源，要求水质符合滴灌要求。

②首部枢纽。包括水泵、动力机、化肥罐、过滤器、控制设备等，其作用是从水源抽水加压，施入化肥，经过滤后按时按量地把水肥溶液输送进管网。若利用自压水源，则可省去水泵和动力机。

③输配水管网。包括干、支、毛管及其连接件和必要的控制、调节设备，其作用是将压力水和化肥溶液输送并均匀地分配到滴头。对面积较小的集雨灌溉系统，一般只需二级管道即可。

④滴头。是滴灌系统的关键部件，其作用是将毛管中的压力水经过细小的流道或孔口，使水流以点滴或微细流的形式均匀分配于作物根区的土壤中。

（2）滴灌系统的分类。

①固定式系统。整套滴灌系统在灌水期间都固定在一个位置上不动，这种系统运行管理方便，易于实现自动控制，但需要管材多、投资大。适用于果树、瓜类和蔬菜等宽行距、灌水频繁且经济价值高的作物。

②移动式系统。灌水期间滴灌系统设备不固定，按一定规律进行移动，逐片进行轮灌，这种系统可以节省大量管材和滴头，从而降低了工程投资，但移动麻烦。适用于大田密植作物或面积较小的庭院种植作物。目前，有两种移动模式，即一套滴灌设备，两口窖，控制 0.267 hm^2，首部用手压泵做动力；或一套滴灌设备，4 口窖，控制 0.533 hm^2，首部用微型电泵做动力。移动时，一条毛管可以移动数次，一组毛管可移动到另一处。当用电泵做动力时，为了不停泵，可备用一组毛管，当第一组毛管灌完后，先开备用的一组灌水，再等已停的一组毛管水排空后，移到另一处要灌的地方。如此反复移动，直到一口窖窖所控制的面积灌完后，再将整套滴灌系统移到另一窖。非灌溉季节，设备可收回室内储藏。

③半固定式系统。灌水期间，首部枢纽和干（或干、支）管固定不动，支、毛（或毛）管在灌水地段上按一定规律移动，这种系统管理和投资费用介于以上两种形式之间，适用于面积较大的大田作物。

2. 滴灌设备

滴灌系统设备包括从水源到田间的全部设备，其中一部分为滴灌专用设备，另一部分为给排水通用设备。下面仅介绍适宜集雨工程的专用滴灌设备。

1）滴头

滴头质量好坏直接影响到系统工作的可靠性和灌水质量，因此要求滴头出流量小且均匀稳定，抗堵性能好，结构简单，坚固耐用和价格低廉。这些要求对某一种滴头来说往往不能同时满足，用户要根据实际情况选择适宜的滴头。目前，国内生产的适宜雨水集蓄滴灌系统的滴头主要有以下几种。

（1）微管滴头。

微管滴头是把一种直径为 1.0 mm 左右的黑色聚乙烯塑料管插入毛管，水在微管中流动的过程中消能，以点滴或微细流的方式流出，属于长流道型的滴头。微管可以缠绕，也可散放，见图 5-4。

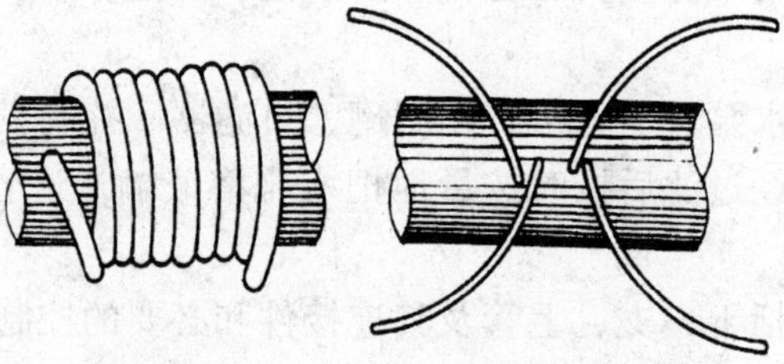

(a)缠绕式　　(b)直线散射式

图 5-4　微管滴头

滴头流量随工作水头和微管直径的增加而增加，随微管长度的增加而减小，其流量可由下式计算

$$q = 0.859h^{0.785}d^{3.395}L^{-0.785} \quad （直线） \tag{5-1}$$

$$q = 0.556h^{0.745}d^{3.06}L^{-0.745} \quad （缠绕） \tag{5-2}$$

式中　q——微管滴头出流量，L/h；

h——工作水头，m；

d——微管内径，mm；

L——微管长度，m。

由上式可知，当 d 一定时，q 随着 h 和 L 而变，因此要求某一内径的微管 q 保持恒定，只要根据 h 的大小来改变 L 就可达到，即

$$L = (0.824d^{4.352}/q^{1.274})h \quad （直线） \tag{5-3}$$

$$L = (0.454d^{4.11}/q^{1.343})h \quad （缠绕） \tag{5-4}$$

微管滴头的优点是可以根据工作水头的大小调节微管长度，达到均匀灌水，且价格低廉。缺点是流量易受温度变化影响，安装费事，质量不易保证，微管容易老化，毛管移动时，滴头容易脱落。

（2）孔口滴头。

孔口滴头是一种结构简单、工作可靠、价格低廉的滴头（见图5-5）。毛管中的压力水流通过孔口断面的突然收缩和扩张，进行连续消能，以水滴或微细水流进入土壤。

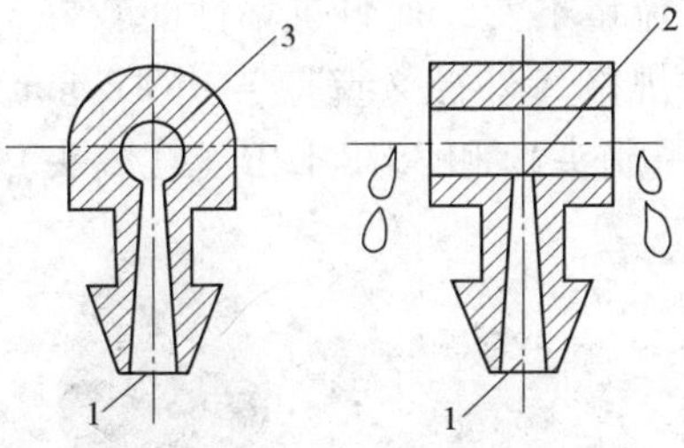

1—进口；2—出口；3—横向出口

图5-5　孔口滴头构造示意图

国产孔口滴头的流量公式为

$$q = 3.1h^{0.5} \tag{5-5}$$

式中　q——滴头流量，L/h；

h——工作水头，m。

孔口滴头的流态指数为0.5，属紊流流态，在同样压力变化条件下，孔口滴头的流量变化率要比微管滴头小，流量不受水温变化的影响，在不少地方得到广泛使用。

表5-4列出了水利部中国农业科学院农田灌溉研究所研制生产的KD系列大流量孔口滴头性能，供选用。

表5-4　KD型孔口滴头性能

规格	颜色	工作压力（kPa）	流量（L/h）
KD-1	白	100	10
KD-2	红	100	15
KD-3	灰	100	20
KD-4	黑	100	25

（3）内镶式滴灌管（滴灌带）。

内镶式滴灌管将滴头等距离地粘于毛管内壁上，使之成为一体化的毛管，国产内镶式滴灌管断面见图5-6。滴头间距可调，目前有0.3 m、0.4 m、0.5 m等规格。毛管外径为12 mm和16 mm，壁厚为0.2~0.6 mm，滴头流道呈迷宫形，水流呈紊流流态，水通过迷宫形流道消能后，由毛管壁的滴水孔流出。这种毛管制造均匀度较高，出水量均匀，施工安装容易。

图5-6　内镶式滴灌管断面图

对滴头间距为0.3 m的滴灌管，其流量与压力关系见下式

$$q = 3.153h^{0.496} \tag{5-6}$$

式中　q——滴头流量，L/(h·m)；

h——工作水头，m。

（4）补偿式滴灌管。

这种产品是引进以色列技术生产的，将补偿式滴头安装在直径为10~16 mm的管子上，结构紧凑，材质好，有补偿作用，工作压力在0.1~0.35 MPa范围内，可保持滴头流量不变，而且抗堵性能较好，但价格较贵。补偿式滴头见图5-7。目前，生产的管材规格（外径×壁厚）有12 mm×1 mm和16 mm×1.2 mm，滴头流量q为2.3 L/h（黑滴头）和3.78 L/h（红滴头）。

图5-7　补偿式滴头

2）管道与管件

滴灌系统一般用高压低密度聚乙烯管材，该管材为半软管，韧性较好，管壁较厚，对地形适应性强，耐低温性能强（-70 ℃），抗老化性能比聚氯乙烯管好，但不耐磨，耐高温性能较差（90 ℃）。国产高压聚乙烯管道规格标准见农田水利工程技术培训教材中的《喷灌工程技术》和《微灌工程技术》中设备部分。

管道的连接件称为管件，滴灌系统的管件主要有接头、弯头、旁通和三通等，要求管件的结构达到连接牢固，密封性能好，便于安装。

3）过滤器

灌溉水中不同程度地含有污物和杂质，容易引起滴头堵塞，为了保证滴灌系统能正常运行，必须对灌溉水进行净化处理，常用的方法是在系统首部安装过滤器。国内使用的过滤器有网式、砂石料和离心式等。雨水集蓄工程的水源多为窖（窑）、蓄水池和塘坝等，一般经过沉淀后再用，故只需一级过滤即可。网式过滤器是一种简单而有效的过滤设备，价格也较便宜，故被广泛采用。一般采用全塑材质，由壳体、滤网、进出水口、排污口和密封圈等部分组成，见图5-8。滤网采用不锈钢丝网，小过滤器也可采用钢丝网或尼龙丝网制作，滤网孔径多采用80～120目/cm^2，流量5～10 m^3/h，工作压力可达0.4 MPa，通过额定流量时，水头损失为1.5～2.5 m。网式过滤器主要用于过滤水中的砂、粉粒和水垢等物，对于含有大量有机物（如藻类）的水过滤效果差。

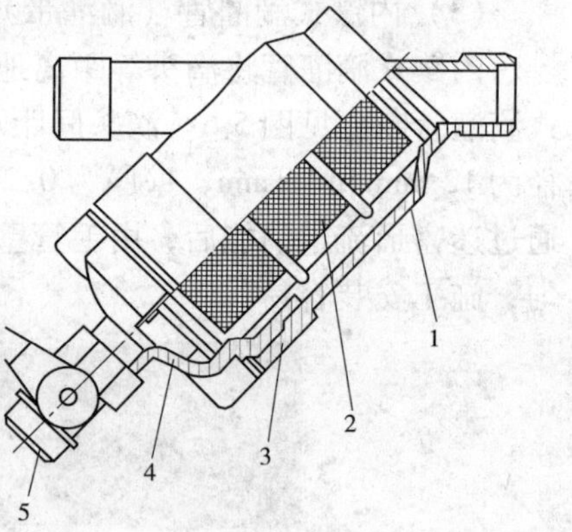

1—壳体；2—筛网过滤元件；3—密封圈；
4—盖；5—冲洗阀

图5-8　筛网式过滤器

4）施肥器

雨水集蓄系统较适宜的施肥装置有文丘里注入器和压差式施肥罐。

（1）文丘里注入器。

将文丘里管直接安装在输水管路中，通过它产生的负压，将容器内的肥料溶液吸入输水管路中。其优点是构造简单，造价低廉，使用方便；其缺点是水头损失大。文丘里注入器示意图如图 5-9 所示。

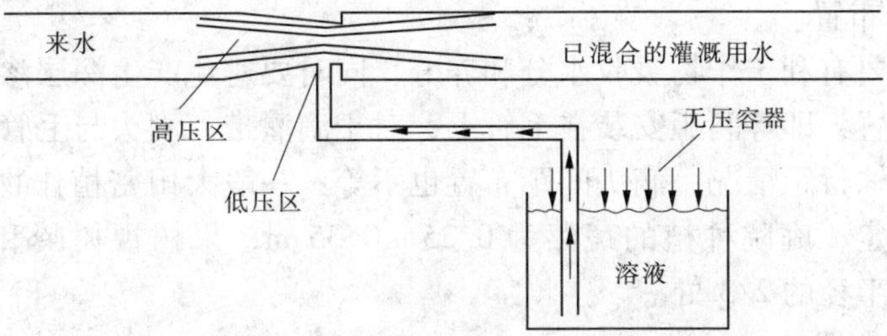

图 5-9　文丘里注入器示意图

（2）压差式施肥罐。

压差式施肥罐的结构见图 5-10，其压力管和供肥管分别与调压阀门上下游输水管道相连，利用阀门调节上下游压差，使肥料罐的肥液进入输水主管道。这种施肥罐的优点是结构简单，制造容易，造价低；缺点是肥液浓度变化大且无法控制，又由于罐体容积有限，故添加肥料频繁，且有一定的水头损失。

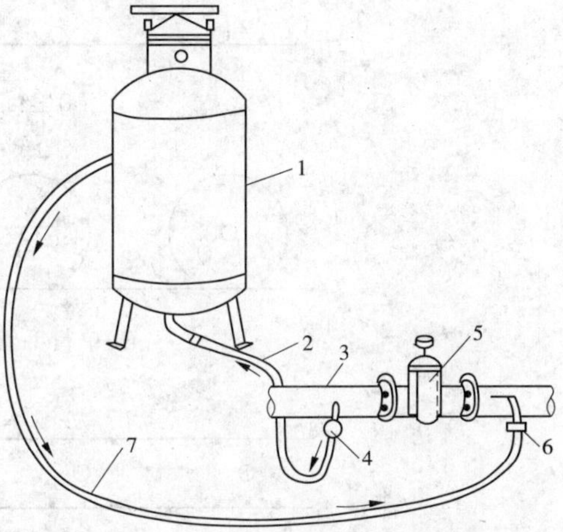

1—储液罐；2—进水管；3—输水管；4—阀门；
5—调压阀门；6—供肥管阀门；7—供肥管

图 5-10　压差式施肥罐

3. 滴灌系统规划

1）基本资料的收集

雨水集蓄工程一般面积较小，滴灌系统的灌溉次数和灌水量可以参照《雨水集蓄利用工程技术规范》(SL 267—2001)表 3. 3. 2-1 确定。仅当雨水集蓄系统和滴灌工程规模较大，需要专门确定作物需水量和灌溉制度时，可按下述要求进行资料收集。

（1）地形资料。一般可不测地形图，但应有水源位置、灌溉区边界、道路、集雨场、蓄水设施和灌溉田块之间的高差资料。规模较大的滴灌系统，应有 1/500 ~ 1/1 000 地形图。

（2）土壤资料。包括土壤质地、容重、土层厚度等，作为灌水定额和灌溉制度设计的依据。

（3）气象资料。包括气温、降雨量等资料。可从当地气象站收集，作为制定作物需水量和灌溉制度的依据。

（4）农作物资料。为了合理确定作物的田间耗水量和毛管布置形式，需要收集作物的种类、种植比例、株行距、生长季节及采用其他灌水方法时的灌溉制度等。

（5）水源资料。包括水源的位置、高程、水量、水质等资料。

（6）其他资料。包括社会经济、动力交通、已有集雨设施和灌溉效益等。

2）规划布置

（1）滴头的布置。

滴头的布置要有利于作物吸收水分和养分，同时要避免产生深层渗漏。一般滴头都是沿毛管均匀布置，即等间距安装在毛管上，对于滴灌带，滴头与毛管已为一体。根据不同土质和作物株行距情况，滴头间距布置也不等：一般大田密植作物为 0.3 ~ 0.5 m，瓜类视株行距而定，庭院种植的蔬菜为 0.25 ~ 0.35 m，果树视树龄和树冠大小而定，一般布置在树冠半径的 2/3 处。

（2）毛管的布置。

一般毛管都是顺作物垄向布置，且与支管垂直，由于灌溉的作物不同，毛管的布置形式也不尽相同（见图 5-11）。

(a)单行毛管直线布置

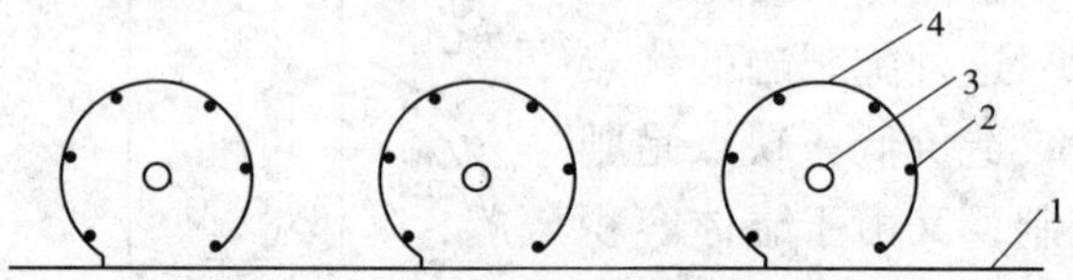

(b)单行毛管带环状毛管布置

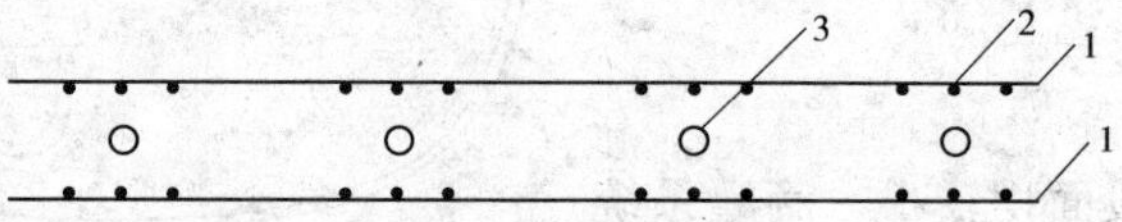

(c)双行毛管平行布置

1—毛管；2—滴头；3—作物；4—分毛管

图 5-11 滴灌毛管和灌水器的布置形式

①粮棉作物。大田粮棉多为条播密植作物，经济价值较低，一般采用毛管移动，以减少毛管用量，降低工程投资。对低秆作物可以横向移动，对高秆作物横向移动困难，借助于毛管移动机具移动或调整种植结构，如套种、宽窄行等，在宽行中进行移动。移动毛管首端要留一段不装滴头的辅助毛管。一条毛管可以移动数次，一组毛管可移动到另一处，毛管长度一般为 30 ~ 50 m。

②蔬菜、瓜类。可分为搭架和不搭架两类。搭架作物毛管移动较困难，一般布置成固定式；不搭架作物，毛管移动方便，可布置成移动式。

固定式布置：作物尽量采用宽窄行的种植方式，毛管一般布置在窄行内，滴头均匀布置，毛管间距要根据作物宽行距来定。

移动式布置：对于宽窄行密株距作物，毛管一般铺在窄行中间灌概；对于窄植作物，可按一定的间距（即滴头间距）移动。毛管长度一般为 30 m 左右。

③果树类。果树的株行距较大，经济价值较高，毛管一般采用固定式布置，对于面积较小，如庭院种植或经济力量薄弱的地方，也可采用移动式。

固定式布置：对于密株距矮化果树和幼树，每行沿树干附近布置 1 条毛管；对于株行距较大或成龄果树，每行沿树干附近两侧布置2条毛管，这样灌水条件得到一定改善，但毛管用量比前者多1倍。若采用1条毛管，在树下伸出一段绕树毛管布置，绕树毛管布置在树冠半径的2/3地方，在绕树毛管上根据需水量布置数个滴头，这种布置灌水条件较好。

移动式布置：采用1条毛管控制2行树，1行树灌完后，再把毛管移动到对面1行树下进行灌溉；也可以采用绕树毛管的布置形式，1行绕树毛管控制2行树，1行树灌完后，再将绕树毛管移动到对面1行树下进行灌溉。

（3）干、支管的布置。

一般的集雨工程，只需布置支、毛管二级就可，仅对规模较大的滴灌工程需布置干管。若地形平坦，为节省管材，降低投资，支、毛管尽量采用双向控制布置；若地形为坡地，毛管沿等高线双向控制布置，支管则垂直等高线布置。

（4）首部枢纽布置。

首部枢纽是滴灌系统的操作控制中心，其布置原则为投资省，便于管理，一般与水源工程结合布置。

目前，国内集雨灌溉系统的布置形式主要有以下几种模式：

①水源＋施肥、过滤设备＋田间管网＋滴头——为自压式，适宜水源位置较高、具有一定压力水头的地方。

②水源＋手压泵＋施肥、过滤设备＋田间管网＋滴头——为人工加压式，适宜能源缺乏、灌溉面积较小的地方。

③水源＋潜水泵（离心泵）＋施肥、过滤设备＋田间管网＋滴头——为机压式，适宜有电源、灌溉面积较大的地方。

④水源＋手压泵或潜水泵＋高位水池＋施肥、过滤设备＋田间管网＋滴头——设置高位水池可以方便运行，当供电中断时，滴灌系统仍能正常运行。

（5）滴灌系统和地膜覆盖技术结合。

我国北方半干旱地区雨水集蓄滴灌系统的布置常和地膜技术相结合，即将滴灌管铺设在地膜下，水、肥料、农药等可以通过滴灌直接作用于作物的根系。这种方式最大限度地减少了土壤蒸发，大大提高了灌溉水利用效率。地膜覆盖可以提高地温，使播种期提前，促使北方高寒山区玉米提前成熟，避免早霜冻危害。

温室内采用膜下滴灌技术，可避免由灌水不当带来的湿度过大、地温过低、土壤板结等不利影响，提高温室的种植效益。

4. 滴灌系统设计

1）滴灌灌溉制度

以户为单位的微型滴灌系统可不作需水量和灌溉制度设计，直接参照《雨水集蓄利用工程技术规范》（待出版）的有关规定执行。规模较大的滴灌系统应进行滴灌灌溉制度设计，包括灌水定额、灌水时间、灌水次数和灌溉定额的确定。

（1）灌水定额的确定。

灌水定额是指一次灌水单位灌溉面积上的灌水量，应当用当地的或地区的试验资料确定，若无试验资料，可根据当地土壤田间持水量、容重和作物根系活动层深度等资料

按下式估算、分析选用，即

$$m = 0.1Zp(\gamma/\gamma_{水})(\theta_{max} - \theta_{min})/\eta \tag{5-7}$$

或

$$m = 0.1Zp(\theta'_{max} - \theta'_{min})/\eta \tag{5-8}$$

式中　m——设计灌水定额，mm；

γ——土壤容重，g/cm³；

$\gamma_{水}$——水的容重，g/cm³；

Z——计划湿润土层深度，m，一般大田作物为0.3～0.6 m，蔬菜为0.2～0.3 m，果树为0.8～1.2 m；

p——设计土壤湿润比（%），对于大田密植作物和蔬菜可取60%～90%，对于果树北方可取20%～30%，南方可取25%～40%；

θ_{max}、θ_{min}——适宜土壤含水率的上、下限（占干土重的百分数,%），可分别取田间持水量的80%～100%、60%～70%；

θ'_{max}、θ'_{min}——适宜土壤含水率的上、下限（占土壤体积的百分数,%）；

η——灌溉水的利用系数，一般取0.90～0.95。

若当地无实测土壤容重和田间持水量资料，则可参考表5-5选用。

表5-5　土壤容重和田间持水量

土壤名称	容重（g/cm³）	田间持水量	
		占干土重的百分数（%）	占土壤体积的百分数（%）
紫砂土	1.45～1.60	16～22	26～32
砂壤土	1.36～1.54	22～30	32～42
轻壤土	1.40～1.54	22～28	30～36
中壤土	1.40～1.55	22～28	30～35
重壤土	1.38～1.54	22～28	32～42
轻黏土	1.35～1.44	28～32	40～45
中黏土	1.30～1.45	25～35	35～45
重黏土	1.32～1.40	30～35	40～50

注：田间持水量（占土壤体积的百分数,%）=田间持水量（占干土重的百分数,%）×土壤容重。

（2）一次灌水延续时间的确定。

对于蔬菜、大田等行播密植作物，一次灌水延续时间可用式（5-9）计算

$$t = \frac{mS_eS_L}{q} \tag{5-9}$$

式中　t——一次灌水延续时间，h；

m——设计灌水定额，mm；

S_e——滴头间距，m；

S_L——毛管间距，m；

q——滴头流量，L/h。

对于果树，每株树下布置有 n 个滴头，则

$$t = \frac{mA}{nq} \qquad A = \frac{\pi D^2}{4} \tag{5-10}$$

式中　A——单株树遮荫面积，m^3；

D——树冠直径，m；

n——单株树安装的滴头数；

其余符号意义同前。

（3）灌水次数与灌溉定额的确定。

大田作物的集雨灌溉，均采用灌关键水的滴灌模式，全生育期只滴灌 2～3 次。而在水源较充足和灌溉蔬菜时，滴灌次数可适当增加。

作物全生育期（或全年）的滴灌用水总量，称为滴灌灌溉定额。

2）滴灌工作制度的确定

滴灌工作制度有续灌和轮灌两种情况，不同的工作制度其系统流量不同，因而工程费用也不同，应根据当地的水源条件、作物种类和经济状况等因素合理选择。

（1）续灌。

续灌是指对系统内的全部管道同时供水，同时灌溉控制面积内作物的一种工作制度。其优点是每株作物都能得到适时灌水，操作管理方便；缺点是输水干管流量大，工程投资和运行费用高，设备利用率低。因此，只有控制面积小的滴灌系统才采用。

（2）轮灌。

轮灌是将支管分成若干组（一条或数条），由干管轮流向一组支管供水，在一组支管内同时向毛管供水的一种工作制度。这种工作制度系统流量较小，因而也就节省了投资费用，设备利用率高。对于集雨工程，因受水源条件的限制，一般系统规模小，且多采用移动式，故适用于轮灌工作制度。

3）滴灌系统流量的计算

（1）毛管流量的计算。

我国的雨水集蓄滴灌系统大多由水窖（池）供水，灌溉面积 2～8 亩，采用滴灌管，滴头间距为 0.3～0.4 m。毛管外径为 16 mm，支管采用直径为 25 mm 的 PE 黑管。当采用其他滴头时，毛管上通常也安装同一型号的滴头，可用滴头的设计流量 q_d（L/h）近似代表滴头的平均流量，则毛管流量 $Q_毛$（L/h）为

$$Q_毛 = Nq_d \tag{5-11}$$

式中　N——毛管上滴头（或出水口）的数目。

（2）支管流量的计算。

支管分单向或双向向毛管配水，若支管上毛管长度相等，则支管流量为

$$Q_支 = n_毛 Q_毛 \tag{5-12}$$

式中　$Q_支$——支管进口流量，L/h；

$n_毛$——支管同时向毛管配水的条数。

若毛管长度不等，即 $Q_{毛}$ 不同，则

$$Q_{支} = \sum_{i=1}^{n_{毛}} Q_{毛} \quad (i = 1,2,3,\cdots,n_{毛}) \tag{5-13}$$

（3）干管流量的计算。

干管流量大，一般都分段计算，任一干管段的流量等于该段干管以下同时工作的支管流量之和。在轮灌情况下，同段干管对于不同的轮灌组，供水时流量可能不同，应对不同的轮灌组分别计算，选其最大者作为干管段的设计流量。

4）滴灌系统的水力计算

滴灌系统水力计算的任务是合理确定各级管道的直径，选择适宜的水泵及配套动力。

（1）滴灌管道水力计算的常用公式。

滴灌管道的摩阻损失包括沿程摩阻损失和局部阻力损失。

计算沿程摩阻损失的常用公式是勃拉休斯（Blasius）公式，即

$$h_f = \frac{8.4 \times 10^4 Q^{1.75} LF}{D^{4.75}} \tag{5-14}$$

式中 h_f——沿程摩阻水头损失，m；

Q——管道流量，m^3/h；

D——管内径，mm；

L——管道长度，m；

F——管道的多口系数，可直接查表 5-6 选用。

表 5-6 多口系数 F 值（$m=1.75$）

N	F		N	F	
	$X=1$	$X=1/2$		$X=1$	$X=1/2$
2	0.650	0.532	16	0.395	0.376
3	0.547	0.455	17	0.393	0.375
4	0.498	0.426	18	0.392	0.374
5	0.470	0.410	19	0.390	0.374
6	0.451	0.401	20	0.389	0.373
7	0.438	0.395	22	0.387	0.372
8	0.429	0.390	24	0.385	0.372
9	0.421	0.387	26	0.383	0.371
10	0.415	0.384	28	0.382	0.370
11	0.411	0.382	30	0.381	0.370
12	0.407	0.380	35	0.378	0.369
13	0.403	0.379	40	0.376	0.368
14	0.400	0.378	50	0.374	0.367
15	0.397	0.377	100	0.369	0.365

注：X 为进口端至第一个出水口的距离与孔口间距之比。

式（5-14）是在水温为20 ℃时导出的经验公式，当水温为其他温度时，需要进行修正。为了使用方便，根据式（5-14）按不同水温情况绘制成诺模图（见图5-12～图5-15），供设计时查用。

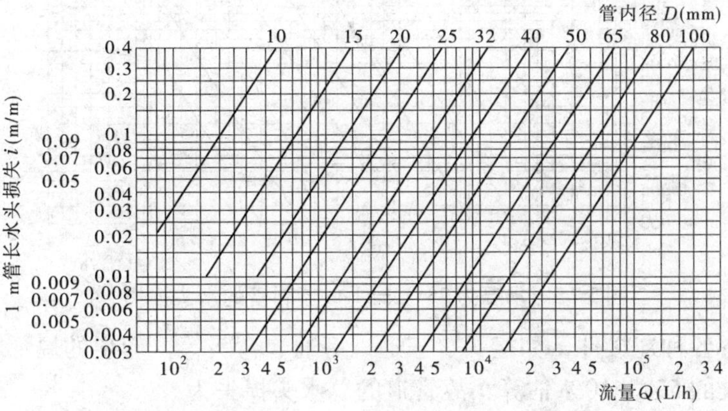

图5-12　水温为10 ℃时1 m塑料管的水头损失

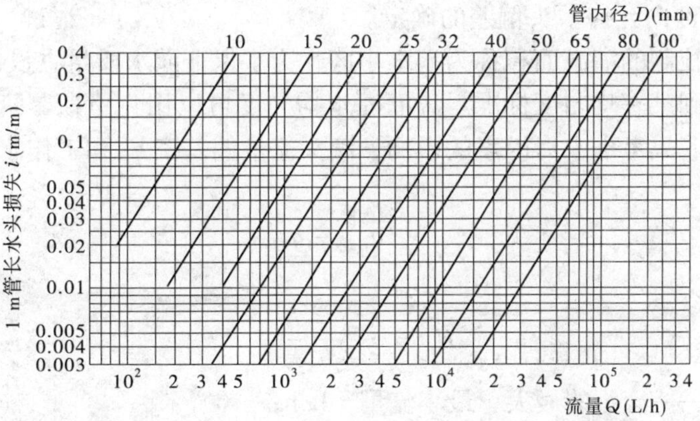

图5-13　水温为15 ℃时1 m塑料管的水头损失

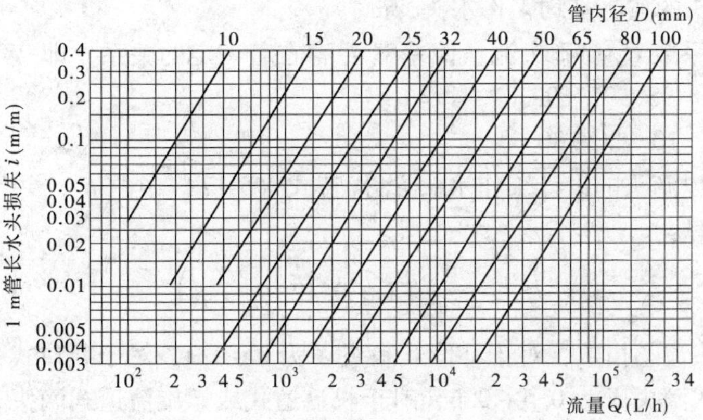

图5-14　水温为20 ℃时1 m塑料管的水头损失

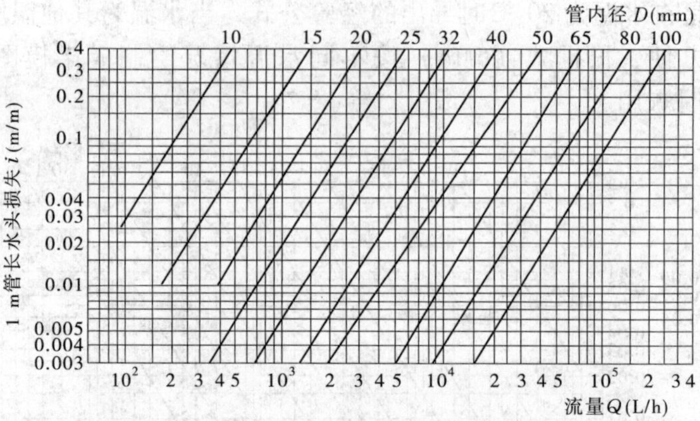

图 5-15　水温为 25 ℃时 1 m 塑料管的水头损失

滴灌管网中各种连接件，如接头、三通、旁通、弯头等，产生的局部阻力损失一般按沿程水头损失的5% ~10%估算，故管道的总水头损失为

$$\Delta H = h_f + (5\% \sim 10\%)h_f = (1.05 \sim 1.10)h_f \tag{5-15}$$

首部枢纽的过滤器、施肥罐、水表等产生的局部阻力损失值由厂家提供。

(2) 灌水小区内允许水头偏差的确定。

一条支管所控制的灌溉面积称为灌水小区，为了保证灌水质量，设计时要求小区内的滴头出流量达到某一均匀度标准。滴灌灌水均匀度可以用克里斯琴森（Christiansen）均匀系数表示，若只考虑水力因素的影响，滴头流量偏差率 q_v 和工作水头偏差率 H_v 可用下式表示

$$q_v = \frac{q_{max} - q_{min}}{q_a} \tag{5-16}$$

$$H_v = \frac{h_{max} - h_{min}}{h_a} \tag{5-17}$$

式中　q_{max}、q_{min}——滴头的最大、最小流量，L/h；

q_a——滴头的实际平均流量，L/h；

h_{max}、h_{min}——滴头的最大和最小工作水头，m；

h_a——滴头的实际平均工作水头，m。

滴灌的均匀系数 C_u 与滴头流量偏差率 q_v 存在着一定的关系，即

C_u (%)	98	95	92
q_v (%)	10	20	30

为了方便，以滴头的设计工作水头 h_0 代替式（5-17）中的 h_a，并经公式转换得出允许的水头偏差率为

$$H_v = \frac{1}{X}q_v\left(1 + 0.12\frac{1-X}{X}q_v\right) \tag{5-18}$$

式中　X——滴头流态指数，对于补偿式滴头 X 为 0 ~0.3，对于孔口式、迷宫式、双腔管式滴头 X 为 0.5 ~0.6，对于长流道式或螺旋流道式滴头 X 为 0.7 ~0.8。

在设计时常用 H_v 控制小区内的均匀度，若已确定 C_u 值，由相应的 q_v 按式（5-18）

求出相应的 H_v，一般取 q_v 为 20%。

（3）毛管水力计算。

毛管水力计算的任务是根据滴头的流量和规定的允许流量偏差，计算毛管的最大允许长度，确定实际使用长度，并计算使用长度的水头损失。在灌水小区内，允许的水头偏差是由毛管水头损失、支管水头损失和地形高差所产生的水头损失之和所决定的。如果确定了支、毛管水头偏差值的比例，则支、毛管的直径和长度就可以确定。

如果滴灌毛管的进口安装有调压装置，用以消除多余的支管水头，以保证每条毛管进口压力和流量达到设计要求，此时毛管的水头偏差就等于灌水小区允许的水头偏差。

当毛管沿等高线布置（即地形平坦）时，可用式（5-19）估算毛管允许的最大出水口数 N_m，即

$$N_m = \left(\frac{5.533D^{4.75}h_a H_v}{KSq_d^{1.75}}\right)^{0.364} + 0.52 \tag{5-19}$$

式中　D——毛管内径，mm；

K——考虑局部损失的加大系数，一般取 1.1；

S——毛管上出水口间距，m；

q_d——滴头的设计流量，L/h；

其余符号意义同前。

若毛管进口至第一个出水口的距离为 S_0（m），则毛管最大允许长度 L_m（m）为

$$L_m = (N_m - 1)S + S_0 \tag{5-20}$$

（4）支管水力计算。

支管水力计算包括水头损失的计算和确定支管管径。如果确定（或假定）了支管直径，对于等径支管水头损失可按式（5-14）和式（5-15）计算。

（5）干管水力计算。

干管水力计算的任务是确定管径和计算水头损失。按最不利的轮灌组从下而上逐段按式（5-14）和式（5-15）进行水头损失计算和确定管径，最后求出干管进口的水头。

（6）系统总扬程的确定和水泵选型。

系统的总扬程应当从系统中工作最不利的滴头，通常称为设计参考点（离水源最远或位置最高）算起，并逐级向上推算。

$$H_{总} = H_d + \sum h_f + \sum h_j + \Delta Z \tag{5-21}$$

式中　$H_{总}$——滴灌系统的总扬程，m；

H_d——滴头的设计工作水头，m；

$\sum h_f$——由设计参考点算起到水源处各级管道的沿程水头损失之和，m；

$\sum h_j$——由设计参考点算起到水源处各级管道的局部水头损失（包括过滤器、施肥罐等）之和，m；

ΔZ——设计参考点的地面高程与水源动水位高程之差，m。

根据系统设计总扬程和总流量，参考有关机泵手册，选择合适的水泵和配套动力机。若为自压系统，则需校核自压水头能否满足要求。

5）首部枢纽设计

选择适宜的机泵、过滤器、施肥装置、闸阀和量测仪表的型号及规格进行组装设计，绘制出各种设备相应的安装位置图。若为自压系统，则不需选择机泵。

6）水源工程设计

雨水集蓄工程的水源多为窖（窑）、蓄水池、涝池和塘坝等小水源，根据实际情况参考第四章进行设计。

7）技术经济分析

对大的雨水集蓄工程，要进行技术经济分析，计算出技术经济指标（参见附录）。

8）投资预算

工程投资一般包括材料设备费、运输费、施工安装费和勘测设计费等项，要分别计算，最后算出工程的总投资和单位面积上的投资。材料设备用量应将其规格、型号、数量、造价列出明细表。

上面介绍的集雨滴灌系统设计步骤，要根据水源、灌溉面积、作物等实际情况，有的步骤可省略，有的步骤可合并考虑。

（二）微喷灌

微喷灌也是一种微灌技术。与滴灌不同的是，它采用微喷头将压力水以喷洒的方式浇灌在作物根区附近的土壤表面。它的出水孔口直径较滴灌大（一般孔径为0.8～2.0 mm），抗堵塞性能较好。同时，其湿润面积比滴灌大，毛管间距较大，可减少灌水器和毛管用量。而与喷灌相比，微喷具有工作压力低（一般工作水头为5～15 m）、喷洒高度小、节能省水等优点。微喷灌还能提高空气湿度，调节田间小气候。在雨水集蓄利用工程中应用的微喷灌灌水器主要有微喷头和微喷灌带两种。

1. 微喷头

常用的微喷头有折射式和旋转式两种。

1）折射式微喷头

折射式微喷头主要由支架、折射锥、喷嘴和接头四部分组成。当压力水头从孔口喷出并碰到顶部的折射锥时，水流受阻后改变流向，并在折射面形成薄水层后向四周喷出，在空气阻力、水流内部涡流和水流与锥面摩擦力的作用下，薄水层被粉碎成细微的水滴落到地面进行灌溉，故又把折射式微喷头称为雾化喷头。

折射式微喷头又有单向、不同覆盖角度和全圆喷水等形式。喷头工作水头为5～20 m，流量为30～60 L/h，喷洒强度为4～8 mm/h，湿润面积为4～9 m^2。折射式微喷头结构简单，没有运动部件，工作可靠，多用于果园、苗圃、温室、草坪、花卉等的灌溉。

2）旋转式微喷头

旋转式微喷头由支架、旋转臂、喷水口和接头四部分组成。毛管中的压力水流通过一根直径为4 mm的连接管与微喷头的进水口相连接，水流经过喷孔射进一个可以旋转的单向或双向折射摇臂的导流槽内。导流槽为曲线形状，它不仅可以使水流以一定的仰角向外喷水，而且可以使射出的水流反作用力对摇臂轴产生一个力矩，使摇臂带着水舌作快速旋转，把水均匀地洒在地面上。

旋转式微喷头的工作水头一般为10～15 m，流量为50～100 L/h，有效湿润半径为1.5～3.5 m，多用于果园、温室、苗圃、城市园林绿化等的灌溉。

2. 微喷灌带

微喷灌带又称多孔管、喷水带、喷灌带、微喷灌管，是在可压扁的塑料软管上采用激光打孔，将每组3个出水孔、5个出水孔或更多出水孔的微喷带直接铺设在地面上，当压力水流进入管道后，管子充水成为圆柱形，各小孔与水平面形成不同的夹角，这时从小孔中喷射出来的水流直射在空中，形成类似细雨的微喷灌效果。

微喷灌带灌水技术的优点是：

（1）工程造价比较低。

（2）抗堵塞能力强，对水源的水质要求低。

（3）工作压力低，水源部分及输水管道的投入小。

（4）节水效果显著，水的利用率达85%左右。

（5）在灌水的同时可用来施肥和喷洒农药。

（6）安装使用和移动方便，用时顺垄铺于地面，不用时卷成一盘管。

微喷灌带最大铺设长度可达100 m。

微喷灌带有普通型和双翼型之分。双翼型可保持喷孔一致，管带不扭曲滚动，流量均匀。微喷灌带产品有效折径尺寸有50 mm、63 mm、70 mm（充水后直径为32 mm、40 mm、45 mm）几种规格；喷孔间距为300～400 mm，3～7孔呈S状排列；工作压力为0.1～0.15 MPa；每延长米工作流量为60～130 L/h；喷灌带喷洒宽度为4～9 m。微喷灌带适用于果园、蔬菜、花卉、草地、苗圃育苗、农田经济作物等的灌溉，在雨水集蓄利用工程中广泛应用。

除灌水器不同外，微喷系统的水力计算和管道设计与滴灌系统相似，可参照滴灌部分介绍的方法进行。

（三）小管出流灌

小管出流灌又称涌泉灌，是通过置于作物根部附近的小管向上涌出的类似涌泉的小水流或小涌泉将水灌到土壤表面。灌水流量较大，常超过土壤的渗吸速度，因此需要在地表围堤形成小水洼来控制水量的分布。其特点是出流孔口较大，不易堵塞，对水质的要求相对较低。

1. 小管出流灌溉系统的特点与适用条件

小管出流灌溉系统是针对微灌系统在使用过程中，灌水器易堵塞的问题，采用比一般微灌灌水器大得多的流道，以直径为4～6 mm的PE塑料小管代替微灌滴头，并辅以田间渗水沟，提高灌水效率。主要适宜于果树、保护地蔬菜、花卉栽培中应用，在保护地应用该项技术时可配合地膜覆盖，以降低保护地环境湿度。小管出流灌溉系统具有以下特点：

（1）节能、抗堵塞性能好、水质处理简单。小管灌水器的流道直径比滴灌灌水器的流道或孔口直径大得多，而且采用大流量出流，解决了滴灌系统灌水器易于堵塞的难题。因此，一般只要在系统首部安装60～80目的筛网式过滤器就足够了（滴灌系统过滤器的过滤介质则需要120～200目）。如果利用水质良好的井水灌溉或水质较好的水池灌溉，也可以不安装过滤器。同时，由于过滤器的网眼大、水头损失小，既可减少能量消耗，又可延长冲洗周期。

（2）施肥方便。给果树施肥时，可将肥液注入管道内随灌溉水进入作物根区土壤中，也可把肥料均匀地撒于渗沟内溶解，随水进入土壤。特别是施有机肥时，可将各种有机肥埋入渗水沟下的土壤中，在适宜的水、热、气条件下熟化，充分发挥肥效，解决了滴灌不能施有机肥的问题。

（3）省水。小管出流灌溉是一种局部灌溉技术，只湿润渗水沟两侧作物根系活动层的部分土壤，水的利用率高，而且是管网输配水，没有输水渗漏损失。据北京海淀区试验，可比地面灌溉节约用水60%以上。

（4）适应性强。对各种地形、土壤、果树等均可适用。

（5）操作简单，管理方便。

这些特点正好与雨水集蓄利用工程的高效用水和当前我国果树栽培管理水平相适应，因而该项技术自1978年在北京市海淀区果园试验以来，很快得到推广应用。

2. 小管出流田间灌水系统的组成

小管出流田间灌水系统包括支、毛管道及渗水沟。渗水沟可以绕树修筑，也可以顺树行开挖。前者多用于高大的成龄果树，并称之为绕树环沟，沟的直径约为树冠直径的2/3；后者则用于密植果树，或葡萄园、蔬菜等，一般每隔2～3 m用土埂隔开，故又称为顺行隔沟。渗水沟的作用是把灌水器流出的水均匀分散地入渗到果树周围的土壤中。

目前，支、毛管和小管采用PE塑料管，为了减缓老化，延长使用寿命，并方便果园田间管理，均埋于地表以下，小管灌水器在渗水沟内露出10～15 cm。

3. 小管出流灌溉系统的设计

（1）目前，国内可供选择的塑料小管有内径为3.0 mm、4.0 mm和6.0 mm等三种PE塑料管。应根据作物需水和灌溉要求，选择合适的规格。表5-7列出了不同流量 q（L/h）和不同工作水头 H（m）下的小管长度。

表5-7　不同流量 q 和不同工作水头 H 下的小管长度 L　（单位：m）

H（m）	q（L/h）								
	100	140	180	100	140	180	100	140	180
	d=3 mm			d=4 mm			d=6 mm		
2	0.36	0.22	0.15	1.34	0.74	0.51	6.05	3.45	2.23
4	0.73	0.44	0.30	2.47	1.49	1.01	12.01	6.91	4.45
6	1.09	0.66	0.45	3.71	2.23	1.52	18.12	10.37	6.68
8	1.46	0.88	0.60	4.95	2.97	2.03	24.20	13.83	8.91
10	1.82	1.10	0.75	6.18	3.71	2.54	30.25	17.28	11.13

在实践中，选择小管内径应考虑满足作物需水要求、减少系统投资和提高灌水均匀度等要求。此外，目前对于3.0 mm的小管，尚没有制造出与毛管相接的专用接头，一

般是直接插入毛管，插入深度不易掌握，对毛管上打孔的要求也较严格。4 mm 的小管已有与毛管相接的专门接头，其流量比较适中，因而采用比较普遍。

（2）小管灌水器的结构有两种形式：一种是Φ4 mm PE 塑料小管与Φ4 mm 塑料接头连接插进毛管而成；另一种是用 1 个稳流器与Φ4 mm 塑料小管连接插入毛管而成。第一种的价格比第二种的便宜，但水力计算较麻烦，为了满足设计均匀度的要求，必须计算出沿毛管每根小管的长度。第二种小管长度可以不必计算，只要满足安装的需要即可。其缺点是目前使用的补偿器流量偏小，只有 40 L/h。对于大果树，每株树可以插 2～4个灌水器。

（3）小管灌水器的流量应满足在渗水沟内具有较高流速，在开灌后的很短时间内水流封沟，以达到沿沟水量分布均匀。常用灌水器流量为 80～120 L/h。

（4）试验表明，较深窄的渗水沟水流封沟较快，但是其结构往往由开沟工具决定。目前，多用铁锹开挖渗水沟，横断面呈梯形，沟底宽 10～15 cm，沟深 12～15 cm。

4. 毛管直径与允许最大长度

目前，最常用到的毛管直径分别是 12 mm、15 mm 和 20 mm 的 PE 塑料管。在达到要求灌水均匀度的前提下，不同直径毛管的最大允许长度不同，设计方法类似于滴灌。

（四）渗灌

渗灌是一种新的节水灌溉技术，是利用地下管道将灌溉水输入埋于田间地下一定深度的渗水管道或鼠洞内，根据作物需水要求，借助土壤毛细管作用湿润土壤的灌水方法。地下灌溉不破坏土壤结构，不占用耕地，便于管理，但有时表土湿润不足，不利于苗期生长。

近年来，随着塑料工业的发展，国外渗灌技术有了较大进展，特别是一些经济发达国家都开始利用废旧橡胶和塑料生产渗灌管。渗灌管的形式各不相同。如意大利用内径 10～20 mm 的塑料管在管壁上开 5～10 mm 的纵缝作为渗灌管；俄罗斯在管径 10～50 mm 的聚乙烯管壁上打孔作为渗灌管；法国采用塑料加发泡剂和成型剂混合后生产出管壁为泡状微孔的管子作为渗灌管；美国则利用废旧轮胎回收的橡胶和一些特殊的添加剂，采用特殊的工艺加工制成管壁上分布有许多肉眼看不见的透水微孔的管子作为渗灌管。目前，该项技术在美国、法国、日本等国和一些严重缺水的地区（如中东）已进行较大面积的试验，试验作物多集中在果树、蔬菜、花卉、庭院绿化和一些免耕的大田作物上。

我国渗灌起源于地下湿润灌溉，古代山西就有用卵石铺在地下作为输水通道，河南用透水瓦片扣合成透水管道进行渗灌。20 世纪 50～60 年代，河南、陕西、江苏等省开始了渗灌田间试验，渗灌管有陶土管、灰土管和鼠道等。70 年代河南又进行了砾石混凝土管作为渗灌管的大田、果树和蔬菜试验。山西用瓦管进行大田作物试验，都取得了一批成果。

近年来，国内一些厂家在学习国外经验的基础上，开始研制生产渗灌管。但性能还需要进一步改进和使之稳定。国内有些地方在塑料管管壁上打孔作为渗灌管，虽技术简单，投资低，但灌水均匀度低，使用寿命较短，容易堵塞，应在研究解决这些问题后慎重采用，目前尚不宜推广。

除采用管道形式进行渗灌外，在雨水集蓄利用灌溉的实践中也有采用瓦罐进行渗灌的。北方宁夏、甘肃、山东等地应用瓦罐对瓜类、果树、玉米等作物进行渗灌取得了较好的节水增产效果。瓦罐渗灌的灌水器是用不上釉的粗黏土烧成，四周有微孔（也有在罐壁上按一定间距钻Φ1 mm 微孔的），灌水时需人工向罐内注水，水从罐四周微孔渗出，借助土壤毛细管的作用，水渗入到作物根区。瓦罐底面不打孔，壁厚4～6 mm，上口加盖，盖中心留10 mm 直径的圆孔，供进排气及向罐内注水用。渗水半径随土质不同，可达30～40 cm，瓦罐埋深30～40 cm。可就地取材，造价低。适宜株行距较宽的作物，如瓜类、玉米、果树上进行抗旱保苗和灌关键水用。播种时随即埋设瓦罐，果树应埋设在树冠半径的2/3 处（李锡录等，1993）。图5-16、图5-17 分别为大田作物瓦罐渗灌和果树瓦罐渗灌的布置图。

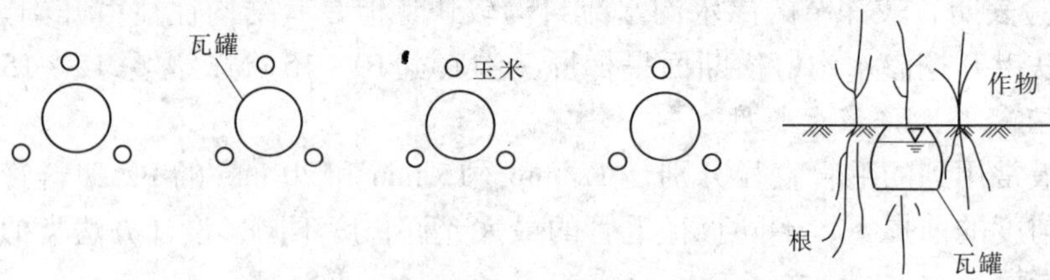

图5-16　大田作物瓦罐渗灌布置示意图

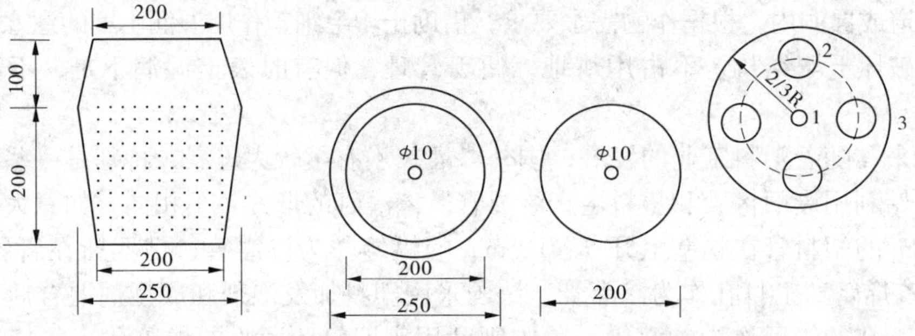

1—树干；2—渗灌瓦罐；3—树冠投影

图5-17　果树瓦罐渗灌灌水器与布置示意图　（单位：mm）

第二节　集雨补充灌溉制度

一、制定集雨补灌雨水集蓄灌溉制度的原则

作物的灌溉制度包括灌水时间、灌水定额、灌水次数及灌溉定额等要素。灌水定额是指在单位面积上一次的灌水量；灌水次数是指作物生长期内的灌水次数；灌溉定额是指作物全生育期内各次灌水定额的总和，灌水定额及灌溉定额常以 m^3/亩或 mm 表示。

如前所述，雨水集蓄系统能够利用的水量很有限，利用集蓄的雨水进行补充灌溉必须采取十分高效的方法进行。在灌溉定额上比一般的节水灌溉还要小很多。它不可能完全满足作物在各生育阶段的需水要求，只能在作物的关键生长期，部分满足作物的需水。也就是说，雨水集蓄灌溉灌的是保命水或救命水，通过采取上节所介绍的高效节水的灌溉方法，采用远小于常规灌溉的灌水量进行灌溉，灌水次数也很少。因此，确定雨水集蓄的灌溉制度，首先应确定最需要进行灌水的作物生长阶段，同时应根据雨水集蓄系统的可能供水量，确定灌水次数和每次的灌水量，使十分有限的集蓄雨水取得最大的灌溉效益。我国西北和华北半干旱地区发展雨水集蓄灌溉的经验证明，只要采取高效节水的方法，选择最需要灌水的时期进行灌溉，即使采用十分低的灌溉定额进行灌溉，其增产效果还是十分显著的。我国西南的广西、贵州等省区，雨量比较充沛，不少地方改过去的旱作地为水田，利用集蓄的雨水进行水稻灌溉，也取得了良好的效果。由于雨水集蓄系统的容量有限，也同样要采取节水灌溉方法。

确定作物灌水的关键时期，应通过对当地降雨资料和作物需水规律的分析，并走访老农、专家，按照对需水敏感性，对作物的生长阶段进行排队，再结合雨水集蓄系统的可利用水量，确定最佳的灌水时期。表 5-8 列出了各种作物需水敏感程度的参考资料。

表 5-8 各种作物不同生育期的需水敏感程度

作物	需水敏感程度
水稻	孕穗期和开花期＞营养生长期和成熟期
小麦	孕穗开花期＞产量形成期＞营养生长期（春小麦比冬小麦敏感）
玉米	拔节后期（大喇叭口期）＞抽雄开花期＞籽粒灌浆期；如果早期不旱，则开花期更敏感
高粱	孕穗开花期＞籽粒灌浆期＞产量形成期＞营养生长期
棉花	开花期和结铃期
大豆	产量形成期和开花期，特别是豆荚成长期
花生	开花期和产量形成期，特别是坐果期
向日葵	开花期＞产量形成期＞营养生长后期，特别是花芽发育期
甜菜	特别是出苗后的一个月
烟草	快速生长期＞产量形成期和成熟期
苜蓿	刈割以后（生产种子的在开花期）
菜豆	开花期和结荚期
豌豆	开花期和产量形成期＞营养生长期和收干豆的成熟期
土豆	产生匍匐茎和块茎开始形成期（开花）＞产量形成期＞营养生长期和成熟期
洋葱	葱头增大期，特别是葱头快速生长期＞营养生长期（生产种子的在开花期）
甘蓝	叶球扩大期和成熟期
番茄	开花期＞产量形成期＞营养生长期，特别是移栽期和移栽后
西瓜	开花期＞结实期＞营养生长期，特别是拉蔓期
葡萄	营养生长期，特别是嫩枝伸长期＞果实灌浆期

二、几种主要春播作物的集雨补灌制度

（一）春小麦集雨补灌制度

春小麦是半干旱及亚湿润易旱集雨灌溉区的主要作物之一。由于春小麦在当地农业生产中占有重要的位置，所以针对该作物作的补充灌溉研究相对较多，资料也较为丰富。下面即利用已有的资料对春小麦的水分供需状况、适宜的补灌时间及适宜的补灌定额进行系统的分析。

1. 春小麦生长期水分供需平衡状况

表 5-9 是兰州大学的研究人员对甘肃省皋兰、兰州及定西三个地区春小麦生育期水分供需平衡状况的分析结果。可以看出，春小麦整个生育期的降水量都小于需水量，其中水分亏缺最严重的时期是拔节—抽穗期，三个地区的亏缺量分别为 116. 4 mm、109. 8 mm 和 94. 4 mm，由于这一时期正是春小麦营养生长旺盛及穗分化发育的关键期，所以应成为补充灌溉的重点考虑时期。从表 5-9 中还可以看到，春小麦抽穗—成熟期的水分亏缺量也比较大，仅次于拔节—抽穗期，由于这一时期是籽粒形成与充实期，与产量高低关系密切，所以在补充灌溉时也需要很好考虑。

表 5-9　春小麦生育期水分供需平衡分析　（单位：mm）

地区	项目	生育时期					
		播种—出苗	出苗—分蘖	分蘖—拔节	拔节—抽穗	抽穗—成熟	全生育期
皋兰	平均需水量	20. 0	28. 9	42. 9	141. 7	168. 0	401. 5
	平均降水量	3. 6	8. 7	9. 1	25. 3	53. 6	100. 3
	亏缺量	16. 4	20. 2	33. 8	116. 4	114. 4	301. 2
兰州	平均需水量	20. 1	29. 0	42. 4	141. 3	166. 9	399. 7
	平均降水量	6. 8	11. 4	11. 1	31. 5	58. 5	119. 3
	亏缺量	13. 3	17. 6	31. 3	109. 8	108. 4	280. 4
定西	平均需水量	18. 4	19. 3	52. 8	132. 2	134. 4	357. 1
	平均降水量	9. 3	11. 9	19. 4	37. 8	64. 5	142. 9
	亏缺量	9. 1	7. 4	33. 4	94. 4	69. 9	214. 2

2. 春小麦最佳补充灌溉时间的确定

表 5-10 是利用詹森模型确定的部分地区春小麦各生育阶段的水分敏感指数。敏感指数表示作物生长及产量形成对干旱缺水的敏感程度。敏感指数越大，作物在该生育阶段因缺水造成的产量损失也越大。从表 5-10 中可以看到，同一生育阶段的敏感指数在不同地区之间具有较大差异，这是由于气候条件、土壤类型及栽培方式的不同所致。但是，不同地区春小麦各生育阶段敏感指数的变化趋势是比较一致的，即生育前期较小，随后逐渐加大，至抽穗灌浆期达到最大，然后在成熟期又变小。按照敏感指数从大到小排列，各生育阶段的次序是：抽穗—灌浆，拔节—抽穗，分蘖—拔节，灌浆—成熟，出

苗—分蘖。这一顺序反映了春小麦不同生育阶段对水分的敏感程度，因此在水量有限的情况下，可作为各生育阶段补充灌水的优先次序。但实施集雨补灌时还需要根据实际降雨及土壤水分状况进行调整。一般来讲，土壤含水量接近允许的最低限时应及时补充灌溉。

表 5-10　春小麦各生育阶段的水分敏感指数

地区		生育阶段				
		出苗—分蘖	分蘖—拔节	拔节—抽穗	抽穗—灌浆	灌浆—成熟
内蒙古	乌盟	0.063 1	0.226 5	0.345 3	0.274 2	0.208 0
	凉城	0.057 3	0.225 5	0.404 0	0.378 7	0.237 8
宁夏	永宁	0.321 0	0.351 0	0.467 0	0.526 0	0.203 0
	王太堡	0.109 5	0.216 8	0.195 4	0.383 2	0.091 5
甘肃	武威	0.018 0	0.107 0	0.107 0	0.113 0	0.067 0
平均值		0.113 8	0.225 4	0.303 7	0.335 0	0.161 5

甘肃省农业科学院在定西等地对春小麦补充灌溉的适宜时期及灌水量做过多年试验。表 5-11 是 1993 年和 1994 年进行的不同时期补充灌水增产效果及单位供水增产量（供水效率）的试验结果，试验中每次补充灌溉的灌水量为 34.6 mm。可以看出，两年的结果差异很大。据资料介绍，1993 年为丰产年，1994 年则为歉收年。实际上，两年小麦生育期内的总降水量分别为 290.4 mm 和 256.1 mm，相差并不大。主要差异在于 1993 年的降雨分布较为理想，前期降雨比较均匀，没有出现严重的干旱。而 1994 年前期的降雨较少，造成幼苗期严重受旱，尽管后期降雨偏多，但由于前期过度受旱而造成了减产。降水量分布的差异也造成两年不同时期灌水的增产量及供水效率的不同。1993 年的增产趋势及水分利用效率与表 5-10 反映的各生育阶段对水分的敏感性是一致的。1994 年则不然，只有苗期供水增产作用明显。当苗期供水的严重不足，损害了作物的生长发育，后期的补充灌溉已难以弥补。这一成果再次说明，以敏感指数作为补充灌溉的优先次序是有一定条件的，即各时期都不能出现严重的水分胁迫。在春小麦的整个生育期中，无论什么时候土壤含水量接近允许最低限时都必须尽快补充灌溉，补充的水量则根据可供水量及土壤水分消耗程度确定。

表 5-11　春小麦不同时期供水的产量效应与供水效率

灌水时期	1993 年			1994 年		
	产量 (kg/hm^2)	增产量 (kg/hm^2)	供水效率 [$kg/(mm \cdot hm^2)$]	产量 (kg/hm^2)	增产量 (kg/hm^2)	供水效率 [$kg/(mm \cdot hm^2)$]
不灌	3 663.0	—	—	671.1	—	—
三叶期	4 192.5	529.5	15.3	1 085.0	413.9	12.0
拔节期	4 380.0	717.0	20.7	779.3	108.2	3.2
抽穗期	4 695.0	1 032.0	29.9	612.6	-58.5	-1.7
灌浆期	4 618.5	955.5	27.6	711.6	40.5	1.2

表5-12是甘肃省兰州地区经过多年试验确定的春小麦各生育阶段适宜土壤水分下限指标值。已有资料表明，在可利用水量极其有限的集雨补灌区，补灌的土壤含水量下限值可以比表中所列值降低5~10个百分点。

表5-12 春小麦各生育阶段的适宜土壤水分下限值

生育阶段	播种—出苗	出苗—分蘖	分蘖—拔节	拔节—抽穗	抽穗—灌浆	灌浆—成熟
计划层深度（cm）	40	40	60	60	80	80
适宜下限值（占田间持水量,%）	75	65	60	60	55	50

3. 春小麦补充灌溉时灌水定额的确定

表5-13是甘肃省农业科学院于1994年进行的春小麦同一时期不同补充灌溉量增产效果的试验结果，灌水时间为5月27日。若以单位用水量的增产量（供水利用效率，WSE），或单位耗水量的增产量（水分利用效率，WUE）的高低为标准判断，结果是一次补充灌溉20 mm水量最佳。这一结果的取得是有原因的，因为6月3~6日降水39 mm,一定程度上限制了补充灌溉量较大的处理继续发挥作用。由此可以看出，春小麦补充灌溉的主要作用是缓解干旱状况，避免严重水分胁迫的形成，而不是完全满足作物生长发育的需求。此外，补充灌溉时可利用的总水量也十分有限，所以补充灌水时灌水定额一般以20 mm左右为宜。这样安排，一方面可以避免随后发生降雨，使补充灌水的利用效率下降；另一方面可以利用有限的储水尽可能多地扩大补灌面积，使总体效益达到最大。

表5-13 春小麦同一时期不同补充灌溉量增产效果的试验结果

灌水量（mm）	籽粒产量（kg/hm^2）	增产量（kg/hm^2）	WSE（$kg/(mm \cdot hm^2)$）	耗水量（mm）	WUE（$kg/(mm \cdot hm^2)$）
0	1 443.4	—	—	282.64	5.1
20	1 917.6	474.2	23.7	297.96	6.4
30	1 880.1	436.7	14.6	328.70	5.7
40	2 062.7	619.2	15.5	365.42	5.6
50	2 102.7	659.3	13.2	387.27	5.4
60	1 945.2	501.8	8.04	392.44	5.0

总的来讲，在集雨补灌条件下，由于集蓄雨水的数量有限，应对整个生育期作通盘考虑，把有限的水量用在最关键的作物需水期，达到最大的增产效果。同时，应根据实际降雨的条件，对计划的灌溉制度作出必要的调整。

（二）春玉米集雨补灌灌溉制度

1. 春玉米的一般需水特性

春玉米全生育期100～140 d，春季播种，秋季收获，生长期一般在4～9月。玉米全生育期需水量为350～500 mm。不同的生育时期对水分的需求是：玉米从播种发芽到出苗，需要的水量占总需水量的3.1%～6.1%。玉米播种后种子需要吸收其本身质量的48%～50%的水分才能发芽。因此，在播种时土壤水分必须保持在田间持水量的60%～70%才能保证良好出苗。出苗至拔节期玉米耗水量占总耗水量的15.6%～17.8%，此期控制土壤水分在田间持水量的60%以下，可以为玉米蹲苗根系下扎创造良好的条件。玉米拔节后生长进入旺盛阶段，对水分的需求增大，特别是抽雄前10～15 d（大喇叭口期）土壤水分的亏缺对玉米生长影响极大，因此这一阶段是玉米需水临界期，要求土壤水分保持在田间持水量的70%以上。玉米进入灌浆成熟期仍需较多的水分才能满足生长发育的需要。

2. 关键缺水期

1）气候干旱特征分析

根据有关资料分析，北方半干旱地区春季（4～5月）平均降雨量只占全年降水量的12%左右，常因降雨少、土壤墒情差，作物无法播种或推迟播种，影响出苗。据农业干旱灾害统计分析，北方春玉米播种时期平均发生春季干旱的频率在64%左右。夏、秋季（6～9月）降雨量占全年降水量的70%～80%，平均降雨量能够满足玉米需水量的65%左右，发生干旱的频率在40%以上。因此，春季播种期是北方春玉米首要的关键缺水期，必须采取补充灌溉以增加耕层土壤水分。对雨水集蓄灌溉，可采用坐水种补充水分，保证全苗、壮苗，为后期作物良好生长创造先决条件。其次是夏季干旱，由于降水分布变率大，与玉米作物需水常发生错位，特别是中期。

2）作物需水特性分析

表5-14是根据灌溉试验资料确定的春玉米各生育阶段的水分敏感指数。从表5-14中可以看出，依照敏感指数从大到小的排序，春玉米各生育期实施补充灌溉的优先次序是：抽穗—灌浆，拔节—抽穗，灌浆—成熟，播种—拔节。

表5-14　春玉米各生育阶段的水分敏感指数

地区	播种—拔节	拔节—抽穗	抽穗—灌浆	灌浆—成熟
宁夏	0.085	0.183	0.482	0.255
山西	0.043	0.106	0.211	0.094
内蒙古	0.027 1	0.269 0	0.337 3	0.255 9

注：本表引自：程满金等的《北方半干旱黄土丘陵区集雨补灌旱作节水农业技术》（2009）中的表4-15。

3）关键缺水期的确定

综合以上分析结果，北方地区春玉米采用集雨补充灌溉的关键缺水期：首先是春季播种时期，可采用坐水种等措施；其次是抽雄前10～15 d（大喇叭口期），可采取注水灌、穴灌、膜下滴灌等措施；再次是扬花灌浆期，可采取注水灌、穴灌、膜下滴灌等措施。

3. 灌水定额

我国的甘肃、内蒙古等地在雨水集蓄的条件下，对春玉米的补灌增产效果进行了试验。甘肃省农业科学院在甘肃定西试验区对春玉米有限供水的增产效应进行过研究。试验中，补充供水的时间为玉米抽雄—灌浆期初期，种植方式为坑种、沟种和平作。试验补灌定额为不灌（对照）、40 mm 和 80 mm。试验结果见表 5-15。结果表明，在地膜覆盖的条件下，补充供水量为 40 mm 的产量均略高于或稍低于 80 mm，比对照增产 7.3% ~ 12.5%。供水效率达到 1.18 ~ 1.61 kg/m^3。这一结果说明采用低定额灌水和地膜技术的条件下，可使旱作玉米有较明显的增产效果，表明雨水集蓄灌溉是可行的。当可利用的水量有限时，补充灌溉的灌水定额都不需要太大，即使在玉米的关键需水期也是如此。春玉米的生长中后期已进入当地的雨季，从降雨的总量上看，缺口并不是很大，存在的主要问题是由于降雨在年际间变率很大，经常会发生较为严重的短期干旱，需要补充灌溉。补充灌溉的关键是及时，而供水量则不一定很大。在有效缓解干旱的条件下，剩余的水量应尽可能地用于扩大补灌收益面积，以达到总收益最大的目标。

表 5-15　春玉米需水关键期补充灌溉的供水效率

种植方式	供水量（mm）	籽粒产量（kg/hm^2）	增产量（kg/hm^2）	供水效率（kg/m^3）
坑种、地膜	0	6 453.0	—	—
	40	6 925.0	472.0	1.182
	80	6 777.0	324.0	0.405
沟种、地膜	0	5 157.0	—	—
	40	5 802.0	645.0	1.613
	80	5 965.5	808.5	1.011
平作、裸地	0	4 917.0	—	—
	40	5 059.5	142.5	0.356
	80	4 939.5	22.5	0.028

内蒙古自治区水利科学研究院的科技人员在准格尔旗、乌兰浩特的试验结果见表 5-16。从表 5-16 中可以看出，准格尔旗膜下滴灌试验中，补灌水量 10 m^3/亩在绝对增产量上虽然小于灌水量为 20 m^3/亩的处理，但供水效率比灌水 20 m^3/亩的却高 84.7%。乌兰浩特试验的坐水种也同样表现了此规律。补灌水量 3 m^3/亩的供水效率分别比补灌水量 6 m^3/亩和12 m^3/亩的高 25.7% 和 114.2%。这些结果都说明了小定额灌溉的显著增产效果。

表 5-16 玉米不同补灌水量的增产效果

补灌方式	补灌时期	补灌水量（m^3/亩）	产量（kg/亩）	增产量（kg/亩）	供水效率（kg/m^3）
膜下滴灌（准格尔旗）	拔节后期	0	342. 8	—	—
		10	468. 6	125. 8	12. 58
		20	479. 0	136. 2	6. 81
坐水种（乌兰浩特）	播种期	0	352. 4	—	—
		3	443. 5	91. 1	30. 37
		6	497. 3	144. 9	24. 15
		12	522. 6	170. 2	14. 18

注：本表引自：程满金等的《北方半干旱黄土丘陵区集雨补灌旱作节水农业技术》(2009) 中的表 4-18。

4. *灌水次数*

宁夏彭阳县 1994 年干旱年玉米地膜穴灌试验，生育期补灌 3 次，每次灌水 4. 9 m^3/亩，产量为 701. 6 kg/亩。宁夏南部山区 1995 年是大旱年，进行玉米注水灌溉试验，全生育期注水灌 5 次，每次灌水 4. 2 m^3/亩，产量也达到 350 kg/亩。青海湟中县，1998 年对大田玉米进行地膜穴灌，分别在苗期、开花期和灌浆期点灌 3 次，总灌水量 8. 7 m^3/亩，亩有效穗数、每穗粒数均高于对照田 25% 以上，亩增产 148. 2 kg。根据各地试验及生产实践，西北和华北半干旱地区春玉米的集雨补灌，一般只选择 1 ~ 3 个关键期进行灌溉，特别是干旱年份可适当增加灌水次数。

5. *灌溉制度*

集雨补灌的灌溉制度应根据各地降雨、土壤和作物需水特性因地制宜加以确定。内蒙古自治区水利科学研究院在准格尔旗进行了连续 4 年的玉米集雨补灌灌溉制度试验，试验结果见表 5-17。

表 5-17 春玉米作物集雨补灌制度试验结果

水文年	补灌次数	补灌时间	灌水定额（m^3/亩）	总补灌定额（m^3/亩）	平均产量（kg/亩）
平水年	2	①春播坐水	3 ~ 5	15 ~ 20	522. 2
		②6 月下旬拔节后期	12 ~ 15		
干旱年	3	①春播坐水	3 ~ 5	27 ~ 30	547. 15
		②6 月下旬拔节后期	12 ~ 15		
		③7 月中旬抽雄开花	12 ~ 15		

注：本表引自：程满金等的《北方半干旱黄土丘陵区集雨补灌旱作节水农业技术》(2009) 中的表 4-19。

（三）春谷子的集雨补灌模式

表 5-18 为根据灌溉试验资料确定的春谷子各生育阶段的水分敏感指数，按敏感程度的排列次序依次为：抽穗—灌浆，拔节—抽穗，灌浆—收获，出苗—拔节。可作为春

谷子各生育阶段补充灌溉的优先次序。

表 5-18　春谷子各生育阶段的水分敏感指数及适宜土壤水分下限值

生育阶段	播种—出苗	出苗—拔节	拔节—抽穗	抽穗—灌浆	灌浆—收获
敏感指数	—	0.062 2	0.243 2	0.292 6	0.238 1
适宜土壤水分下限值（占田间持水量的百分数,%）	70	58	62	70	62

表 5-18 中同时也列出了各生育阶段适宜的土壤水分下限值。为了保证全苗壮苗，播种时应保证较好的土壤水分状况，特别是表层土壤含水量应不低于田间持水量的 70%。如果土壤含水量太低，则应等雨播种或采用坐水种。坐水种时灌水定额为 5 mm 左右即可。出苗—拔节期植株需水强度很低，土壤水分下限可以适当低些，有利于蹲苗，促进根系下扎，提高后期的抗旱性。进入拔节阶段后，植株的营养生长和生殖生长都加速进行，需水强度提高，干旱造成的损失加大，土壤水分控制下限应适当提高。抽穗—灌浆期是谷子籽实形成的关键时期，也是谷子主要的需水临界期，缺水会造成植株无法抽穗，或严重影响穗部生长，造成严重减产。因此，这一阶段应保持较高的土壤水分，此时如果没有降雨而供水有限，应在此阶段进行补充灌溉。进入灌浆—收获期后，作物对水分的敏感性相对降低，适宜的土壤含水量下限值也有所下降。

三、冬小麦的集雨补灌灌溉制度

（一）冬小麦各生育阶段的需水特性

冬小麦是跨年度生长的作物，生长过程有两个峰期。与此相应，需水过程也呈双峰型。出苗后，随着群体不断加大，需水强度明显增加，达到冬前峰期。之后，随着气温不断下降，需水强度也随之降低，在整个越冬期间维持在较低水平。翌年春天返青后，随着气温不断上升，群体逐渐加大，需水强度很快升高，至抽穗后达到最大。在峰值上持续一段时间后，随着植株开始成熟，需水强度也迅速下降，完成第二个峰期（见表 5-19）。从阶段需水总量上看，抽穗—成熟期最多，拔节—抽穗期次之，而返青—拔节期最少。

表 5-19　冬小麦各生育阶段的需水量与模系数

地区	项目	生育阶段					
		播种—越冬	越冬—返青	返青—拔节	拔节—抽穗	抽穗—成熟	全生育期
陕西（渭惠渠）	阶段需水量（mm）	48.50	104.80	42.60	120.50	160.50	476.90
	阶段模系数（%）	10.20	21.90	8.93	25.30	33.70	—
	日均需水量（mm/d）	0.97	0.97	1.70	3.40	3.95	—

注：阶段模系数 = 某生育阶段需水量/全生育期总需水量 ×100%。

表 5-20 还列出了甘肃省西峰地区的冬小麦缺水状况。数据显示，冬小麦缺水主要发生在生育后期，其中以拔节—抽穗期和抽穗—成熟期较明显。日平均缺水量以拔节—

抽穗期最大，其次是抽穗—成熟期和返青—拔节期。多年平均值资料显示，在越冬前和越冬期作物基本上不缺水或缺水状况很轻。

表 5-20　甘肃省西峰地区的冬小麦缺水状况

地区	项目	生育阶段					
		播种—越冬	越冬—返青	返青—拔节	拔节—抽穗	抽穗—成熟	全生育期
甘肃西峰	阶段需水量（mm）	49.40	34.10	73.90	119.30	180.60	457.3
	日均需水量（mm/d）	0.73	0.33	1.80	3.98	4.40	1.58
	阶段模系数（%）	10.80	7.50	16.20	26.10	39.50	—
	阶段缺水量（mm）	-42.10	15.20	38.10	75.80	74.10	161.1
	日均缺水量（mm/d）	-0.62	0.15	0.93	2.53	1.81	—

（二）冬小麦各生育阶段的土壤水分状况分析

1. 播种前

在西北冬麦区，冬小麦播种正处于雨季将结束或结束后不久，此时土壤剖面中储存的总水量并不少，经常出现的问题是播种前一段时间没有降雨，表层土壤由于水分不断蒸发而变得较干燥，无法保证正常出苗。这时经常采用的方法是等雨播种，但在一些特殊情况下，比如玉米与小麦一年两作季节太紧张时，以及久旱不雨时则需要补充灌溉，在雨水集蓄条件下，可采用坐水种。

2. 播种—越冬期

播种时水分适宜，形成良好的苗情后，正常年份下土壤水分多数均可满足幼苗生长的需要，一般情况下不需要补充灌溉。

3. 越冬—返青期

由于气温低，冬小麦这一时期的生长十分缓慢，许多地区地上部分麦苗基本枯黄，因此平均日耗水量也很低。但是，保持较高土壤水分对于获得高产仍是非常重要的。研究显示，为保证冬小麦免受冻害，以及保证越冬期间地下部分的正常生长，越冬期的土壤水分应保持在田间持水量的 70% 以上。实际生产中，如果播种后降雨较少，而播前储存的水量又不够充足，土壤水分经过苗期的消耗后可能低于田间持水量的 70%，这时宜在越冬期开始之前进行补充灌溉。

4. 返青—拔节期

返青后作物生长开始加快，耗水强度也增加。但土壤水分亏缺状况通常并不太严重，特别是西北地区，冻土层消融后常出现返浆现象，表层土壤的含水量相对较高，并不一定需要灌溉，重要的是做好保墒工作。

5. 拔节—抽穗期

拔节后植株由营养生长为主转向营养生长与生殖生长并进阶段，生长速度明显加快，耗水量迅速增加。这一阶段是穗分化与形成的关键阶段，缺水会严重影响产量。研究资料表明，这一时期的土壤含水量低于田间持水量的 70%，即会对作物生长产生明显的影响。此外，西北地区这一时期降雨少，又经常出现持续大风天气，同时土壤水分由于返青后一段时期的消耗常常会接近或低于允许的下限值，因此要随时监测土壤含水量，出现严重干旱时应及时进行补充灌溉。

6. 抽穗—成熟期

该生育阶段是小麦整个生育期中至关重要的时期，籽粒形成及干物质积累都发生在其中，因而是决定产量高低的重要时期。应当尽可能地使这一阶段土壤水分状况保持在较高的水平。尤其是这一阶段的前期，是冬小麦的需水临界期（水分敏感系数最大的时期），土壤含水量应当不低于田间持水量的70%。其后期水分也不应低于田间持水量的60%。正常情况下，此阶段将有明显降雨发生，缺水状况会有所缓解。但由于降雨的年际间变化很大，还可能发生干旱缺水，应当随时监测，视需要及时进行补充灌溉。

（三）冬小麦的集雨补灌制度的确定

根据已有的研究资料介绍冬小麦的最佳补灌时间和灌水量的确定，供各地在制定集雨补灌灌溉制度时参考。但在具体实施时，要根据生育期内实际气候状况，对集雨补灌灌溉制度进行必要的调整。

1. 冬小麦适宜补灌时期的确定

表5-21是两个地点冬小麦不同生长阶段的水分敏感指数。从表5-21中给出的数据可以看出，冬小麦各生育期对水分敏感性的次序为：抽穗—灌浆期，拔节—抽穗期，返青—拔节期，灌浆—成熟期，播种—越冬期，越冬—返青期。这一顺序可以作为冬小麦各生育阶段进行补充灌溉的优先次序。一般来讲，冬小麦的抽穗—灌浆期和拔节—抽穗期是需水的高峰期，也是半干旱地区的少雨季节，而土壤水分又由于前面几个阶段的消耗而降到较低水平，因此有限的集蓄雨水应尽量留到这两个生育阶段使用。此外，播前补灌也应优先考虑，以保证全苗和壮苗。

表5-21　冬小麦各生育阶段的水分敏感指数

地区	生育阶段					
	播种—越冬	越冬—返青	返青—拔节	拔节—抽穗	抽穗—灌浆	灌浆—成熟
陕西泾惠渠	0.100	0.088	0.123	0.142	0.192	0.177
河南新乡	0.114	0.081	0.138	0.147	0.164	0.128

2. 冬小麦集雨补灌的适宜灌水定额

冬小麦生育后期的需水量占总需水量的比例较高，但此阶段尚未进入雨季，降雨量远远不能满足需水要求，因而冬小麦的生育后期缺水程度普遍较重。这些特点决定了冬小麦一次补充灌溉水量应适当大些。根据水利部中国农科院农田灌溉研究所在河南省偃师县对大田小麦进行的滴灌补充灌溉试验，补充灌水总量小于180 mm时，产量几乎随灌水量的增加而线性增加。当总灌水量大于180 mm后，单位供水量的增产量才开始降低，因此补充灌水量的上限可设定为180 mm。但半干旱雨水集蓄系统的水量普遍有限，因此补充灌溉定额应主要由可利用水量来确定。在需水临界期补灌时，灌水可取20～30 mm。其他非关键时期灌水定额一般以10～20 mm为宜。

四、蔬菜集雨补灌制度

蔬菜是需水量较大的作物，生育期间一般需要频繁地灌水。与其他农作物相比，蔬菜对水分状况更为敏感，灌水及时与否对产量的影响非常大，一些叶类蔬菜更是如此。蔬菜生育期的总需水量一般很大，经常高达 600 ~ 700 mm。但许多地方的经验证明，采取了高效节水的灌溉方法，并结合地膜技术和温室大棚等农业措施，利用雨水集蓄系统同样可以种植蔬菜，获得十分可观的经济效益。

不同种类蔬菜的需水特性也不相同。叶面积系数高、生长速度快、采收期长、根系发达的蔬菜需水量较高，如茄子、黄瓜等，生育期需水量高达 800 mm 左右。反之如菠菜、莴笋等，需水量只有 300 mm 左右。蔬菜苗期需水量较小，随着群体加大，需水量迅速增加，在植株基本定型后达到最大，之后随着逐渐接近成熟又会减少。大多数蔬菜的需水临界期为营养生长和生殖生长都较旺盛的时期，如菜豆为开花结荚期，萝卜为块根膨大期，番茄为花形成和果实膨大期等。

甘肃省兰州市灌溉试验站，在 1982 ~ 1985 年开展了地膜覆盖条件下茄子的适宜灌溉模式研究，1986 ~ 1988 年又进行了地膜覆盖条件下青椒的适宜灌溉模式研究。通过对试验资料的详细分析，总结出了两种蔬菜作物各生育阶段的适宜土壤水分下限值和整个生育期的灌溉模式（见表 5-22），可供集雨补灌区蔬菜种植时参考。

表 5-22　茄子、青椒各生育阶段的适宜土壤水分下限值与灌溉模式

蔬菜种类	适宜土壤水分下限值（占田间持水量的百分数,%）				灌溉模式		
	幼苗—现蕾	现蕾—开始采收	开始采收—收采盛期	收采盛期—采收结束	水文年	灌水次数	总灌溉量（mm）
茄子	70	60	55	50	平水年	7 ~ 8	465 ~ 505
					中等干旱年	8 ~ 9	510 ~ 540
					干旱年	9 ~ 10	555 ~ 585
青椒	70	65	55	50	平水年	6 ~ 7	270 ~ 285
					中等干旱年	8	330 ~ 345
					干旱年	9	360 ~ 375

内蒙古自治区水利科学研究院在准格尔旗集雨示范区推广了农户小拱棚和小片蔬菜地种植，每户面积 30 m^2 左右。采取覆膜种植，手压泵提水和软管输水进行坐水种和膜下（或膜上）灌水，补灌 6 ~ 8 次，灌水定额 8 ~ 10 m^3，30 m^2 左右的菜地年用水量为 3.0 m^3 左右。可以解决农户自身的吃菜问题。

五、果树、瓜类集雨补灌灌溉制度

（一）果树

1. 几种主要果树的需水强度

表 5-23 是几种果树生育期内按月份计算的日均需水量。从总体上看，几种果树需

水强度的变化趋势是一致的。即春季开始生长时较低，而后不断增加，至 7 ~ 8 月达到高峰，然后又逐步下降，这一变化过程与气温的变化过程基本相同。

表 5-23　几种果树生育期内的日均需水量　（单位：mm/d）

月份	果树品种		
	苹果	梨	葡萄
4	1.77	1.83	1.65
5	1.75	2.63	1.74
6	1.96	2.37	2.22
7	1.98	3.48	3.17
8	2.02	3.52	2.78
9	1.94	1.7	2.51
10	1.53	—	—

几种果树的需水强度以梨树最大，各个生长时期基本都如此，表明梨树是一种相对较为耗水的树种。苹果的需水强度在春季开始发育阶段比葡萄略高，但在生长季中的其他时期都比葡萄和梨低，是耗水强度相对较低的树种。

2. 几种主要果树各生育阶段的适宜土壤水分

苹果的生育期可分为花芽期、花期、果实膨大期、成熟期四个生育阶段。试验资料显示，苹果花芽期的适宜土壤湿度是田间持水量的 71.3%；花期为田间持水量的 70% 左右；果实膨大期是需水高峰期，也是需水临界期，水分状况与果实大小和产量关系密切，适宜土壤含水量为田间持水量的 72% ~75%；成熟期土壤湿度不宜太高，控制在田间持水量的 65% 左右最好。在干旱区生长的苹果，根系分布深度为 100 ~ 150 cm，主要根系活动层深度为 80 ~ 100 cm，所以灌水计划湿润层为 80 ~ 100 cm 较为适宜。表 5-24 给出了陕西省富平县不同降水年型红富士苹果逐月水分亏缺量、补灌时期和补灌水量。

表 5-24　不同降水年型下红富士苹果逐月水分亏缺量、补灌时期和补灌水量

降水年型	水分严重亏缺时期	水分亏缺量（mm）	生育阶段	补灌次数	补灌时期	补灌水量（mm）
75%	5 月下旬	30.96	幼果膨大期	1	5 月下旬	30
	6 月中旬	27.49	幼果膨大期	1	6 月中旬	30
	7 月中旬	25.99	果实膨大期	1	7 月中旬	30
	8 月下旬	24.83	果实膨大期	1	8 月下旬	20
90%	6 月上旬	43.80	幼果膨大期	1	6 月上旬	30
	7 月中旬	33.57	果实膨大期	1	7 月中旬	30
	8 月上旬	34.30	果实膨大期	1	8 月上旬	20
多年平均	6 月上旬	30.78	幼果膨大期	1	6 月上旬	30
	8 月上旬	14.49	果实膨大期	1	8 月上旬	20

梨树的生育期可分为花前期、花期、果实膨大期及成熟期。阶段需水量以果实膨大期最大。这时根、叶和果实均处于旺盛生长状态，缺水对产量的影响最大，是需水临界期。梨树是耗水较多的果树，因此各时期要求的水分较高。据辽宁的试验，梨树各生育阶段的适宜土壤含水量（占田间持水量的百分数,%）为花前期 71.2%、花期 74.3%、果实膨大期 75.3%、成熟期 56.3%。计划湿润层深度一般定为 80～100 cm。

葡萄生育期可分为花芽期、抽穗展叶期、花期、果实膨大期和成熟期。葡萄发芽期需要有较好的水分状况才能保证花穗的良好分化和形成，对供水状况也最为敏感，是需水临界期，土壤含水量一般要保持在田间持水量的 70%～80%。其他时期适宜的土壤含水量占田间持水量的比例分别为：抽穗展叶期 65%～75%、花期 65%～80%、果实膨大期75%～85%、成熟期 65%～70%。灌水计划湿润层深度以 80～100 cm 为宜。

（二）西瓜

西瓜的栽培条件需要气候干燥、温差大、日照时间长的环境，西瓜耐旱不耐涝，土壤过湿会烂根、死秧，只有水分适宜才能获得高产。西瓜的生长期一般为 120～130 d，分为苗期、伸蔓期、结瓜期和成熟期四个阶段，适宜的日需水过程为 4 月份 1.5 mm/d、5 月份 2.8 mm/d、6 月份 4.8 mm/d、7 月份 4.2 mm/d、8 月份 3.0 mm/d，相应适宜的土壤水分（占田间持水量的百分数,%）为苗期60%～70%、伸蔓期65%～75%、结瓜期 70%～80%、成熟期55%～65%，补灌深度为苗期 10 cm、伸蔓期 20 cm、结瓜期 30 cm。灌水方法可采用膜下滴灌、膜上（膜下）灌、注射灌和点灌等高效节水的灌水技术。做到科学灌水、管理到位，可使亩产达到 4 000 kg 以上。

内蒙古自治区水利科学研究院在准格尔旗进行的西瓜集雨补灌试验成果如表 5-25 所示。

表 5-25　西瓜集雨补灌灌溉制度

水文年	补灌次数	补灌时间	灌水定额(m^3/亩)	总补灌定额(m^3/亩)	平均产量(kg/亩)
平水年	2	①春播坐水种	1.5	9.5	3 304.8
		②6 月下旬(乳瓜期)	8.0		
干旱年	3	①春播坐水种	1.5	17.5	4 069.0
		②6 月下旬(乳瓜期)	8.0		
		③7 月上中旬(膨大期)	8.0		

六、水稻集雨节水灌溉技术简介

我国西南地区年降雨量十分丰富，多在 1 500 mm 以上。但由于季风气候影响，旱季长达半年以上。山区山大沟深，水低田高，地表水和地下水的开发利用十分困难。加上不少地方喀斯特岩溶十分发育，下雨时，水很快渗入溶洞裂隙，雨一停，马上就缺水受旱，因而季节性干旱问题十分突出。雨水成为山区的主要水源。从 20 世纪 90 年代末期，广西、贵州、云南、四川和重庆等省（区、市）相继开展了雨水集蓄利用，不仅有效地解决了人畜饮用水的困难，还利用雨水进行水稻灌溉。有的地方利用集蓄的雨水，把原来只能种植一季旱作玉米、亩产仅150多kg的山地，改为水稻田和进行补充灌溉的玉米地。产量成倍增长，既解决了温饱，又增加了收入。

根据当地的经验，雨水集蓄工程一年中可以多次重复蓄水，复蓄指数（每年库容放空到重复蓄满的次数）可达到2~3次。只要采用节水灌溉的方法，雨水集蓄系统的水量是完全足以进行水稻灌溉的。广西、贵州等地的水池一般容积都在100 m^3 以上。根据在广西、贵州等地的经验，灌溉1亩水稻田需要50~100 m^3 的蓄水容积，具体视降雨条件而定。

水稻传统灌溉技术在秧田上采用淹水育秧，在生育期采用有水层的淹水格田形式，耗水量很多。利用集蓄雨水进行水稻灌溉，必须采用高度节水的方法。广大科技人员和农民群众在水稻节水灌溉方面进行了许多研究与创新，提出了一系列水稻节水灌溉的方式。这里对控制灌溉、薄露灌溉、“薄、浅、湿、晒”水稻节水灌溉技术作简要介绍。

（一）水稻控制灌溉

水稻控制灌溉的要点是：在插秧时，要在本田中的泥浆沉实后，薄层水浅插。在秧苗本田移栽后，田面保持5~25 mm薄水层返青活苗，在返青以后的各个生育阶段田面不建立水层，而是根据耕层土壤含水量作为控制指标，确定灌水时间和灌水定额。土壤水分控制上限为饱和含水率，下限则根据不同生育阶段对水分的要求，控制指标分别取土壤饱和含水量的60%~70%。

采用水稻控制灌溉可比传统水稻灌溉节水40%，其中水稻的生理性耗水（指通过根系吸收到叶面蒸腾的水分）减少30%，生态性耗水（指水稻棵间土壤和水面蒸发及渗漏）减少60%。由于控制灌溉下土壤水分状况比传统方法更适宜于水稻生长，因此水稻产量和品质都有很大提高，平均可增产10%左右，水稻中的蛋白质和氨基酸都有不同程度的提高。

（二）水稻薄露灌溉

水稻薄露灌溉是根据水稻不同生育期对水分的不同要求，采用薄层淹水或不淹田而保持土壤湿润及晒田的方法。其技术要点是：插秧和返青阶段在田面建立薄浅水层，分蘖阶段采用薄浅水层淹田或不淹田，保持土壤湿润，其后阶段则采取晒田蹲苗，扬花、灌浆阶段采取薄浅水层淹田或保持土壤湿润，黄熟阶段则退水落干。总结出水稻薄露灌溉的6个字是：“薄灌水、常露田”。“薄”是指灌溉水层尽量薄，除返青期遇低温或高温需灌深水外，每次灌水深20 mm左右，土壤饱和即可；“露”是指每次灌水（包括降雨）后要自然落干露田。该灌水方法大大减少了水稻的耗水，而且适应水稻不同生长期对水的要求，因而取得了节水增产的效果。

（三）水稻“薄、浅、湿、晒”灌溉

水稻“薄、浅、湿、晒”灌水方法的技术要点可以概括为：薄水插秧，浅水返青，分蘖前期湿润，分蘖后期晒田，拔节孕穗期间灌薄层水，抽穗开花期间保持薄水，乳熟湿润，黄熟期湿润落干。

水稻“薄、浅、湿、晒”灌水方法可以节水增产。每千克稻谷可以减少耗水4%~24%，平均15%，增产2%~15%。

七、《雨水集蓄利用工程技术规范》（SL 267—2001）推荐的灌水次数和定额

《雨水集蓄利用工程技术规范》（GB/T 50596—2010）规定，灌溉供水量应根据本地区农作物、树、草的需水特性和可能集蓄的雨水量，采用节水灌溉和非充分灌溉的原理，确定补灌次数和灌水量。当缺乏资料时，规范提出可按表5-26取值。

表5-26　不同年降水量地区作物集雨灌溉次数和灌水定额

作物	灌水方式	不同年降水量地区灌水次数		灌水定额（m^3/hm^2）
		多年平均降水量250～500 mm的地区	多年平均降水量>500 mm的地区	
玉米等旱田作物	坐水种	1	1	45～75
	点灌	2～3	2～3	45～90
	膜上穴灌	1～2	1～3	45～100
	注射灌	2～3	2～3	45～75
	滴灌	1～2	2～3	150～225
一季蔬菜	滴灌	5～8	6～10	150～180
	微喷灌	5～8	6～10	150～180
	点灌	5～8	6～10	90～150
果树	滴灌	2～5	3～6	120～150
	小管出流灌	2～5	3～6	150～240
	微喷灌	2～5	3～8	150～180
	点灌（穴灌）	2～5	3～6	150～180
一季水稻	“薄、浅、湿、晒”和控制灌溉		6～10	300～450

表5-26可在缺乏资料时，为确定雨水集蓄利用系统的规模时使用。在集雨灌溉的实际操作时，则应根据上述各节对各种作物的需水特性和当地、当年的气候条件，并根据雨水集蓄系统的可利用水量，进行分析确定。

第六章　雨水集蓄利用工程管理

第一节　工程维护管理

一、集流面工程维护

集流面工程维护包括人工集流面和利用现有建筑物表面作为集流面的维护。人工集流面主要包括屋面和专门修建的混凝土集流面、膜料防渗集流面、水泥土集流面等。现有建筑物表面做集流面的包括公路、农村道路、打谷场、运动场地等。

维护管理的主要目的是要保持水质良好、提高集流效率、保证集流工程安全运行和延长寿命。为此，对集流过程的维护管理要实行以“雨前清扫，雨后检查，加强维修，堵塞渗漏”为主要内容的维护管理制度，主要从以下几方面着手进行：

（1）定期清扫生活供水用的集流面。清扫集流面是保持集流面干净、卫生，改善集蓄雨水水质的重要措施。要坚持定期清扫屋面、庭院集流面，尤其是在雨前的清扫对提高水质有重要作用。

（2）利用公路两旁排水沟做集流汇流渠的，要在降雨前在排水沟内修筑挡水土堤，把公路径流引入水池（窖），在雨后及时挖除挡水堤，以保证公路排水畅通。

（3）庭院集流面混凝土接缝处滋生的各类杂草，必须及时予以铲除，以免影响集水效率，防止集流面破坏。混凝土接缝材料有脱落的要及时填补。

（4）雨后检查集流面。要认真检查雨后，尤其是每年的第一场大雨后集流面范围内有无冲沟、塌陷、空洞等损害情况，若发现，应及时予以维修。

（5）及时修补破损集流面。对各类集流面在运行环节中出现的破损现象，必须及时进行修补。混凝土表面被冲蚀或砂浆脱落，要及时修补。对因雨水冲刷引起的地基土沉陷、空洞等破坏，要挖除表面衬砌，对发生沉陷和空洞范围内的土体进行开挖后，回填夯实，然后对混凝土或其他衬砌结构进行修复。

（6）寒冷地区冬季降水（雨、雪）后，要及时清除集流面的积雪和低洼位置的积水，以免引起集流面的冻胀破坏。

（7）对一些大型、高标准的人工集流面，可设置围墙进行管理。

二、蓄水设施维护

（一）水窖（窑）的维护管理

1. 运行管理

（1）适时蓄水。下雨前要及时整修清理进水渠道、沉沙池，清除拦污栅前杂物，疏通进水管道，使进水畅通。蓄水过程中要注意观察水窖（窑）水位，窖（窑）中水位达到水窖（窑）上限时要及时关闭水窖进水口，防止超蓄造成水池顶溢流或水窖超蓄。引用沟道山洪的，雨季来临前要清理沉沙池、维修排洪设施，防止山洪漫淹水窖（窑），导致水窖（窑）的淤积、毁坏。

（2）定期观察水位。应定期观察水窖（窑）水位的变化情况。当发现水位异常下降时，要及时查找原因，采取针对性措施进行维修加固。

（3）定期清淤。每年雨季来临蓄水前要检查窖内淤积情况，当淤积比较轻微（淤深小于0.5 m）时，当年可不必清淤，否则要及时清淤。年内运行过程中，若淤积深度超过1.0 m，在水窖（窑）排空后要及时清淤。清淤可采用人工清掏或泥浆泵抽出等措施。

（4）定期维护。对蓄水工程外观经常进行检查，发现有损坏的情况，如防渗层的开裂、脱落，窖壁、底板和顶盖发生裂缝、变位，水窖口和盖损坏，管道、沉沙池、拦污栅等附属设施损坏等，要及时修理恢复。

2. 检查渗漏的方法

（1）观测水位。水窖（窑）蓄满水后，要定时观测水窖（窑）水位，作好观测记录。在不用水的情况下，若发现水窖（窑）内水位降落比正常情况明显加快，应加强观测次数，分析水窖（窑）在不同水位时的渗漏量，为维修提供依据。

（2）查找渗漏点。在水位观测的基础上，通过分析判断，确定水窖的主要渗漏部位。如果水位下降到一定高度而不再下降，说明渗漏位置就在该高度处附近。如果水位一直下降到窖（窑）底，说明渗漏发生在底部。水窖可在晴天阳光强烈的中午用较大镜子的反光沿窖壁四周从下往上仔细观察，若仍找不到原因，就必须待水窖排空后下窖察看。检查方法主要有“看”：看有无裂缝、空洞；“听”：利用手指或小锤轻敲窖壁，听有无空鼓声。发现前述缺陷后及时标注，为进行维修做好准备。

（3）分析渗漏原因。水窖（窑）防渗结构的裂缝或质量低下造成渗漏，地基土壤发生沉陷、管涌或流土造成空洞引起水窖（窑）结构破坏。

3. 处理渗漏的措施

水窖渗漏主要表现在窖壁渗漏、窖底渗漏两个方面。

1）窖壁渗漏处理

因窖体四周土质不密实或有树根、鼠穴、陷洞时，可以将树根、洞穴清除，深掏直到将隐患部位彻底清理，然后分层捣实土体，接近窖壁时用混凝土或砂浆加固处理，最后抹砂浆进行防渗处理。因防渗砂浆或混凝土强度等级低、防渗层厚度不够、砂浆或混凝土层施工接茬不好等原因造成的渗漏，应将窖壁清洗后，用1∶2.5 水泥砂浆抹面2层，每层厚1 cm，再用水泥防渗浆刷面2遍，并注意洒水养护。

2）窖底渗漏处理

如果是由于防渗层本身质量低劣而引起的窖底渗漏，可以采取的措施有：对于表面轻微裂缝，应清洗裂缝后，灌注防渗砂浆或水泥浆；如果裂缝太细小，可把裂缝适当凿宽再灌浆。对于因混凝土强度等级较低、防渗层厚度不足或混凝土表面麻面引起的渗漏，首先将窖底清洗后，用1∶2.5 水泥砂浆抹2遍，再用纯水泥浆通刷2遍；或者将原混凝土表面打毛清洗后，浇筑厚度5 cm的C15 混凝土。对于窖底砂浆层或混凝土因沉陷造成通缝而产生的渗漏，如果窖壁仍保持完整，可将窖底防渗体去除，对窖底土壤进行翻夯，夯实厚度不小于50 cm，再恢复窖底砂浆或混凝土结构。对于因土壤较大沉陷或形成空洞而产生防渗体变位并影响窖壁稳定时，一般较难修复，只能报废。窖底防渗体处理后，要注意处理好窖底、窖壁结合部位的防渗。

（二）蓄水池维护

1. 运行管理

（1）适时蓄水。蓄水池除及时收集天然降水所产生的地表径流外，还可因地制宜引蓄外来水（如渠道水、井泉水等），多次充蓄，充分发挥蓄水容积的作用。

（2）检查维修工程设施。要定期检查维修工程设施，蓄水前要对池体进行全面检查，蓄水期要定期观测水位变化情况，作好记录。开敞式蓄水池没有保温防冻设施冬季不蓄水，秋灌后要及时排除池内积水，冬季要清扫池内积雪，防止池体冻胀破裂。封闭式蓄水池除进行正常的检查维修外，还要对池顶保温防冻铺盖和池外墙填土厚度进行检查维护。

（3）及时清淤。开敞式蓄水池可结合灌溉排泥，池底滞留泥沙用人工清理。封闭式矩形池清淤难度较大，除利用出水管引水冲沙外，只能人工从检查口提吊，当淤积量不大时，可两年清淤一次。

2. 渗漏检查和处理

水池渗漏检查包括对水位的观察和直观观察，对渗漏应分析原因，采取针对性措施。水池渗漏的原因和处理方法与水窖相似，引起渗漏的原因主要包括防渗体本身因施工质量低下、材料标号不符合要求和地基沉陷造成水池结构开裂破坏。因水池建在地面以上，同时水池的空间比水窖开阔，池底破坏对水池边墙的影响较水窖要小，因此对水池渗漏部位的检查和处理比较有利。

三、配套设施维护

（一）截流沟、汇流渠和输水渠维护管理

截流沟、汇流渠和输水渠是把集流面上的径流送入蓄水设施的途径。对截流沟、汇流渠和输水渠的维护管理主要包括清除渠内淤积物和及时进行毁坏部分维修处理。

（1）定期检查。雨季正常运行期间，要定期检查截流沟、汇流渠和输水渠是否通畅，及时清除渠内淤积物，确保渠道能够正常过水。

（2）及时维修。在定期检查中一旦发现截流沟、汇流渠和输水渠破损，要及时进行维修，以保证雨水集蓄系统的正常运行。

（二）沉沙池维护管理

（1）每次雨后要及时清除池内淤泥，确保沉沙池在整个雨季能够正常、有效的运行。

（2）正常情况下尤其是雨前要重点检查沉沙池中有无影响正常运行的淤泥、杂草等存在，检查拦污栅是否完好、通畅，及时清除有可能影响正常沉沙和进水的杂物。

（3）定期检查沉沙池是否完好，一旦发现沉沙池墙体和底板有裂缝、沉陷、漏水等问题，要及时进行维修处理。

（4）冬季封冻前彻底排除沉沙池内积水，减轻冻胀破坏。

第二节　提水和雨水集蓄灌溉系统运行管理

提水系统的运行管理主要包括手压泵、电动潜水泵和汽（柴）油机组的运行管理。雨水集蓄灌溉系统的运行管理包括输水管路系统、田间灌水系统以及首部设备主要是过滤器的运行管理。

一、提水系统运行管理

（一）手压泵运行管理

（1）使用前在各滑动、转动部位注入2~3滴润滑油，缸体内注入6~8滴食用植物油，确保各操作部件灵活、轻便。

（2）手压泵使用前，必须进行固定，一般可采用膨胀螺栓固定在窖盖上。当窖盖结构不足以固定手压泵时，可另设木墩、混凝土板等进行固定。

（3）使用前要打开加水口处的堵头，向泵体内加满清水，然后立即拧紧堵头，人工操作手柄即可进行抽水作业。

（4）寒冷地区的冬季气温在0 ℃以下时，使用完手压泵后应排空泵体内的余水，并将手柄上下往复摇动几次，使泵体内水分排空，以防止冻坏泵体。

（5）使用过程中要经常检查各紧固件螺栓是否松动，各滑动、转动部件是否正常，一旦发现问题要及时进行维护。转动部位应经常加润滑油。

（6）露天安装使用的泵，长时间不用时，应采用塑料袋等覆盖、包裹保护，防止风吹日晒雨淋。

（7）长期存放时，应将泵体擦拭干净，各滑动、转动部件要涂上黄油，装箱后放置于通风干燥处保存。

（二）电动潜水泵运行管理

（1）使用前要先检查电缆线及插头是否完好无损，各螺栓有无松动，有无机油渗出泵壳。

（2）要随同电机安装漏电断路保险设施，电机绝缘电阻应大于5 MΩ。

（3）接上电源后先空转数秒钟（不得超过30 s），查看启动、运转是否正常，转向是否正确。

（4）切勿用电源线吊放水泵，应在提手处穿绳吊放。

（5）潜水泵潜入水中最深不超过10 m，垂直吊放，离窖底距离不得小于50 cm，与窖壁的最小距离不得小于30 cm。

（6）应在窖壁或窖底设置潜水泵支架固定潜水泵，并设置竹篮或铁丝网围住潜水泵，防止杂草、污物等堵塞潜水泵进水口。

（7）潜水泵工作时，要注意观察水位变化情况，以防水位下降导致泵体空转，更不能长时间脱水运行，以免电机发热烧坏。

（8）潜水泵工作时，人畜不得进入作业面，以防引发触电事故。

（9）潜水泵不用时，不宜长期浸泡在水中，应在清水中通电运行几分种，清洗泵内泥浆，擦拭干净后放置于通风干燥处，待完全风干后涂上防锈油备用。

（10）潜水泵使用半年后，应进行维修检查，更换易损零件。潜水泵经拆装修理后，需进行气压密封程度检验（2×10^5 Pa 气压检查），合格后方可继续使用。

（三）汽（柴）油机组运行管理

（1）使用前要打开油箱盖，检查油品是否足够。

（2）检查机组各部件是否完好无损，各螺栓有无松动。

（3）转动部件应经常加润滑油。

（4）汽（柴）油机组正式运行前，应先进行试运行，观察机组转速是否正常，出水量、水压是否满足要求。

二、输水管路系统运行管理

输水管路系统有固定式和移动式两种。固定式输水管路系统埋设于一定深度的土层中，运行维护任务不大。移动式输水管路系统一般根据灌溉需要临时铺设管路系统，移动频繁，应注意维护。输水管路系统的维护管理主要有以下几点：

（1）用于向田间微灌系统供水的输水管路系统，在初次运行时应逐条依次进行冲洗，冲洗时间为 10～15 min，以免杂质堵塞。

（2）布设于地面，特别是穿越道路的管路系统应设套管保护，尽量避免重车碾压。

（3）管路系统移动时不宜折弯或硬折，尽量避免管道受损。

（4）移动式管路系统长期不用时，不宜久置露天，以防加速老化。

（5）移动式管路系统用后应及时冲洗，每次冲洗时间不得少于 5 min，冲洗过后擦拭干净，置于阴凉干燥通风处备用。

（6）管道日常运行时，为防止水锤产生，管道上的阀门必须缓慢启闭，避免突开突关。

三、毛管、滴灌带系统运行管理

微灌系统的毛管和滴灌带用于果树灌溉时，一般不作移动；用于蔬菜等作物灌溉时，则需要移动和重新布设。对此，应特别注意以下事项：

（1）毛管、滴灌带均系软管，每次移动铺设时都要卷好，卷盘时最好用直径不小于 50 cm 的桶状盘心卷管，以免硬折损伤毛管、滴灌带。

（2）毛管、滴灌带系统使用后，每个灌溉周期冲洗一次，避免沉积物在系统中“硬化”和堵塞灌水器。

（3）当实施随水施肥时，灌后应对所有的毛管进行冲洗 5～10 min，使附着于管壁的肥料残留沉积物降低到最小程度。

（4）运行过程中，对毛管的进、出口定期进行压力测试，与开始灌溉时的压力进行比较，当出现差异时，说明出现了一定程度的堵塞。检查堵塞情况时还应经常测定滴头流量，如果流量减少，也说明发生了堵塞，应及时查找堵塞原因和堵塞位置并尽快采取措施进行处理。

四、过滤器运行管理

（1）雨水集蓄微灌系统中较常使用的过滤器是筛网式过滤器，在运行过程中要对筛网经常进行检查，发现淤塞、损坏时，要及时清理、修复或更换。

（2）灌溉运行过程中，若发现过滤器前后压差超过3 m，可打开排污阀门自动冲洗20～30 s后关闭，即可恢复正常运行。

（3）每一灌溉期结束后，要取出滤网，清理附着在滤网上的杂质、水垢，用软刷充分刷洗、晾干后备用。

第三节　水质管理

一、造成雨水污染的主要原因

降雨本身是一种不包含污染物的纯净水源。但由于工业的发展和城市化，在工业集中的地区，降雨在天空中可能受到工业废气排放的影响而受到污染，形成酸雨。这种污染甚至在离开城市有一定距离的农村也能监测到。不过一般来讲，在农村地区，特别是在远离城镇的山区，降雨受到的污染很微弱，可以认为它是十分清洁的水源。但是作为雨水集蓄系统的产物——雨水，却会在集蓄过程的各个环节中受到不同程度的污染。下面就这些污染的来源作简要的介绍。

（一）集流面造成的污染

雨水集蓄系统的集流面包括现有建筑物的弱透水表面，如屋顶、庭院地面、公路和农村道路的路面、场院地面和天然坡面。这些集流面上存在着各种会引起污染的物质，如屋顶上的灰尘、鸟粪、树的枝叶等，接水槽中的潮湿腐烂的杂物、枝叶，庭院、场院、农村道路等天然坡面上的垃圾、禽畜粪便、腐烂枝叶等。在公路面上除上述污染物外，还存在着未燃烧净的汽（柴）油和车辆尾气的污染。因此，从这些集流面上收集的雨水必然会受到不同程度的污染，即使在专门修建的集流面上（如混凝土衬砌集流面由于暴露在空中），也不可避免地存在着污染物。如果采取一些措施，如经常清扫集流面，排除初期径流，会大大减轻污染程度，虽然难以做到完全避免污染，但是可以使污染降低到最低程度以满足生活用水的质量标准。

（二）储存过程中的污染

收集的雨水进入蓄水建筑物后，如果措施得当，在一定条件下，可以使集流水质得到保持。水体在蓄水建筑物中经过沉淀和自净作用，水质还会有所改善。但如果储存措施不当，则可能使水质恶化。例如，在没有顶盖的水池中，光照会导致藻类生长，有机物如禽粪、枝叶等的进入，将为细菌和微生物的滋生提供生长的养分，使水质变坏，且产生异味。有的水池养鱼可能因鱼类排泄物而造成富营养化。蓄水设施还为蚊子幼虫的生长提供了适宜的潮湿环境，如果蓄水建筑物呈开放状态或者没有足够密闭的盖子，就很容易被蚊虫污染。一些水源性疾病如肠炎、腹泻、疟疾、黄热病、登革热和丝虫病等，都是通过蚊虫污染水源而在更广泛的范围内得以传播。

（三）取水、用水环节的污染

目前，仍大量采用的吊桶取水是取、用水环节造成水体污染的主要因素。另外，家庭的水缸等盛水器皿也有可能成为蚊虫滋生从而污染水体的途径。开敞的水缸容易接受灰尘挟带污染物，甚至缸盖如果不经常清洗也会成为污染源。

我国甘肃、内蒙古和云南等地对集蓄雨水的检测发现，雨水中不存在许多河湖水中常有的化学污染、有机物污染和重金属污染，但大肠杆菌、细菌总数等微生物指标严重超出我国饮用水标准规定的上限，多数水样的浑浊度也超出标准要求。此外，新建的用水泥材料做防渗或支护结构的蓄水工程中，水的pH值也超标，这主要是水泥中的氢氧化钙游离出来所致。但经过半年到一年后，水质可以基本恢复正常。此外，受到土壤母质和施加化肥农药的影响，各地集蓄的雨水也各自有一些指标不合格，主要有氨氮、氟化物、碳酸盐等。虽然迄今为止，我国还没有发生因雨水水质爆发流行疾病的报道，但上述水质问题将可能对我国饮用雨水的人群健康产生长远的影响。因此，对于雨水集蓄系统的水质问题必须予以充分重视，采取必要措施，保证雨水作为家庭生活供水主要来源地区的饮水安全。

二、雨水水质管理

我国实行雨水集蓄利用的地区多数在偏远山区，经济上欠发达，贫困人群比较集中。因此，集蓄雨水的水质管理既要满足安全供水要求，所采取的措施又要为多数农户在经济上能够承担得起。为此，根据我国雨水集蓄利用工程的实际和国内外经验，主要应在以下几方面进行水质管理。

（一）清扫集流面

集流面是雨水集蓄利用工程的“水源”，集流面环境卫生不达标，其他一切的水质管理措施都将成为徒劳。为此，要加强集流面（包括屋面）及周边地区的环境卫生工作，尤其是在降雨前清扫集流面，可有效减少杂草、树枝、畜禽粪以及其他一些污染物进入水体。对于生活用水的接水槽、汇流沟、输水渠、沉沙池、拦污栅都应经常打扫。庭院作为集流面时，要防止畜禽进入庭院。在庭院内不进行勾兑化肥、农药等工作。

（二）初期径流排除

降雨产生径流后3～5 min内的径流不要引入生活用的蓄水设施内，可以引入灌溉水窖（水池）储存。初期径流排除的方法可以简单地用人工在降雨初期把进水口堵住，经过一段时间后再打开，也可以采取简易设施进行自动排除。

（三）雨水分质蓄存

我国西北和华北一些地方，生活用的雨水集流面除屋顶外，还利用硬化的庭院地面。而一般情况下，屋面径流受污染程度比从庭院地面收集的要轻微。因此，应把屋面收集的雨水存储在专门的蓄水设施内，用于饮水和烹饪用水。庭院地面收集的雨水则用于非饮用目的。屋顶下应设置接水槽和初期径流排除设施。

（四）蓄水设施加盖及定期清淤

蓄水设施加盖可有效截断蚊虫进入水中滋生病菌、传染疾病的途径，还能防止光照引起的藻类生长。另外，雨水中的各种杂质包括一些重金属离子以及其他有害物质，经沉淀后全部聚集在淤泥中，进行定期清淤可除去这些有害物质，同时减小水体变质的几率，提高雨水水质。

（五）水质过滤

水质过滤的主要设施有拦污栅、砂石过滤池、过滤器等，对这些过滤设施应经常进行维护管理。

（1）使用过程中，要定期更换或者清洗砂石过滤池中的砂石滤料，按预先设计进行滤料的补充填装。

（2）要定期进行供水过滤器滤芯、滤片和滤网的清洗，对一些采用 PP 绵、活性炭的过滤器，要按产品说明书的要求及时更换配件和原料。

（3）手压泵的简易过滤装置：采用直径 10 cm 左右的硬质塑料管做吸水管，长度比一般手压泵吸水管的长度长 30 cm，下端用木塞堵死。在管子下段 3 m 左右的管壁上打直径 0.5 cm、间距 2～3 cm 的小孔，然后用无纺布（或称土工布）把打了孔的管段包扎起来。当手压泵吸水时，水中的泥沙、杂物就被无纺毡隔住，不能进入水泵。

（六）利用阳光消毒的简易方法

把集蓄的雨水装在塑料瓶或透明的容器内，在太阳光下晒 5～8 h，即可有效地杀灭水中的多数细菌。

（七）加药消毒

加药剂使水中悬浮颗粒絮凝沉淀和消毒是水质处理中常见的措施之一。絮凝剂的化学名称为氢氧化铝，俗称明矾。其加入水中后，即成为一种带正电的胶体粒子，与带负电的细泥沙颗粒互相吸引，聚集为较大的颗粒而下沉，使水质变清。根据经验，加入明矾可以使 70% 的细颗粒沉淀。一般每 50 kg 水加 10～15 g 明矾，可以将其加放在水箱或水缸中。

消毒药物主要用漂白粉，加入水中后，会产生次氯酸的化合物，对细菌有很强的杀伤力，还能防止藻类繁殖，使有机物分解。漂白粉的使用量为每立方米水加 50 g，可以加入窖（池）内，也可以放入一个开有小孔的小罐内，用绳系住，浸入水中，使其慢慢释放，10 d 左右换一次药，可以持续发挥药效。要注意的是，漂白粉浓度太大时，对某些作物生长有一定影响；另外，由于漂白粉能与有机物起化学作用，所以应与氮肥分开使用。

适量加入消石灰、碱式氯化铝等化学药剂，不仅可以起到消毒的作用，还对加速水体澄清具有很好的效果。

（八）杜绝取、用水环节的二次污染

避免用传统吊桶取水的方法，推广采用手压泵取水或电动潜水泵取水。用手压泵取水时，盛水的桶应固定专用，在不取水时应加盖。有条件的地方，应推广潜水泵取水直接到锅台灶房的简易自来水供水方式。

（九）煮沸饮用

煮沸是杀灭大肠杆菌和其他细菌最有效也是最简单的方法。煮沸后，部分悬浮物也可加速沉淀。我国北方地区阳光充沛，采用太阳能灶烧水煮饭，可以避免或减少用植被谷草做燃料对生态系统的不利影响。太阳能灶价格低廉，多数农户都能买得起，技术简单，乡镇企业就能制造，值得推广。

第七章　高效农业雨水利用技术

提高降雨的有效利用率，即提高土壤蓄纳降雨的能力，减少土壤蒸发和作物叶面过度蒸腾是旱作农业可持续发展的核心问题。集雨与雨养农业技术措施的综合配套，才能取得最佳的节水增产效益。目前，广泛使用或推广的集雨减耗农艺技术有蓄水保墒耕作、覆盖保墒、培肥改土、水肥耦合高效利用、化学制剂节水保墒、抗旱节水作物品种选用等专项技术以及这些技术的综合集成。

第一节　蓄水保墒耕作技术

耕作措施主要是提高土壤的蓄水保水能力，促进作物根系发育及植株生长，以及肥料的高效利用，从而达到增产增效的目的。我国北方农业生产中经常采用的耕作技术有以下几种。

一、深翻耕

深翻耕一般用有壁犁进行，目的在于增加土壤蓄纳雨水数量、消灭杂草、翻埋肥料与秸秆、减少病虫害等。深翻耕有以下几种效果：

（1）深耕增加土壤中的大孔隙，加速雨水的入渗速度，减少地面径流，增加蓄水量，提高农田的耐旱能力，使土壤持水量增加2%～7%。表7-1为河南省商丘市李庄试验区翻耕土壤含水率对照，结果显示，0～60 cm 土层内深翻耕的土壤含水率比不翻耕增加4.96%～5.77%，相当于每公顷多灌水400 m^3 左右。

表7-1　商丘市李庄试验区翻耕土壤含水率对照（0～60 cm 土层）

测定日期（年-月-日）	深翻耕土壤含水率（%）	不翻耕土壤含水率（%）	土壤含水率增加数（%）
1984-09-15	26.65	21.01	5.64
1984-09-18	25.64	20.68	4.96
1984-09-21	26.19	20.42	5.77

（2）深耕可以打破犁底层，创造深厚的耕作层，促进土壤熟化，增厚活土层，使土壤容重降低0.1～0.2 g/cm^3，非毛管孔隙率增加3%～5%，从而促进作物的根系发育。据山东省农业科学院试验，深耕34 cm 的田块，小麦根系可下扎到150 cm 深，而浅耕17 cm 的田块，小麦根系仅下扎90 cm 深。

（3）深耕可以促进根系对土壤肥料的吸收，从而促进植株生长。甘肃省农业科学院观测结果表明，秋耕地的土壤水解氮含量较未秋耕地高6.8 mg/kg。另有资料表明，深耕可以促进根系利用下层土壤的磷素。

深翻耕需要掌握好时间，才能达到最佳效果。一般应与当地雨季的来临相吻合，以便充分蓄纳降水。甘肃省农业科学院在庆阳彭厚乡试验结果显示，7月上、中、下旬深耕的农田比8月上旬深耕的农田，0～100 cm土层中的储水量分别高出20.63 mm、22.75 mm和11.75 mm，其中以7月中旬头伏深耕地的效果最佳。西北农学院1973～1974年在陕西蒲城县试验结果显示，伏前深耕的麦田，次年小麦每公顷产3 900 kg，头伏深耕的每公顷产3 375 kg，中伏深耕的每公顷产3 150 kg，三伏深耕的每公顷产2 640 kg，而伏后深耕的每公顷仅产2 400 kg。伏前比伏后深耕的增产62.5%。这也证明了“头伏耕地一碗水，二伏耕地半碗水，三伏耕地碗底水”这一传统经验是符合我国北方农田耕作的。因此，伏深耕要早，早则能将伏雨储入土壤之中。若地多一时耕不过来，可先进行浅耕灭茬或耙地灭茬，打破地表板结，增加降雨入渗。

至于秋季的深耕时间，一般宜于作物秋收后抓紧时间进行，秋耕的时间不同，对土壤蓄水量的影响也很大。据青海省农林科学院在湟中县的测定结果：秋收后及时深翻耕的，0～100 cm土层中的蓄水量达293 mm；秋收后第四天深翻耕的，蓄水量减少29.6 mm，第七天深翻耕的蓄水量减少56 mm；而秋收后10 d尚未翻耕的蓄水量减少65.6 mm。由此可见，作物秋收后应尽早翻耕，以减少地表蒸发，同时也可蓄纳部分秋季降水。此外，农田一般不宜板茬越冬，除风蚀严重或地面有积水的地区，均应争取当年进行秋深耕。据甘肃省农业科学院在庆阳的测试结果，前一年秋耕的田块，第二年春0～30 cm土层的土壤湿度为16.05%（谷茬）和17.97%（糜茬），而未秋耕的只有12.20%和14.63%。

至于春耕，一般宜早不宜迟，宜浅不宜深，早而浅则失墒少，迟而深则失墒多。

深耕深度宜把握有度，据西北农学院1982～1984年在陕西澄城试验结果，深耕比浅耕增产。但由于投资成本的制约，决不是愈深愈好，一般以20～22 cm为宜，深者也可加至25 cm左右，以遇上一次日降水量40～50 mm不产生严重径流为宜。在夏秋季无暴雨的地区，耕深宜浅一些，以减少表层浮墒的蒸发损失，同时可降低耕作成本。此外，沙土地通透性好，雨水一般下渗较快，则无须进行深耕。

深耕与耙耱保墒应密切结合，伏秋深耕后或雨后适时耙耱是一套完整的蓄水保墒措施，这样才能“借伏雨，增春墒”，只有前者，没有后者，将徒劳无功。

二、深松耕

深松耕是用无壁犁或松土铲只疏松土层而不翻转土层的一种耕作方式。前述的深翻耕虽可消灭杂草，翻埋肥料、秸秆及减少病虫害等，但翻耕过程中亦散失大量的土壤水分，尤其在干旱、半干旱地区，这是很不利的。此外，深翻耕所消耗的牵引力较大，工作效率较低，不利于抢墒及时播种。深松耕虽可克服这些缺点，但却不能翻埋肥料、杂草、秸秆及减少病虫害。为了克服这一缺点，常在深松耕之后再进行一次旋耕作业。

深松耕主要有以下两种方式：

（1）全面深松。应用深松犁全面松土，深松后耕层呈比较均匀的疏松状。此种方式所需动力较大，适于配合农田基本建设，改造耕层浅的黏质硬土。

（2）局部深松。应用齿杆、凿形铲或铧形铲进行松土与不松土相间隔的局部松土，松后地面呈疏松带与紧实带相间存在的状态。疏松带有利于降雨入渗，增加土壤水分，并且利于雨后土壤的通气及好气性微生物的活动，促进土壤养分的有效化；紧实带同时可阻止渗入耕层的水分沿犁底层在耕层内向坡下移动。因此，局部深松有明显的蓄水保墒增产效果。据宁夏固原观测资料，深松 30 cm 打破犁底层后，一般 30 ~ 60 cm 土壤中的储水量比对照多 8.6% ~ 30.1%，平均相当于全年多蓄雨 80 mm 左右，或相当于每公顷多灌一次 800 m^3 的水；据新疆农垦科学院资料，新疆生产建设兵团农三师普遍实施深松耕 40 ~ 50 cm，土壤孔隙度提高 8.85%；辽宁省西部风沙地试验结果表明，深松地玉米较平翻后种植的玉米增产 18.7%。局部深松可在播种前的休闲地上进行，也可在播种后苗高 20 ~ 30 cm 时的行间进行。

振动深松是在原有深松技术的基础上，通过引进、开发多功能振动式深松机，实施土壤深松的一项新技术。振动深松较一般深松有着节省能源，减振效果好，在深松的范围内土壤全部膨松，不扰乱土层，适用于各种土壤等优点。根据黑龙江省水利科学研究院 2003 年试验，经振动深松后，当耕作层为黑土时，土容重下降 0.02 ~ 0.15 g/cm^3；当耕作层为白浆土和盐碱土时，土壤容重分别下降 0.04 ~ 0.18 g/cm^3 及 0.10 ~ 0.19 g/cm^3；土壤孔隙率增加 5% ~ 10%，固相率减少 2.2% ~ 7.2%；20 ~ 30 cm 土层渗透系数由 3.83×10^{-4} cm/s 增大至 4.85×10^{-4} cm/s。在当年 6 月 30 日至 7 月 10 日降雨 104.6 mm 条件下，深松比不深松 0 ~ 50 cm 土层多蓄水 24.1 mm。因此，振动深松加大了土壤深松层的“土壤水库”库容，提高了土壤储水保墒能力。

三、耙耱保墒

首先，翻耕以后土壤松土层加深，大孔隙增多，且湿土层翻至地表，土壤蒸发量急剧增大，尤其秋深耕以后，雨季已过，气温尚高，及时耙耱将显著减少土壤水分的损失，并能减少在地表形成干土块，为春播奠定基础。表 7-2 为秋耕后耙耱与不耙耱的对比试验结果。如果秋耕结合施肥并进行耙耱，其保墒效果则更好，经过秋耕、施肥、耙耱保墒的地，次年春季干旱时，只要耙松地表即可播种，比进行春耕施肥要安全得多。

表 7-2　秋耕后耙耱与不耙耱的对比试验结果

测定项目	耙耱	不耙耱
核桃大以上的坷垃数（个/m^2）	12	79
干土层深度（cm）	5	8
0 ~ 10 cm 土壤含水率（%）	14	11

其次，伏深耕以后，在经常出现伏旱的地区，也应注意耕后耙耱保墒。西北农业大学在关中地区休闲田内观察结果表明，伏耕后的雨后耙地保墒或中耕保墒比不进行保墒的田地减少蒸发损失近 50%。可见，夏闲期间虽属雨季，但对雨后耙地或中耕保墒工作仍不能忽视。同时，夏季雨后耙耱还可以破除雨后形成的地表板结，为纳蓄第 2 次降

水创造条件。夏季耙地或中耕一般在雨后或灌水后 2 ~ 3 d 地面呈现花白时进行，保墒效果较好，过早或过迟均非所宜。但入秋以后耙地必须与耱地相结合，或横耙、直耙、斜耙交互进行，务求把土地耙透、耙平，形成“上虚下实”的耕作层，以免跑墒，以防秋旱，为秋播全苗创造良好的条件。

再次，早春解冻土壤返浆期间，土壤上层水分比较充足，也是耙地保墒的重要时期。在土地刚刚解冻 3 ~ 4 cm 深，昼消夜冻，就宜开始耙地，即“顶凌耙地”。后随消随耙，反复纵横交错 2 ~ 3 次。早春耙不仅应在冬闲地上进行，在越冬后的冬小麦地上也可垂直于麦行横耙，既保墒，又能清除枯叶，刺激冬麦恢复生长。

四、中耕保墒

深翻耕与深松耕是以增加土壤蓄水能力为主要目的，而中耕浅耙则是以有效地切断土壤毛细管，在耕层地表形成干土层，从而减少土壤蒸发为主要目的。据河南省商丘市李庄试验区试验，冬前在小麦分蘖期间中耕处理的 0 ~ 60 cm 土层内的土壤含水率 8 d 后减少 0.5%，而不处理的则减少 1%；同样在春季小麦拔节期，中耕 18 d 后 0 ~ 40 cm 土层的含水率减少 0.3%，而不中耕处理的则减少 0.7%。

此外，中耕对植株生长能起到较好的促进作用，从而增加作物产量。河南省商丘市李庄试验区试验结果表明，麦田在冬、春雨后及时中耕，不仅减少了土壤水分无效消耗，而且能破除表层土壤板结，提高地温，有利于小麦根系生长，促进麦苗健壮。各种结果显示，中耕处理的小麦穗数、穗粒数、千粒重均高于不中耕处理的，经济系数也较高（见表 7-3）。中耕处理比不中耕处理的每公顷增产 4.3%。

表 7-3　中耕与不中耕处理结果对比

处理	株高（cm）	小麦穗数（个）	不孕穗（个）	穗粒数（个）	千粒重（g）	经济系数
中耕	96.4	15.5	1.8	31.5	43.4	0.393
不中耕	90.3	15.1	1.5	29.0	42.0	0.375

旱地麦田的中耕适宜时期，以耕层土壤含水率在 17% 以上进行效果较好，低于 15% 时效果较差。因此，在雨雪之后需及时中耕保墒，破除表层板结，减少土壤蒸发。

五、少耕与免耕保墒

在机械化作业条件下，连年翻耕将加速土壤有机质的消耗，或引起土壤水分的大量散失，裸地的土壤侵蚀也会加剧，同时翻耕机械消耗能量大，作业成本高。国内外对少耕或免耕的耕作方法进行了研究、试验和推广，少耕与免耕法在东北、华北、西北等地区得到普遍应用。据黑龙江省农科院黑河农业科学研究所 1979 ~ 1982 年的试验，麦茬搅垄（沟松）种大豆，比连年翻耕的植株稍高，叶面积大，干物质重，净光合生产率也高，3 年平均每公顷增产 91.5 kg；在保墒方面，搅垄耕作的土壤湿度高于秋翻；在经济效益和降低成本方面，3 年平均搅垄（沟松）比连年翻耕降低耕作成本 23.4%，每公顷平均纯收益增加5.7%。

免耕硬茬播种是半湿润偏旱的华北及关中一年两熟地区，在冬小麦收后复种夏玉米时常采用的一种保墒耕作方式。冬小麦收割后时值当地高温季节，土壤蒸发强烈，而且农事紧张，若犁后整地再播种，不仅费工费时，土壤水分损失也较严重，往往导致出苗不齐。硬茬播种后，待苗高15～20 cm以后，再于行间进行浅耕或深中耕，以接纳伏雨。这种耕作方式既可减少犁地造成的土壤水分散失，又可保证早播及全苗，有利于夏玉米生长及高产。有的还与秸秆覆盖相结合，以提高土壤保肥、保水能力和创造良好的土壤结构。

免耕与覆膜结合在甘肃也得到了应用。覆膜再利用免耕技术是在第一茬作物收获时不揭膜，当年或翌年春季在原有地膜上播种下茬作物。据甘肃农业节水与土壤肥料管理总站2004年在武山县调查，覆膜再利用免耕模式包括：麦收后复种地膜西葫芦原膜点播冬油菜；覆膜西葫芦原膜翌年点播玉米；冬油菜复种地膜菜豆原膜翌年点播玉米；覆膜玉米原膜翌年点播玉米等。经2004年4～7月试验测定，采用地膜覆盖再利用免耕技术，0～60 cm土层含水率较常规地膜处理高0.51%～1.06%。经对122户12.7 hm^2 产量、产值调查，上述种植模式产出与投入比平均为4.77:1。其中，小麦复种地膜西葫芦原膜点播油菜与单种小麦比较，仅西葫芦从种到收不足80 d，每公顷增加产值为13 670元，扣除生产性成本2 045元，每公顷纯收入增加11 625元，产投比达到6.7:1。

第二节　覆盖保墒技术

灌溉水或蓄纳的雨水能否较长时间地保存在土壤中，关键在于保墒。本章第一节阐述的几种耕作保墒措施，能在一定程度上减少土壤水的蒸发损失，但远不及覆盖保墒效果明显。目前，比较常用且能广泛适用的覆盖保墒措施有秸秆覆盖和地膜覆盖，历史悠久的砂石覆盖措施在西北部分地区也得以延续至今。

一、秸秆覆盖

秸秆覆盖是指利用农副产物（如茎秆、落叶等）或绿肥为材料进行的地面覆盖，一般多用麦秸和玉米秸。

（一）秸秆覆盖的效果

1. 改善农田水分状况

田间试验结果表明，秸秆覆盖能显著改善农田水分状况。表7-4、表7-5分别列出了中国农业科学院农业气象研究所所做的麦田休闲期覆盖的保墒效果和小麦、玉米生育期覆盖对土壤蓄水量、土壤供水量的影响。由表7-4、表7-5可看出，麦田休闲期覆盖，其麦播前100 cm和200 cm土层的含水率分别提高2.5个百分点和1.7个百分点，储水量分别增加15.0 mm和21.0 mm，而生育期的土壤蓄水量和土壤供水量无论冬小麦、春玉米均有较大幅度的提高。

表 7-4　麦田休闲期覆盖的保墒效果

土层深度（cm）	播前土壤含水率（占干土重的百分数,%）			播前土壤储水量（mm）		
	覆盖	对照	差值	覆盖	对照	差值
100	17.7	15.2	2.5	248.0	233.0	15.0
200	18.3	16.6	1.7	503.8	482.8	21.0

表 7-5　小麦、玉米生育期覆盖对土壤蓄水量、土壤供水量的影响　（单位：mm）

处理	冬小麦田		春玉米田	
	土壤蓄水量	土壤供水量	土壤蓄水量	土壤供水量
覆盖	153.4	261.3	207.0	232.7
对照	105.6	237.2	137.7	199.8
差值	47.8	24.1	69.3	32.9

据中国科学院石家庄农业现代化研究所2001年和2002年试验，麦秸覆盖的夏玉米在苗期（6月至7月中旬）比不覆盖的棵间蒸发分别减少了63.6%和71.5%。2001年试验，夏玉米整个生育期覆盖的棵间蒸发量比不覆盖的减少56.5 mm；2002年减少47.7 mm。节余的土壤水分更多地变为作物叶面蒸腾，增加了作物的有效产出。

2. 调节地温

表7-6列出了水利部中国农业科学院农田灌溉研究所在河南省商丘市试验区做的小麦越冬期间地温比较试验结果。由表7-6可看出，秸秆覆盖在冬季有增温作用。这主要是秸秆覆盖后，覆盖层对太阳直接辐射和地面有效辐射的拦截作用，使冬季温度较高，生长季节温度较低。据测定麦田5 cm地温，秸秆覆盖田冬季偏高0.5～1.9 ℃，冻土层厚度浅5 cm左右，解冻期提前10 d左右，冬小麦返青提早4～5 d。而春季秸秆覆盖田地温偏低0.8～2.1 ℃，尤以返青拔节末期较为明显，而后随着叶面积指数的增加，遮荫率加大，秸秆覆盖对地温的影响越来越小。由于秸秆覆盖地春季温度偏低，致使小麦拔节、抽穗、成熟晚2～3 d。表7-7列出了中国农业科学院农业气象研究所做的春玉米土壤温度的对比试验结果，秸秆对春玉米田地温的影响特点是生育前期较大、生育后期较小。如6月份5 cm地温降低0.4～1.2 ℃，8月份降低0.1～0.3 ℃。

表 7-6　小麦越冬期地温比较试验结果

处理	不同土层深度的地温（℃）		
	0 cm	5 cm	15 cm
覆盖	0.10	−0.30	1.04
对照	−0.83	−0.72	0.52
差值	+0.93	+0.42	+0.52

表 7-7　春玉米土壤温度对比试验结果

土层深度	处理	6月			7月			8月			9月	
		上旬	中旬	下旬	上旬	中旬	下旬	上旬	中旬	下旬	上旬	中旬
5 cm	覆盖	17.5	21.0	22.3	20.7	21.5	21.7	21.8	21.4	16.8	17.4	15.6
	对照	17.9	22.2	22.7	21.2	21.7	22.3	22.0	21.7	16.7	17.8	16.1
	差值	-0.4	-1.2	-0.4	-0.5	-0.2	-0.6	-0.2	-0.3	0.1	-0.4	-0.5
10 cm	覆盖	18.2	21.5	23.0	21.1	21.8	22.6	22.4	21.9	17.8	18.3	16.8
	对照	19.5	23.1	24.1	21.8	22.2	22.6	22.3	21.9	17.6	18.4	16.9
	差值	-1.3	-1.6	-1.1	-0.7	-0.4	0	0.1	0	0.2	-0.1	-0.1

据中国科学院石家庄农业现代化研究所进行的麦秸覆盖夏玉米田试验，5 cm 地温的变化情况表明，生长初期的 7 月份，覆盖具有明显的降低地温作用，日均地温比不覆盖低 2.39 ℃；随着叶面积指数的增大，覆盖的降温作用逐渐减小，8 月份日均地温覆盖比不覆盖低 0.33 ℃；9 月份低 0.39 ℃。在高温季节，温度的降低能减少土壤水分的蒸发，增强土壤的保墒效应，且在盛夏酷暑时降低根部土壤温度，能为作物生长创造适宜的土壤环境，对防止夏玉米早衰具有重要意义。

3. 改善土壤性状、培肥地力

秸秆覆盖田面可使土壤免受雨滴的直接冲击，保护土壤表层结构，同时秸秆深翻入土后又会改善土壤性状，培肥地力。表 7-8、表 7-9 为中国农业科学院在河南省清丰县所做的连续两年秸秆覆盖后土壤物理性状的变化及对耕层土壤养分的影响。由表 7-8、表 7-9 可看出，秸秆覆盖并翻入土壤使容重降低、孔隙度增加、土壤养分增加。

表 7-8　连续两年秸秆覆盖后土壤物理性状的变化

处理	土壤容重（g/cm^3）		土壤孔隙度（%）	
	0 ~ 10 cm	10 ~ 20 cm	0 ~ 10 cm	10 ~ 20 cm
对照	1.456	1.413	45.06	46.68
施用化肥	1.402	1.389	47.10	47.59
覆盖	1.352	1.342	48.99	49.36
差值（覆盖 - 对照）	-0.104	-0.071	+3.93	+2.68

表 7-9　连续两年秸秆覆盖对耕层土壤养分的影响

处理	有机质（%）	全氮（%）	碱解氮（μg/g）	速效磷（μg/g）
覆盖	1.61	0.112	72	14
对照	1.50	0.104	63	8
差值	0.11	0.008	9	6

4. 提高作物产量及水分生产效率

由于覆盖明显改善了田间水肥条件，从而促进作物产量的增加及水分生产效率的提高。表7-10为河北省灌溉中心试验站秸秆覆盖条件下节水效益对比试验结果。表7-11为中国科学院石家庄农业现代化研究所秸秆覆盖对夏玉米耗水量、产量和水分生产效率影响的对比试验结果。由表7-10、表7-11可以看出，秸秆覆盖对冬小麦、夏玉米均有增产作用，而耗水量变化不大，冬小麦水分生产效率提高21.4%，夏玉米不同年型提高2%～15.9%，5年平均提高11.8%。

此外，秸秆覆盖还具有抑制杂草、减少病虫害等多种效果。

表7-10　秸秆覆盖条件下冬小麦节水效益对比试验结果

项目	产量(kg/hm²)	耗水量(mm)	耗水系数(mm/kg)	耗水系数减少率(%)	水分生产效率(kg/(mm·hm²))	说明
不覆盖	4 877	360.0	0.073 8		13.55	同灌水1～3次，灌水定额600～750 m³/hm²
秸秆覆盖6 000 kg/hm²	5 690	346.1	0.060 8	17.6	16.45	
秸秆覆盖7 950 kg/hm²	5 855	347.0	0.059 3	19.8	16.87	

表7-11　秸秆覆盖对夏玉米耗水量、产量和水分生产效率的影响的对比试验结果

年份	处理	降雨量(mm)	灌水量(mm)	土壤耗水量(mm)	总耗水量(mm)	产量(kg/hm²)	耗水系数(mm/kg)	水分生产效率(kg/(mm·hm²))
1987	覆盖	139.1	120	106.9	366.0	5 570	0.0657 1	15.2
	不覆盖	139.1	120	101.2	360.3	5 090	0.070 78	14.1
1993	覆盖	268.3	68.4	-69.2	267.5	5 890	0.045 41	22.0
	不覆盖	268.3	72.1	-29.2	311.2	5 890	0.052 83	18.9
1998	覆盖	75	202.7	-14.5	263.3	5 630	0.046 77	21.4
	不覆盖	75	174.6	46.7	296.3	5 620	0.052 72	19.0
2001	覆盖	217.0	146.8	-32.4	331.4	7 370	0.044 97	22.2
	不覆盖	217.0	133.5	-16.7	333.8	6 530	0.051 11	19.6
2003	覆盖	212.2	70	48.3	330.5	6 800	0.048 60	20.6
	不覆盖	212.2	70	46.8	329.0	6 630	0.049 62	20.2

注：土壤耗水量栏中负值表示夏玉米收获时土壤蓄水量较播种时增加。

（二）秸秆覆盖材料、覆盖量及覆盖方法

1. 覆盖材料

麦秸或其他作物的有机残体，其长度在30 cm以下为好，玉米、高粱等高秆作物，可采用整株秸秆用于冬闲地和中耕作物行间覆盖，这样省肥、省工、省钱，又不易被冬

春大风吹移。

2. 覆盖量

夏冬休闲期以每公顷覆盖秸秆4 500 ~ 6 000 kg为宜。麦播后（出苗前）或越冬前以每公顷覆盖秸秆3 750 ~ 4 500 kg为宜，多于4 500 kg/hm^2，可能发生压苗及烧苗现象，少于3 750 kg/hm^2，则其保墒效果不理想。玉米、高粱整株秸秆覆盖量（用于冬闲地和中耕作物行间覆盖）约6 000 kg/hm^2，以盖严为准。

3. 覆盖方法

麦田休闲期覆盖是在麦收、翻耕灭茬、耙耱后随即把秸秆均匀地覆盖在地面上，小麦播种前10 ~ 15 d将秸秆翻压还田，结合整地，并根据土壤养分状况深施适量尿素450 kg/hm^2、磷肥600 kg/hm^{2}做底肥。麦田生育期覆盖可在播种后（必须在出苗前）、冬前（小麦开始越冬后）和返青前覆盖，以冬前覆盖最好。覆盖时必须将秸秆撒均匀，力求避免厚薄不匀。如要追肥，则可在覆盖前耧施适量尿素，并将地面耱平。小麦成熟收获后将秸秆翻压还田。

春播作物覆盖秸秆的时间，玉米以拔节初期（小喇叭口）、大豆以分枝期为宜。盖秸前结合中耕除草，追施适量尿素，然后将秸秆均匀地撒在棵间或行间，成熟收获后将秸秆翻压还田；夏播作物生育期覆盖方式，最好是在小麦收割时适当留高茬15 cm左右，待夏播作物出苗后，结合中耕灭茬，把根茬覆盖在棵间或行间。

二、地膜覆盖

地膜覆盖主要用于栽培棉花、蔬菜、玉米、花生、瓜类等作物。近年来，随着设施农业的发展，地膜覆盖在温室大棚蔬菜、瓜果等作物种植上也得到普遍应用。此外，小麦也在推广覆膜穴播技术。与前述的秸秆覆盖相比，地膜覆盖不仅保墒效果明显，对土壤水的抑蒸力达80%以上，而且克服了秸秆覆盖所引起的春季地温下降等不足，但地膜覆盖不及秸秆覆盖能改善土壤性状和增进肥力。表7-12为山西省水利厅在不同地区试验所得棉花地膜覆盖耗水量、产量比较结果，由此可看出，地膜覆盖具有节水增产双重效应，6个试验站节水量444 ~ 978 m^3/hm^2，增产量165 ~ 496 kg/hm^2。

表7-12　棉花地膜覆盖耗水量、产量比较结果

试验站名称	总耗水量（m^3/hm^2）			灌溉定额（m^3/hm^2）			产量（kg/hm^2）		
	覆盖	不覆盖	节水量	覆盖	不覆盖	少灌水量	覆盖	不覆盖	增产量
夹马口	6 075	6 615	540	2 220	2 685	465	1 253	1 005	248
红旗	3 640	4 618	978	592	976	384	1 566	1 227	339
利民	5 049	5 623	574	270	300	30	1 393	1 228	165
潇河	4 548	4 992	444	1 530	1 726	196	768	589	179
曲堤1	5 322	6 193	871	1 920	2 362	442	1 264	796	468
曲堤2	4 918	5 370	452	1 312	1 710	398	1 228	732	496

表7-13、表7-14分别为渭北旱塬地区冬闲地不同覆盖措施下土壤水分损失量与玉米产量的比较结果。由表7-13、表7-14可看出，保墒效果地膜覆盖好于秸秆覆盖，在地膜覆盖中黑色地膜略优于透明地膜；玉米产量亦然，地膜覆盖高于秸秆覆盖，在地膜覆盖中黑色地膜略高于透明地膜。

表7-13　冬闲地不同覆盖措施下土壤水分损失量的比较　（单位：mm）

项目	土层深度（cm）	平作裸地无覆盖	平作秸秆覆盖	起垄透明地膜覆盖	起垄黑色地膜覆盖
甘薯茬地11月15日至翌年3月14日观测结果	0~30	15.3	13.6	5.7	-1.1
	30~100	31.9	29.0	16.1	19.1
	100~200	23.7	17.4	23.2	22.0
	0~200	70.9	60.0	45.0	40.0
玉米茬地11月27日至翌年3月18日观测结果	0~30	13.7	8.5	2.2	0.6
	30~100	16.5	16.5	9.2	6.9
	100~200	17.1	13.7	16.8	9.8
	0~200	47.3	38.7	28.2	17.3

表7-14　不同覆盖措施下玉米产量的比较结果

项目		裸地无覆盖	秸秆覆盖	透明地膜覆盖	黑色地膜覆盖
籽粒产量	kg/hm^2	5 098.5	5 805	6 450	6 615
	%	100	113.9	126.5	129.7

新疆昌吉市针对当地蒸发强烈的气候特点，在地膜棉花的基础上，采用膜上膜覆盖技术，取得显著增产效果。通过改装宽膜精量播种机，在宽膜的苗带上再覆盖30~40 cm的窄膜（膜厚0.004 mm），并压土确保窄膜两边与宽膜密切结合，起到保温、保墒、不透风、防止土壤板结的作用，有利于早出苗。待出苗率达到80%左右时揭掉窄膜。该项技术可实现作物早播、早熟。经与单膜棉花对比调查，膜上膜地块单产6 378.6 kg/hm^2，比单膜地块每公顷增产576.15 kg，扣除窄膜增加的投入，效益十分明显。

三、砂石覆盖

砂石覆盖是我国甘肃半干旱地区农民在同干旱、土壤侵蚀长期斗争中创造的一种蓄水、保墒、抗旱稳产增产的特殊覆盖免耕方式，也称为“砂田”，距今已有300多年的历史了。主要分布在甘肃省中部有砂石来源的地区，青海省东部、山西省部分地区亦有应用。砂田是由大小不等的河卵石或冰碛石与粗砂的混合物覆盖在农田表面形成的，分为水砂田和旱砂田，水砂田覆盖物厚度为5~6 cm，旱砂田覆盖物厚度为15~18 cm。

（一）砂石覆盖效果

1. 提高农田蓄水保墒性能

砂层覆盖于土壤表面，因与土壤的毛管联系较少，大大减少了土壤水分上升由表面蒸发所造成的损失，而砂层颗粒粗，形成的孔隙较大，又有利于降水的迅速入渗。据研究报道，铺了砂石的农田水分渗透率较未铺砂石的增加 9 倍，而每天的蒸发量仅为未铺砂石的 1/5（砂石蒸发量每天 1.8 mm，而对照为 9.0 mm）。据兰州大学测定，在同等条件下，砂田的土壤含水率要比土田高出 1.28% ~2.96%。在春旱的条件下，砂田土壤水分仍有13.8%,能保证春麦的播种和正常出苗，而土田含水率仅有 7.2%，常因土干而不能下种。

2. 提高地温

砂田具有明显的增温和保温效果，砂石覆盖的农田提前 10 d 左右解冻，推迟 20 d 左右上冻，并促进作物提早成熟，改进品质。砂田增温的原因在于，砂砾色深，热容量小，热传导率高，升温较快；同时，砂田蒸发量小，耗热量小，热量不易散失，温度变化相对较稳定。据甘肃省农业科学院观测，3 ~9 月间，新砂田 0 ~20 cm 土温比土田平均高 2.2 ~2.7 ℃。春小麦播后比土田早出苗 5 ~7 d，早成熟 10 d 左右；棉花早出苗 5 ~6 d,早成熟 15 d 左右，霜前花显著增加。喜温蔬菜一般可提早收获 10 ~20 d。

3. 保持水土，防止风蚀，降低盐碱危害

砂田因砂层覆盖土壤不直接受降水的冲击与风力的吹蚀，有明显的保持水土和防止风蚀的作用。由于铺砂降低了土壤蒸发量，同时减少了盐分随水上升在土壤上层的积累，因此盐碱地铺砂后，土壤上层的盐分有逐年下降的趋势。甘肃省农业科学院的资料表明，0 ~30 cm 土层含盐量，新砂田比土田相对减少 27.6%，中砂田相对减少 37.5%，老砂田相对减少 42%。同时，由于砂田长期免耕，处于密实状态，通气性差，养分分解较一般耕作土壤慢，损失量也大为减少。表现在作物产量上，若不补充肥料，铺砂后连续种植 20 年，产量仅降低 20% 左右；若对砂田补充肥料，产量会很快提高。

4. 减少病虫害及杂草危害

砂田与土田相比，作物病虫害及杂草明显减少，据皋兰县调查，土田春小麦腥黑穗病发病率平均 20%，最高 38%，而铺砂田春小麦全部无病；农田铺砂后杂草明显减少，一般较土田减少 70% ~80%。

5. 增加作物产量

由于砂田有以上优点，使得作物产量与品质比土田均有所提高。一般年份谷类作物产量提高 1 ~3 倍，棉花产量提高 50% ~80%；砂田作物品质也优于土田，砂田春小麦蛋白质含量比土田相对提高 21%，甜瓜含糖量可达 11% ~13%，砂田的蔬菜不仅上市早，而且也特别肥嫩可口。

（二）砂田的施工与维护

砂田在铺设前，一般先休闲一年，以储蓄降雨，休闲期间进行深耕翻，并要施足底肥（有机肥），然后耙平压实，越冬时期地冻时进行铺砂，铺砂后实行长期免耕。为了接纳降雨、清除杂草，在作物生长期间或夏秋降雨较多之际，需要进行耖砂，使砂层疏松，以利于降雨入渗。

砂田使用年限，水砂田一般为 5～6 年，旱砂田可长达 40 年，因而砂田有新、中、老之分。砂田经长期耕种之后，砂层内混入的细土日渐增多，砂层的保水及其他良好功能亦逐渐丧失，作物产量也会日趋下降，至一定程度必须将旧砂层全部移出田外，重新犁耕、蓄墒、施肥、铺砂，使砂田更新，恢复功能。

砂田的推广除受砂源限制外，主要是作业的机械化问题，应加快研制适用于砂田作业的农业机械。

第三节　培肥改土技术

农田土壤的水分生产效率与土壤肥力的高低有密切关系，肥力较高和合理施肥的土壤，有利于作物根系生长，即使上层土壤缺水，根系仍能下扎吸收深层土壤水分，供给作物上部需要；同时，合理施肥提高了作物产量，在相同耗水量的条件下，水分生产率也高。相反，土壤肥力低、贫瘠，作物生长不良，根系无力下扎利用深层土壤水分，则使产量低而不稳。据甘肃省定西地区调查，土壤有机质含量 1.02%～1.24%、施农家肥 30 000 kg/hm^2、施氮肥 33 kg/hm^2 的地块，比土壤有机质含量 0.65%、施农家肥 15 000 kg/hm^2、施氮肥 33 kg/hm^2 的地块，小麦产量提高 1.6 倍，水分生产效率提高 1.3 倍；据河南省商丘市试验区试验，高肥区比中肥区麦田产量提高 32.7%，水分生产效率提高 33.8%（见表 7-15）。

表 7-15　不同肥力麦田水分生产函数

耗水量（mm）	产量（kg/hm^2）		耗水系数		水分生产效率（kg/mm）	
	高肥区	中肥区	高肥区	中肥区	高肥区	中肥区
330	6 270	4 545	526.3	726.1	1.27	0.92
375	6 345	4 710	591.0	796.1	1.13	0.84
435	6 450	4 920	674.4	884.1	0.99	0.75
480	6 090	4 695	788.1	1 022.0	0.85	0.65
540	6 060	4 650	891.1	1 161.0	0.75	0.57
平均	6 243	4 704	694.2	918.0	1	0.75

培肥改土技术采取的措施有以下几种。

一、增施有机肥

土壤中的有机质和有机无机复合胶体是高产肥力的物质基础，增施有机肥料，不仅增加土壤养分，而且促进微生物活动，有机质经微生物分解后形成腐殖质中的胡敏酸，它可把单粒分散的土壤胶结成团粒结构的土壤，使空隙度增大，土壤容重变小，增加土壤蓄纳雨水或灌溉水的能力。因此，增施有机肥既能提高土壤肥力，又可改善土壤结构，增大土壤涵蓄水分的能力，达到以肥调水，增加作物产量，提高水分生产效率的效果。据中国农业科学院和河北省农林科学院土壤肥料研究所研究，在小麦每公顷产3 750 ~ 4 500 kg、土壤耕层含腐殖质1.54%的水浇地上，每年每公顷施入37 500 kg有机肥，三年平均耕层土壤腐殖质增加0.04%。在一年两熟小麦每公顷产量3 000 kg左右的水浇地上，每年施45 000 kg优质有机肥，两年后0 ~ 30 cm土层中的有机质由1.12%上升到1.25%，积累速度为每年0.065%，而不施肥的对照田有机质含量则以每年0.06%的速度下降。

增施有机肥对提高土壤速效养分，特别是速效磷的供应水平效果显著。质量好的厩肥中全磷含量高，速效磷达0.1% ~ 0.5%，比麦田中的含量高数百倍至数千倍以上，因此增施有机肥对于土壤有效磷的积累有重要作用。

西北农林科技大学在杨凌旱塬上进行不同施肥试验结果（见表7-16）表明：①增施有机肥可以提高夏闲期土壤蓄水保墒能力。1983 ~ 1986 年连续四年在夏季（6 ~ 10月）休闲地测定不同施肥量处理2 m土层储水量，施用有机肥比不施肥多储水82.6 mm。②施肥可以增加根系吸收土壤水的能力。经过培肥的土壤，促进了作物茎叶生长茂盛和根系发达，可以吸收更多的土壤水分。连续四年定点测定土壤水分表明，施肥处理2 m土层的土壤水分比不施肥者低1.66%，前者平均储水量为3 948 m^3/hm^2，而后者为4 440 m^3/hm^2，即施肥作物比不施肥的作物每公顷多吸收492 m^3的水。③施肥提高了降水生产效率。从施肥与不施肥每毫米降水生产小麦比较，施肥比不施肥提高了84.2%。再次证明了增施有机肥能做到“以肥调水”、“以肥增水”的作用。在集雨灌溉区通过增施有机肥，同样可达到减少灌水量、增加产量的目的。

表7-16　小麦不同施肥条件下的降水生产效率

处理	1983年		1984年		1985年		1986年	
	产量（kg/hm^2）	生产效率（kg/mm）	产量（kg/hm^2）	生产效率（kg/mm）	产量（kg/hm^2）	生产效率（kg/mm）	产量（kg/hm^2）	生产效率（kg/mm）
不施肥			5 070.0	0.37	3 667.5	0.25	3 315.0	0.53
厩肥 3.75 m^3/hm^2	5 227.5	0.62	7 879.5	0.57	6 285.0	0.44	5 040.0	0.80
厩肥 15 m^3/hm^2	6 052.5	0.71	7 822.5	0.56	6 330.0	0.44	6 382.5	1.01
厩肥 50 m^3/hm^2	5 992.5	0.71	8 565.0	0.62	6 322.5	0.44	6 459.0	1.02

根据各地经验，要求全面增施有机肥是难以办到的，因此应根据积肥数量和种类，采取分片轮施，结合轮作倒茬、用养结合来培肥地力。在有机肥量少的地区，可采用非腐解有机物（如麦秸、玉米秸等）直接还田来达到培肥改土、蓄水保墒、增产的效果，从而提高水分利用效率。

二、发展绿肥牧草，实施草田轮作

在旱农地区贫瘠土壤上种植绿肥牧草，实行草田轮作或套作绿肥，不仅对培肥地力有显著效果，而且对于改善生态环境、防止土壤侵蚀、实现农牧结合、增加收入都具有重要意义。甘肃定西水保站（现定西市水土保持局）对各种牧草改土效果进行了测定，如表 7-17 所示。

表 7-17　各种牧草改土效果比较（0～30 cm 土层）

处理	根系		有机质		0.25～5 mm 粒径团粒	
	含量（占干土重的百分数,%）	比较	含量（占干土重的百分数,%）	比较	含量（占干土重的百分数,%）	比较
一般农田对照	0.47	100	0.52	100	9.2	100
紫花苜蓿	7.18	1 527.7	2.30	442.3	32.25	350.5
白花草木樨	7.94	1 689.4	1.80	346.2	23.32	253.5
毛野豌豆	7.01	1 491.5	0.77	148.1	21.44	233.0
红豆草	2.69	572.3	1.03	198.1	17.55	190.8
苏丹草	2.73	580.8	0.87	167.3	10.92	118.7

草类作物改良土壤和提高土壤肥力的机理在于：①牧草类作物根系发达，穿透力强，特别是豆科草类作物，主根深达 2～3 m，紫花苜蓿主根可深达 3～6 m。发达的根系可以很好地疏松土壤，改善土壤的通透状况，加深活土层。②草类作物收割后，能给土壤留下大量含有丰富有机质、氮素和其他养分的根茬与枯枝落叶。③豆科牧草绿肥作物的根部有大量根瘤，是生产氮肥的“天然地下工厂”，里面含有无数的根瘤菌，吸收并固定空气中的氮素，增加土壤的含氮量。④除生物固氮外，草类作物对磷、钾等矿物质养分具有较强的富集能力，从而可以提高耕层土壤的有效养分含量。⑤对一些存在特殊障碍因素的低产土壤，如盐碱土、风沙土等，种草亦有很好的改良效果。

中国科学院、水利部水土保持研究所在黄土高原长期研究表明，切合实际的轮作能提高可供有效水的利用率，一般提高 2%～9%，如在澄城的试验表明，麦豆轮作可供有效水利用率达到 94%。试验还表明，轮作地无论干旱年、平水年、丰水年，都使籽粒产量和水分利用效率达到较高水平，3 年轮作小区的粮食产量比连作提高 36.4%～109.8%，水分利用率提高 25.1%～92%。黄土高原部分地方实行玉米和苜蓿、小麦和杂粮轮作，缓解了旱情，扭转了粮食产量徘徊不前的局面。

三、合理施用化肥、配方施肥

在适度范围内增施化肥尤其是根据土壤状况配方施肥，能显著改善地力，在总耗水量相差不多的情况下，其产量明显增长，从而耗水系数大幅度下降，水分生产效率提高。表 7-18 为宁夏固原地区不同肥力条件及配方施肥对主要作物耗水系数影响的对比试验结果，由此可看出，施肥对增加产量、降低耗水系数的效果十分明显，如半干旱区春小麦每公顷施 N150 kg + P75 kg 的处理比不施肥处理，总耗水量仅增加 51.3 mm，即增加12.1%，而产量增加 2 388 kg/hm²，即增长 409%，耗水系数降低 8.48，仅相当于不施肥的 22%。

表 7-18　宁夏固原地区不同肥力条件及配方施肥对主要作物耗水系数影响的对比试验结果

地区类别	作物	不施肥			N37.5 kg + P18.75 kg			N150 kg + P75 kg			N225 kg + P187.5 kg		
		产量(kg/hm²)	总耗水量(mm)	耗水系数	产量(kg/hm²)	总耗水量(mm)	耗水系数	产量(kg/hm²)	总耗水量(mm)	耗水系数	产量(kg/hm²)	总耗水量(mm)	耗水系数
半干旱区	春小麦	583.5	423.5	10.88	1 258.5	466.8	5.56	2 971.5	474.8	2.40	2 596.5	507.1	2.94
	糜子	850.5	379.7	6.70	1 872	395.0	3.16	3 642	405.3	1.66	3 504	400.1	1.72
	谷子	1 200	626.7	7.83	4 633.5	646.0	3.10	3 958.5	658.8	2.50	4 390.5	665.3	2.28
	马铃薯	3 354	668.6	3.00	4 510.5	681.4	2.26	7 068	679.8	1.44	6 720	676.5	1.52
干旱区	春小麦	568.5	327.9	8.66	882	303.1	5.15	1 887	315.5	2.50	1 609.5	315.5	2.94
	糜子	514.5	384.4	11.22	1 299	434.1	5.01	2 986.5	469.0	2.26	2 653.5	446.4	2.52
	马铃薯	1 411.5	481.4	5.12	2 037	486.4	3.58	3 886.5	488.9	1.88	4 620	559.0	1.81

注： 1. 作物耗水量中的降水量指前茬作物收获至本茬作物收获之间的全部降水量。
2. 测定土壤含水量深度均为 0 ~ 200 cm。
3. 肥力处理，施的纯 N 量中，农家肥和化肥各占 1/2。
4. 马铃薯产量折粮计算。

施用化肥要掌握合适的量。若将投肥量与作物耗水系数的关系用曲线图表示，如图 7-1所示（李永平，1984）。从图 7-1 可以看出，随着施肥量的增加，土壤肥力提高，耗水系数逐渐下降。但耗水系数存在最低值，若再增施肥料，则耗水系数又出现回升，因此提倡合理施肥，超量施肥并非合理。

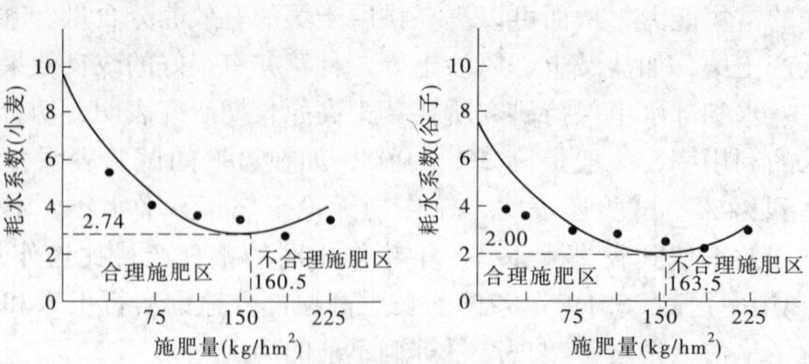

图 7-1　投肥量与耗水系数关系图（以两年平均资料作图）

此外，各地地力基础不同，土壤营养元素的丰缺情况不同，因此施肥种类、用量、配合比例应有所不同，宜根据当地土壤养分状况，确定适合本地区的节水增产配肥方案。

第四节　水肥耦合高效利用技术

水肥耦合技术是针对不同作物生长所需施肥量、施肥时间与灌水量、灌水时间合理配置，以达到水肥被作物充分利用的先进技术。水肥在作物生长发育过程中是两个相互影响、相互制约的因子，适宜的灌水可以促进肥料的转化及吸收利用，合理的施肥则能使水分利用效率提高。过量灌水与施肥，不仅不能增产，而且增加农业成本，造成资源浪费，并导致地下水的污染。

一、冬小麦水肥耦合试验

据1999～2000年在桓台县的试验，对冬小麦做了8种水肥组合处理，不同水肥组合下冬小麦产量列入表7-19。试验结果表明，春后灌2水的总灌水量虽少于灌3水的总灌水量，但由于灌2水的后期灌水量增大，发挥了水肥耦合效应，促进了灌浆，增加了千粒重，所以平均产量增加337.5 kg/hm^2；同一灌水处理下施肥少的Ⅲ、Ⅳ两个处理反而比施肥多的产量高，说明只有水肥合理配置，才能使土壤中的肥料溶液浓度更适宜作物吸收。在整个试验中，小麦单产以Ⅲ、Ⅳ处理最高，平均在7 950 kg/hm^{2}左右，水分生产效率1.85～1.87 kg/m^3。试验说明，在当年的降雨与土壤养分条件下，冬小麦灌水量273 mm，施N133～162 kg/hm^2、$P_2O_5$46～75 kg/hm^2、K46～75 kg/hm^2，获得最高产量和最高水分生产效率，再增加灌水量或施肥量，产量与水分利用效率反而下降，说明只有水肥组合得当，才能在一定产量水平下，取得高产、高效、低耗的效果。

表7-19　不同水肥组合下冬小麦产量

处理号	灌水量（mm）	总耗水量（mm）	施肥总量（kg/hm^2）			平均穗长（cm）	穗粒数（个）	千粒重（g）	产量（kg/hm^2）	水分生产效率（kg/m^3）
			N	P_2O_5	K					
Ⅰ	273	431	218	131	131	9.07	51.0	48.1	7 740	1.80
Ⅱ	273	431	189	102	102	9.01	50.6	47.1	7 800	1.80
Ⅲ	273	431	162	75	75	9.03	49.5	48.4	8 085	1.87
Ⅳ	273	431	133	46	46	8.87	46.7	49.4	7 995	1.85
Ⅴ	291	467	218	131	131	9.27	51.5	47.4	7 620	1.63
Ⅵ	291	467	189	102	102	9.15	46.1	47.3	7 335	1.57
Ⅶ	291	467	162	75	75	9.16	48.8	47.9	7 425	1.59
Ⅷ	291	467	133	46	46	8.98	50.7	49.8	7 890	1.69

注：各处理除均灌越冬水外，Ⅰ～Ⅳ处理春后灌2水；Ⅴ～Ⅷ处理春后灌3水。生育期降水119 mm。

二、春小麦水肥耦合试验

甘肃省定西黄绵土试验区 1997 年和 1998 年进行了春小麦水肥耦合互馈效应的试验，按施肥量、灌水量不同共设置 12 个处理，其中不施肥、不灌水为对照（T_{12}）。1997 年春小麦生育期降水量 167 mm，播前降水量 109. 6 mm，合计 276. 6 mm，比历年减少31. 1%，对春小麦生产属于特旱年份；1998 年春小麦生育期降水量 289. 1 mm，比历年同期多 17. 5%，属于丰水年。两年试验结果见表 7-20。

表 7-20　不同水肥组合下春小麦产量与水分利用效率

代码	处理				1997 年			1998 年		
	N (kg/hm²)	P_2O_5 (kg/hm²)	1997 年灌水量 (mm)	1998 年灌水量 (mm)	耗水量 (mm)	产量 (kg/hm²)	水分利用效率 (kg/hm²)	耗水量 (mm)	产量 (kg/hm²)	水分利用效率 (kg/hm²)
T_1	105	105	100	120	324. 8	815	2. 509	382. 9	2 258	5. 897
T_2	105	105	0	0	216. 6	210	0. 970	289. 1	1 855	6. 416
T_3	31	31	75	90	288. 8	782	2. 708	352. 5	2 090	5. 929
T_4	179	31	75	90	279. 7	592	2. 117	370. 0	1 422	3. 843
T_5	31	179	75	90	283. 2	815	2. 878	359. 2	2 288	6. 370
T_6	179	179	75	90	283. 2	654	2. 309	364. 1	1 800	4. 944
T_7	210	105	25	25	253. 3	462	1. 824	305. 8	1 214	3. 970
T_8	0	105	25	25	236. 5	346	1. 463	301. 8	1 975	6. 544
T_9	105	210	25	25	232. 5	522	2. 245	297. 6	2 297	7. 718
T_{10}	105	0	25	25	229. 5	436	1. 900	305. 3	1 115	3. 652
T_{11}	105	105	50	60	271. 0	590	2. 177	337. 6	1 957	5. 797
T_{12}	0	0	0	0	205. 4	189	0. 920	288. 6	860	2. 980

由表 7-20 可以看出，对于特旱的 1997 年，如果不补灌水量，即使施 N 肥与 P_2O_5 肥各 105 kg/hm²，增产效果也很小，只增加产量 21. 0 kg/hm²（T_2-T_{12}），增产率只有 11. 1%，说明因土壤水分不足，肥效不能有效发挥，此时，水分是增产的制约因素。在相同施肥水平（N105 kg/hm²、$P_2O_5$105 kg/hm²）下，加补灌水量 50 mm（T_{11}），则产量骤增，比对照（T_{12}）增产 401 kg/hm²，增产率 212. 2%；补灌水量增至 100 mm（T_1），产量达到各处理的最高值 815 kg/hm²，比对照增产 626 kg/hm²，增产率 331. 2%。若再增加施肥量，将 N 与 P_2O_5 仍按 1∶1 分别增至 179 kg/hm²，补灌水量略减至 75 mm（T_6），则产量下降；若将 N 与 P_2O_5 比例调整为：N31 kg/hm²，$P_2O_5$179 kg/hm²，灌水 75 mm（T_5），也获得 815 kg/hm² 的最高产量。上述分析说明，只有水肥组合适宜、氮磷比例得当，才能发挥水肥的最佳耦合效应，达到水肥高效利用的目的。

对于丰水的 1998 年，取得最高产量的 3 个处理分别是：处理 T_1、T_5、T_9，产量水平2 258 ~2 297 kg/hm²，水肥方案分别为：N105 kg/hm²、$P_2O_5$105 kg/hm²，灌水 120 mm；N31 kg/hm²、$P_2O_5$179 kg/hm²，灌水 90 mm 和 N105 kg/hm²、$P_2O_5$210 kg/hm²，灌水 25 mm。说明当土壤水分比较充足时，合理配施氮磷肥，能获得较高产量，而补灌水量影响较小，此时，肥是增产的制约因素。该年除对照外，3 个产量最低（1 115 ~1 422 kg/hm²）的处理，均为施 P_2O_5 肥的量小于施 N 肥的量。说明氮磷比例应根据当年土壤养分状况配方施用。1998 年试验成果再次表明，根据气象预报与土壤养分状况拟订合理的水分耦合与配方施肥方案，才能达到农业高产、高效、低耗的效果。

第五节　化学制剂节水保墒技术

集雨灌溉水量十分有限，选用减少植物蒸腾和农田无效蒸发的化学制剂，是改善和调控环境水分条件，提高集雨灌溉水分生产潜力的又一有效途径，目前正在推广使用的化学制剂主要有黄腐酸（FA）、高吸水树脂（保水剂）、土面增温保墒剂等。

一、黄腐酸

黄腐酸是一种新型抗蒸腾剂。研究结果表明，它既能促进根系生长，又具有降低作物蒸腾和络合微量元素等多种生理生化效应，用黄腐酸拌种或喷施，可取得明显的节水增产效果。

（一）黄腐酸使用效果

（1）叶面喷施黄腐酸可减小植株气孔开度、降低蒸腾。图 7-2 显示了小麦需水临界期遇干旱时叶面喷施黄腐酸气孔阻力变化的试验结果，由此可看出，喷施一次，蒸腾的降低（气孔阻力增大）可持续 10 d 左右；同时，试验显示，叶片含水率比对照高 3.7%。

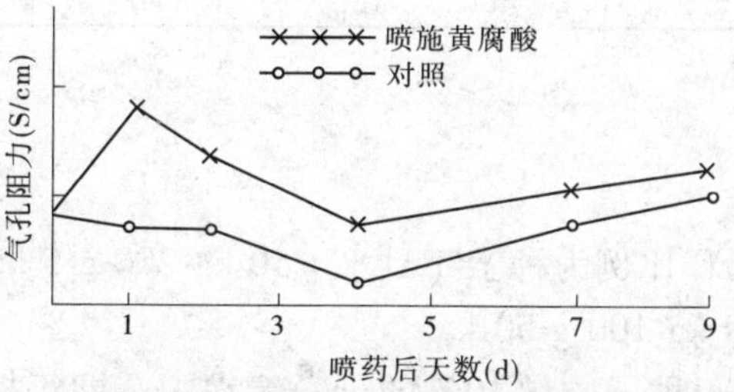

图 7-2　小麦需水临界期遇干旱时叶面喷施黄腐酸气孔阻力变化

（2）叶面喷施黄腐酸可增加叶绿素，促进光合作用，增加粒重。试验表明喷施黄腐酸 4 ~7 d 叶色即明显转绿，使有机物向穗部转移数量比对照高 20 倍，小麦每穗粒数平均增加 1.6 ~3.0 粒，千粒重增加 0.2 ~1.4 g；玉米每穗粒数平均增加 12 ~59 粒，百粒重增加 17 ~57 g。

（3）黄腐酸拌种可促进早出苗及苗期生长。试验表明，用黄腐酸拌小麦种，可使其出苗提前 1.5 ~2 d，麦苗的单株分蘖、旗叶面积和生物量均有明显增加，如表 7-21 所示。

表 7-21　黄腐酸拌种对麦苗生长的影响

处理	株高（cm）	分蘖数（个/株）	旗叶面积（cm^2）	鲜质量（g）	干质量（g）
FA 拌种	56.2	6.2	16.6	62.2	17.6
对照	46	3.8	11.98	38.0	11.5
增减值	10.2	2.4	4.62	24.2	6.1

（4）喷施或拌种均能促进根系活力，增加次生根条数（见表 7-22）和长度，从而增加对土壤深层水分和矿物质的吸收。

表 7-22　黄腐酸（FA）拌种对麦苗次生根的影响

处理	FA 拌种	对照	增加值
次生根（条/株）	22.8	15.0	+7.8

（5）增加作物产量。由于黄腐酸促进了作物根叶的生长，改善了水分状况，因此具有明显的增产效果（见表 7-23），当产量水平在 3 000 ~ 6 000 kg/hm^2 时，增产幅度为 14.80%。

表 7-23　小麦叶面喷施黄腐酸的增产效果

产量水平（kg/hm^2）	试验点数	平均产量（kg/hm^2）		增产量（kg/hm^2）	增产百分数（%）
		FA	对照		
3 000 以下	5	2 536.5	2 150.4	386.1	17.95
3 000 ~ 6 000	10	5 217.5	4 545	672.5	14.80
6 000 ~ 9 000	6	8 465.6	6 770.6	795.0	10.36

（二）施用方法

1. 拌种

密植作物如小麦等稀释比例为种子:FA:水 = 50 kg:200 g:5 kg。稀植作物如瓜类等稀释比例为种子:FA:水 = 50 kg:100 g:50 kg。

先将 FA 溶解于相当于种子质量 10% 的干净清水中，即每拌 50 kg 小麦种子，先将 200 gFA 溶解在 5 kg 的清水中，搅拌至 FA 全部溶解，然后均匀地洒在麦种上，掺拌均匀，使麦种都被 FA 染黑，堆闷 2 ~ 4 h 后即可播种，若拌种后不能立即播种，应将种子摊开晾干待播。

2. 喷施

喷施最佳期应在作物对干旱特别敏感的需水临界期，如小麦的孕穗期和灌浆初期，玉米的大喇叭口期，甘薯的薯块膨大期，花生的下针期，甜瓜、西瓜的膨瓜期等。

喷施的配合比为：小麦每公顷 FA 用量 750 g，加干净清水 900 kg；玉米每公顷 FA 用量 1 125 g，加干净清水 900 kg，若喷施设备改换为 0.75 mm 孔径的弥雾片，其用水量可减少到150 kg。

喷洒时间以上午10时前和下午4时后为宜，其余时间不宜喷洒。喷洒次数一般全生育期一次即可，但若遇严重干旱，则可连续喷洒2~3次，每次间隔10 d左右。此外，要掌握好喷洒要领，小麦应保证其最上部叶片和倒二叶为中心的上部叶片受药，并尽可能使叶片背面受药；玉米以穗位为中心的上下3片叶必须受药，其次为顶部叶片。

3. 适用范围

黄腐酸可用于各类作物。例如，小麦、玉米、谷子、薯类等粮食作物，瓜、果、桑、麻、烟草、花生、豆类等经济作物。既可单独使用，又可与农药、微量元素复配使用，成为农药缓释增效剂和微量元素结合剂。但与农药混用时应先拌农药后再拌FA，切记不能与碱性农药混用。

4. FA旱地龙使用方法与效果

我国1997年开始大力推广使用FA旱地龙，旱地龙以天然低分子量黄腐酸为主要成分，并含有作物所需的多种营养元素和16种氨基酸，以及生理活性强的多种生物活性基因，能有效控制叶面气孔的开张度，减少作物水分的散失，并促进作物根系的生长发育，提高根系活力；具有作物体内多种酶的活性和叶绿素含量，保护作物细胞膜透性，增强作物抗寒防冻、抗病防病等性能；还具有无毒、无害、投资少、见效快、适用各种作物的特点，可以拌种、浸种、喷施和随水浇灌，是易旱地区一种有效的非工程抗旱措施。

据北京市水利水电技术中心1997~1998年在延庆、平谷等县试验，小麦、玉米、果树和蔬菜经FA旱地龙拌种或生长期喷施，分别增产18.6%、25.6%、34.8%和16.3%（见表7-24）；1997~2000年4年北京市各区（县）在易旱地区累计推广旱地龙面积6.15万hm^2，占全市易旱面积的47.3%，增收11 205万元，效益显著。

表7-24　不同作物施用FA旱地龙增产情况

作物	试验时间	试验地点	处理	单位产量		增产（%）
				kg/hm^2	kg/株	
小麦	1998年	平谷县	喷施4次	6 553.5		18.6
			对照	5 523		
玉米	1998年	延庆县	拌种+喷施2次	6 820		25.6
			对照	5 430		
苹果	1998年	延庆县	喷施2次		69	34.8
			对照		51.2	
蔬菜（圆白菜）	1997年	延庆县	喷施2次	40.1		16.2
			对照	34.5		

2001年，宁夏水利科学研究所在宁夏彭阳进行的对比试验中，总结了旱地龙的使用方法与增产效果，如表7-25所示。

表 7-25　旱地龙的使用方法与增产效果

作物名称	用法及用量	施用最佳期	推荐生长周期应喷施次数	喷施间隔天数(d)	一般增产幅度(%)	说明
小麦	喷施：每 0.066 7 hm^2(1 亩)用药 50 g 溶于 50 kg 水中	孕穗期及灌浆期	2	15	10~20	若遇特大旱情用药量可增加到 100 g
	拌种:50 g 药溶于 3 kg 水中可拌种 25 kg				10~15	拌后稍加晾干即可播种
玉米	喷施：每 0.066 7 hm^2(1 亩)用药 100 g 溶于 50 kg 水中	大喇叭口期	2	20	15~25	若遇特大旱情用药量可增加到 150 g
	拌种:40 g 药溶于 0.5 kg水中可拌种 5 kg				10~15	拌后稍加晾干即可播种
马铃薯	喷施：每 0.066 7 hm^2(1 亩)用药 50~100 g 溶于 50 kg 水中	开花前和块膨大期	2	15	15~30	浸种:用喷施液浸泡 1 h 捞出即可
	随水灌溉:每 0.066 7 hm^2(1 亩)用药 300 g 稀释后均匀随水灌地	随第 1 水灌地			15~20	
茄子、辣椒、番茄、黄瓜及各种蔬菜	喷施：每 0.066 7 hm^2(1 亩)用药 50~100 g 溶于 50 kg 水中	开花期前后、果期全可喷	3	15	20~35	拌种:每 2.5 kg 种子用药 5 g 兑水适量
	随水灌溉:每 0.066 7 hm^2(1 亩)用药 200~300 g 稀释后均匀随水灌地	随第 1 水及第 3 水灌地			15~20	一个生长周期浇两次可防治根腐病
西瓜、甜瓜	喷施：每 0.066 7 hm^2(1 亩)用药 100 g 溶于 50 kg 水中	生长期及膨瓜期	3	15	10~30	可提高糖度 1 度左右,维生素 C 增加 25%
烤烟	浸种:50g 药兑水 5 kg 浸种 5 kg	移栽后及生长期	3	15	10~15	喷施:用药 50 g 溶于 50 kg 水中
果树	喷施：每 0.066 7 hm^2(1 亩)用药 100 g 溶于 50 kg 水中	开花前和果实膨大期	2	20	15~20	每株果树用 15 g 药出叶前灌根

二、高吸水树脂

高吸水树脂又名吸水剂、保水剂，是一种新型高分子化合物，具有高吸水保水性能，这种颗粒能吸入相当于自身数百乃至数千倍的水，吸胀后体积膨大 500~1 000 倍。

（一）使用效果

1. 增加土壤有效水分

由于其树脂显著的吸水性，将其与土混匀或像施肥一样直接撒入地中，可吸持土壤中大量的水分，从而减少土壤水的无效损失，增加土壤有效水分。据试验，以0.5%的比例将高吸水树脂加入到不同质地的土壤（砂土、壤土、黏土），能使土壤水增加7%～20%。表7-26为大田玉米播种沟内每公顷施7 500 g树脂田间测定结果，由表7-26可看出，0～10 cm耕层的沟施处理的含水率比对照高出4.8～11.2个百分点。

表7-26　沟施吸水树脂对土壤含水率（%）的影响

处理	测定日期（月-日）		
	5-18	6-30	7-30
沟施	24.0	30.5	23.7
对照	16.5	19.3	18.9
差值	7.5	11.2	4.8

由于保水剂能将耕层土壤中的水分吸聚，采用保水剂拌种（或涂根）能促进种子出苗，提高出苗率，并为幼苗健壮生长创造良好的局部水分环境。据中国科学院应用生态研究所试验，经保水剂涂层的玉米种子在75%田间持水率下，4 d后出苗率即超过60%，第七天出苗率达到100%，而对照在第七天出苗率只达到82.4%；在65%田间持水率下，经保水剂涂层的玉米种子9 d后出苗率达到94.1%，而对照最终出苗率只有52.9%；即使在55%田间持水率下，经保水剂涂层的玉米种子第七天也开始出苗，第九天出苗率达到64.7%，而对照几乎不能出苗。

2. 抑制土壤蒸发

吸水树脂吸入的大量水分，随着植物的生长和土壤水的变化缓慢释放出来，从而降低土壤水的蒸发量。表7-27为两种拌和比与对照组6月10日至10月19日实测平均日蒸发量结果，由表7-27可看出，两种比例的日平均蒸发量分别降低了37.9%和50.7%，抑蒸效果十分明显。

表7-27　吸水树脂抑蒸效果测试

吸水剂:土壤	土壤（未加吸水剂）	1:80	1:50
平均日蒸发量（g/d）	23.04	14.3	11.35
平均日蒸发量降低（%）		37.9	50.7

3. 促进植株生长、提高产量和水分生产效率

由于使用吸水树脂改善了土壤水分状况，从而促进作物生长及高产。表7-28、表7-29为河南省商丘市试验区实测的吸水树脂对玉米生长及其产量构成因素的影响，可看出增产效果十分明显，两种品种分别增长18.8%和15.9%。

表 7-28 土施吸水树脂对玉米生长的影响

品种	处理	株高（cm）	叶片（个）	叶面积（cm^2）
（B莫）S3×自330	沟施	129.7	12.6	1 117.3
	对照	128.6	12.3	993.7
（莫2南）S3×自330	沟施	112.0	11.3	1 114.4
	对照	108.1	11.0	1 004.2

表 7-29 土施吸水树脂对玉米产量构成的影响

品种	处理	单穗重（g）	粒数/穗	千粒重（g）	产量（kg/hm^2）	水分生产效率（$kg/(mm \cdot hm^2)$）
（B莫）S3×自330	沟施	203.1	661.4	347.9	10 414.5	19.5
	对照	194.7	637.9	305.3	8 764.5	16.5
（莫2南）S3×自330	沟施	210.8	638.0	330.4	7 518	18.0
	对照	156.3	584.6	286.9	6 486	13.5

（二）使用方法

1. 种子包衣

将吸水树脂与等量的填充剂（滑石粉）混合均匀，然后按3:100的比例（即3 kg混合物拌100 kg种子）均匀拌撒在事先用水湿润的种子上，吸水树脂立即牢固地黏附在种子表面，稍晾后即可播种。拌种时应注意以下几点：

（1）干种子喷水量以占种子重的5%～7%为宜。对于播前需浸种的种子，需捞出后晾至种子表面无游离水分后再拌种。种子过湿会造成吸水树脂因吸水过多而成为胶状将种子黏成一团，造成播种时下种不均匀；种子过干，则吸水树脂不能与种子很好地黏附，包衣质量不高。特别要注意对于浸种时间较长的种子，如甜菜种球内吸水多，为避免吸水树脂从种球内倒吸水成胶状，使种子黏在一起，影响播种质量，则应在播种机进地时，在地边一边进行吸水树脂处理，一边播种。

（2）在拌撒吸水树脂之前，种子必须铺成薄薄一层，用纱布均匀抖撒吸水树脂，用喷粉器效果更佳。若抖撒不均匀，即使用力搅拌也无济于事。

2. 移栽蘸根

将吸水树脂与水按1:150左右的比例配成水胶状，然后将刚挖出并去掉泥土的移栽苗根系放入其中蘸后取出，水凝胶均匀黏附在根上，即可移栽。运输距离远、时间长的移栽苗木，蘸根后最好用塑料布扎住根部。

（三）与培养土混用

将占培养土重0.3%～0.5%的吸水树脂与干培养土混合均匀后即可浇水播种。注意掌握吸水树脂用量，过少则效果不明显，过多则蓄水量过大，会降低土温，延迟种子萌芽，或使土壤透气不良，引起烂种、烂根现象，同时过多也会增加成本。

吸水树脂适于集雨灌溉区种子包衣或直接均匀撒入土壤中，聚水助苗，提高作物产量。

三、土面增温保墒剂

土面增温保墒剂是一种农田化学覆盖物，又称液体覆盖膜，加水稀释喷洒在农田土壤表面能形成一层均匀薄膜。

（一）使用效果

1. 抑制土壤水分蒸发

制剂覆盖土壤后形成的薄膜能阻挡土壤中的水分以气态形式进入大气。表 7-30 是北京大兴县芦城乡 1972 年实测结果，由表 7-30 可看出，抑蒸率为 33.3% ~48.9%，抑蒸效果十分明显，从而改善农田水分状况，提高水分利用效率。

表 7-30　增温保墒剂抑蒸效果实测结果

日期（月-日）	对照地蒸发量（mm）	用剂地蒸发量（mm）	抑蒸率（%）
04-23	4.4	2.7	38.6
04-24	1.5	1.0	33.3
04-25	8.8	4.5	48.9
04-26	8.9	5.9	33.7
04-27	8.1	4.5	44.4

另据中国科学院沈阳应用生态研究所试验，将液膜制剂以 6 倍的稀释浓度，按 97.5 g/m^2 的液量喷洒于棉田株行间地表，喷后 40 d 内 0 ~60 cm 土层平均含水率较对照高1.74%，蒸发量减少 29.77 mm。喷洒液膜处理较对照区棉株高出 6.3 cm，成铃数多 0.6 个/株，花蕾数多 3.3 个/株，蕾铃脱落数平均减少 1.7 个/株。

2. 提高土壤温度

表 7-31 为同一地区使用土面增温保墒剂后土层温度实测结果，由表 7-31 可见，增温效果十分明显，如 5 cm 地温日平均增温，晴天 4.4 ℃，多云天 3.9 ℃，阴天 2.4 ℃，随着土层深度的增加增温幅度呈递减趋势。

表 7-31　增温保墒剂的增温效果　（单位：℃）

项目		0（地面）			5 cm			10 cm			15 cm			20 cm		
		日平均温度	日平均增温	中午最大增温	日平均温度	日平均增温	中午最大增温	日平均温度	日平均增温	中午最大增温	日平均温度	日平均增温	中午最大增温	日平均温度	日平均增温	中午最大增温
晴天	用剂地	20.4	5.7	11.4	16.8	4.4	10.1	15.1	3.9	6.4	14.6	3.2	5.4	13.9	2.6	4.5
	对照地	14.7			12.4			11.2			11.4			11.3		
多云天	用剂地	17.3	3.9	7.0	16.2	3.9	5.2	15.2	3.5	3.8	14.8	3.3	3.6	14.4	3.1	3.1
	对照地	13.4			12.3			11.7			11.5			11.3		
阴天	用剂地	14.1	2.1	3.6	14.0	2.4	2.4	13.4	2.0	2.2	13.6	2.2	2.4	13.5	2.1	2.2
	对照地	12.0			11.6			11.4			11.4			11.4		

此外，使用增温保墒剂还有改善农田热收支状况、防止风蚀、减少土层表面盐分积累等多种功效。

（二）使用方法

土面增温保墒剂是一种细腻的膏状物，呈黄褐色（合成原料）或棕褐色（天然原料），化学性质稳定呈中性，pH 值 7～8。成膜物质有效含量 30%，大田（晴天）喷施后 2 h 成膜，阴天时间要长一些，制膜保持时间 20～30 d。

1. 使用剂量

全覆盖时以每公顷 1 200～1 500 kg 为宜。稀释比为成品∶水 = 1∶5～1∶6。先将称好的成品加少量水稀释调匀，然后边搅拌边加水至 5～6 倍。不能一次加足水，加水过猛易形成疙瘩，若水的硬度过高，可加少量洗衣粉。

2. 使用时间及喷洒方法

视种子萌芽温度和天气条件而定，春播作物正常播期提前 10 d 使用，最好选在晴天上午喷洒。喷洒前先将稀释好的乳液用纱布过滤（滤后的成品疙瘩可留到下一次稀释时用），其喷洒工具可用农用喷雾器和果园喷雾器（高压），使用时可将前面螺杆去掉，直接用后面龙头开关来调节雾粒大小。喷洒要均匀，否则制膜厚度不一，影响出苗。

3. 整地要求及水肥管理

田块要求整平，不留大土块。喷洒前可灌足水、施足肥，盐碱严重地区，最好采用地下式（或桥式）苗床。为了弥补苗床的平整，在播种后、喷洒前，覆盖一遍手指厚的覆盖物（如细肥土、细沙、马粪、草木灰等），将其用木板或铁锹刮平。若不加覆盖物，则必须将种子压入土中，以免裸露地面影响出苗。用剂后一般 20～30 d 不灌水施肥，灌水不宜过迟或过早，过迟会造成小苗脱水脱肥，过早则会缩短制膜的有效时间。

（三）适用范围

土面增温保墒剂既可用于大田喷洒，也可用于棉花、玉米、甘薯、蔬菜、林木等的育苗，还可与某些中性或微碱性农药、除草剂等混合，从而提高杀虫、防病、灭草的效果。

对液膜的使用要因地制宜。据宁夏水利科学研究所 2001 年在宁夏彭阳的试验，虽然使用液态地膜后，有使土壤增温、抑制蒸发、提高土壤含水率、降低容重等效果，但在玉米小区试验中，出苗率仅 83.6%，较塑料地膜覆盖 97.3% 减少 13.7 个百分点，原因是液膜易遭受鼠类破坏；保温与保墒效果较塑料地膜覆盖差，所产生积温达不到玉米生长的要求。得出的结论是，液态地膜不能保证项目区农作物正常生长的基本条件，不适宜在项目区推广应用。因此，推广液态地膜技术要因地制宜，在试验、示范的基础上，确定有明显效果再予以大面积推广应用。

第六节　抗旱节水作物品种选用

一、旱农作物抗旱品种

旱农是指在无灌溉条件下的半干旱和半湿润偏旱地区，主要依靠天然降水的雨养农业。旱农作物抗旱品种应与当地天然降雨量、季节分布规律，土壤储水、保水和供水性能，以及大气干旱规律相适应。作物品种的抗旱性能是指该品种作物对干旱的适应与抵抗能力，是品种筛选与评价的重要依据，在实践中应将品种的抗旱能力与产量一并考虑。

在田间直接鉴定作物品种的抗旱性能，要进行品种间的对比试验，测定不同品种在干旱条件下减产的幅度，在有条件的地区还要进行水旱区对比试验。旱区产量与水区产量的比称为抗旱系数，品种间用抗旱系数进行比较，抗旱系数大的比抗旱系数小的抗旱能力强。

Lelley（1976）、Fisher（1978）等指出，小麦不同品种对干旱反应差别受基因支配，品种抗旱性的差异，又通过许多生理、生化、形态、解剖和根系特征表现出来，因此作物品种的抗旱性能可根据上述特征加以区别。以小麦为例，抗旱品种一般具有株高中等，叶面积小，有效分蘖多，茎秆有弹性、韧性，根系透入土层深，根毛多，叶片气孔阻力相对较高，光合作用能力强，干旱时叶片萎蔫程度轻等特点。

筛选抗旱品种时，应注意以下几点：

（1）一定要结合当地自然条件，尽可能使作物生育期与当地水、肥、气候条件相适应，不宜一味追求高产。

（2）必须注意提纯复壮当地品种。当地品种是长期自然选择和人工选择的结果，最适应当地环境，提纯复壮当地品种可大幅度提高产量。

（3）在筛选抗旱品种的同时，注意因地制宜调整作物布局，安排好轮作倒茬，以充分发挥抗旱作物品种的作用。

二、节水高产型作物品种

节水高产型作物品种是指在灌溉条件下，具有节水、抗逆、高产、高水分利用效率（WUE）的作物品种。不同光合途径类型和不同种类作物，WUE 存在很大差异，玉米较小麦高 2～3 倍。作物品种对水分亏缺的适应性和 WUE 的差异，是对作物品种选择和布局搭配的重要依据之一。冬小麦品种的主要筛选指标是：种子吸水力强，叶面积小，气孔对水分反应敏感，根系大、入土深，株高 80 cm 左右，分蘖力中等，成穗率高，生长发育冬前壮、中期稳、后期不早衰，籽粒灌浆速度快、强度大，穗大粒多，千粒重 40～45 g，抗寒、抗旱、抗病、抗干热风；玉米品种的主要筛选指标是：出苗快而齐，苗期生长健壮，中后期光合作用强，株型紧凑，籽粒灌浆速度快，耐旱、抗病、抗倒伏，产量高而稳，籽粒品质好，生育期适合于当地种植制度。

中国科学院石家庄农业现代化研究所 2002～2003 年对河北省大面积种植的 16 个冬小麦品种进行对比试验，在浇足底墒水的条件下，设了两个处理，即拔节期灌 1 水处理（A）（灌水量 726 m^3/hm^2）和不灌水处理（B）。测定了各品种的开花时间、灌浆期旗叶光合速率、气孔导度、蒸腾速率等，并根据考种数据对品种间产量及其构成因素、WUE 进行了分析，见表 7-32。由表 7-32 可知，品种间产量与 WUE 差异显著，以石新 733 表现较好，在产量和水分利用效率方面均优于其他品种，灌 1 水和不灌水处理的产量与 WUE 均最大，WUE 分别较其他品种高 6.97%～37.31% 和

4.64%～39.04%。

表 7-32　品种间产量及其构成因素、WUE 的比较

品种	产量(kg/hm²)		WUE(kg/m³)		千粒重(g)		穗粒数		穗数(万穗/hm²)		收获指数	
	A	B	A	B	A	B	A	B	A	B	A	B
石新 733	6 415.2	5 952.2	1.84	2.03	38.56	43.90	31.93	30.72	555.58	523.36	0.50	0.51
5385	5 659.5	5 429.9	1.72	1.76	38.94	39.40	27.48	29.38	561.69	542.80	0.48	0.50
大粒 2 号	5 359.5	5 378.1	1.50	1.68	42.75	48.84	21.42	21.17	571.14	658.92	0.45	0.47
科农 213	5 311.4	5 166.9	1.52	1.60	30.15	31.21	25.36	27.76	691.15	712.26	0.49	0.48
科农 208	5 304.0	4 822.5	1.69	1.62	32.05	38.85	32.41	26.77	564.47	549.47	0.44	0.34
9905	5 004.0	5 133.6	1.47	1.69	29.99	33.17	29.20	29.55	593.92	611.14	0.46	0.47
烟 361	4 641.0	4 800.2	1.34	1.46	30.50	32.61	31.09	28.04	565.58	621.14	0.46	0.52
9204	5 848.5	5 385.5	1.54	1.68	35.67	37.20	28.78	28.21	640.59	661.70	0.48	0.50
高优 503	5 296.5	5 211.4	1.47	1.64	30.51	35.11	30.22	23.24	711.70	613.92	0.48	0.37
邯 6172	5 159.6	5 611.4	1.45	1.84	33.06	34.14	32.76	32.59	577.81	571.14	0.42	0.50
6203	5 133.6	5 063.2	1.53	1.66	41.89	42.00	30.70	22.73	585.03	585.58	0.47	0.46
莱 3279	4 826.1	4 718.8	1.48	1.57	26.12	27.25	26.60	29.23	782.82	683.92	0.39	0.45
4185	5 574.3	5 063.2	1.53	1.60	32.80	33.11	26.96	25.54	635.59	594.47	0.45	0.42
邯 3475	5 929.5	5 192.9	1.78	1.66	33.38	34.93	28.10	30.03	556.69	597.81	0.47	0.48
6365	5 452.1	5 318.8	1.64	1.77	37.11	38.48	26.38	28.60	579.47	568.36	0.43	0.48
8901	5 389.2	5 433.6	1.56	1.94	30.32	33.98	27.22	28.00	645.59	658.37	0.45	0.50

第七节　坡地集雨蓄墒保土技术

我国山区、丘陵区面积占全国总土地面积的 70% 以上，其中耕地约占全国总耕地面积的一半，南方多将坡耕地修成梯田以种水稻为主，北方则仍以坡地种植旱作为主。坡地存在的主要问题是水土流失。为了减少降雨径流对土壤造成的冲蚀，兴修梯田仍是最有效的蓄水保土、提高作物产量的措施。但限于人力、财力，坡改梯需要一定时间。在坡度较缓的坡耕地若采用集雨蓄墒耕作技术，也能起到一定的增加降雨入渗、减少径流和土壤侵蚀的作用。

一、坡地集雨蓄墒保土耕作技术

坡地集雨蓄墒保土耕作技术常用的有以下几种。

（一）水平等高耕作

水平等高耕作是坡地上采用的一种集雨蓄墒耕作技术，有时也称横坡耕种或等高种植。所有在坡地上的耕种措施如耕翻、播种、中耕等均沿等高线进行，这样在地上自然形成许多等高蓄水的小犁沟和作物行，可以拦截径流，增加降水的入渗率。据黄河水利委员会西峰水土保持科学试验站的试验，在 2°左右的坡耕地上等高耕作比顺坡耕作减少径流量 51.4%～57.37%，在 0～70 cm 的土层内，土壤水分比顺坡耕种的高 2.80%～9.59%；

据黄河水利委员会天水水土保持科学试验站观测，等高种植棉田的保水能力比顺坡耕种的田地高2.5倍；陕西安康地区的试验表明，等高耕作比顺坡耕作一般增产10%～20%。所以，在坡度不大的坡地上（如小于5°的情况下），实行等高耕作可以达到一定程度的集雨、增渗、增产的目的。同时，又有利于坡地变平，为实行等高带状耕作和等高沟垄耕作打下基础。

（二）等高沟垄耕作

我国坡耕地面积大，非短时间内可以全部实行水平梯田化。因此，在未修成水平梯田以前，因地制宜地推广等高沟垄耕种法，亦可在一定程度上收到蓄水、保肥、增产的效果。

目前，常见的等高沟垄耕种法有以下三种形式：

（1）山地水平沟种植法。主要适用于25°以下的坡耕地，可以种植小麦、谷糜、马铃薯等多种作物。它的特点是播种时沿坡地等高线开沟，紧接着施入底肥，然后用耩子冲沟，使土肥拌匀。行距根据坡度大小而定，陡坡地自上而下，行距50～60 cm；缓坡地亦可自下而上，行距40 cm左右。随时开沟随时下籽，小粒种子点在沟内半坡上，马铃薯等大粒种子播入沟底。采用通行条播，然后耕一犁进行覆土并及时镇压。覆土深度以6～7 cm为宜。覆土后要做到沟垄分明，中耕时，结合培土，使原来的沟变为垄、垄变为沟，从而达到拦截雨水的目的。据黄河水利委员会绥德水土保持科学试验站的试验，一般可增产20%～60%，减少土壤冲刷23%～85%。

（2）垄作区田。也是一种在坡地上有效的蓄水增产的耕作方式。在播种时先从坡地下边开始沿水平等高线开犁，向下翻土，将肥料和种子均匀地播在犁沟的半坡上，接着回犁盖土，然后空一犁耕一犁，如此往返操作。空犁之处翻土成垄，犁过之处，则成为沟。中耕培土时再将土壅到作物行间，使原来的沟又变成了垄，垄则变成了沟。为避免集水冲毁沟垄，在各条沟中每隔1～2 m，筑一个稍低于垄的横土挡，即成为垄作区田。黄河水利委员会绥德水土保持科学试验站观测表明，在同样降雨的情况下，垄作区田比传统的耕作法（平作）减少径流量77%，减少土壤冲刷88%，使马铃薯增产8%～21%，谷子增产77%。但垄作区田不便于进行耙耱保墒，苗期土壤表面蒸发量较大，一般只适用于20°以下的坡地和年降水量在300 mm以上的地区。同时，应特别注意保墒工作，播种后应进行打土块、镇压等，以利于出苗。

（3）平播起垄，也叫中耕培垄。它是采取等高条播的播种方法，出苗后结合中耕除草，在作物根部培土起垄，适宜于20°以下的坡耕地。具体作法是在播种时采取隔犁条播，行距一般为50～60 cm，播种后进行镇压。在雨季前结合中耕，在作物的根部培土成垄，每隔1～2 m做一土埂以防发生横向径流。据陕西榆林试验结果，在同样雨量情况下，土壤冲刷减少95.9%，谷子、马铃薯等增产30%左右。

二、梯田技术

（一）水平梯田

梯田是山丘地区坡地最主要的保水、保土措施。梯田一般分为水平梯田、坡式梯田和隔坡梯田，如图7-3～图7-5所示。水平梯田田面基本水平或向内微倾。水平梯田对一般降雨可就地拦蓄，土壤也不会被冲走，暴雨时也可拦蓄大部分径流，控制大部分泥沙。水平梯田粮食产量比未治理的坡耕地大幅度提高。

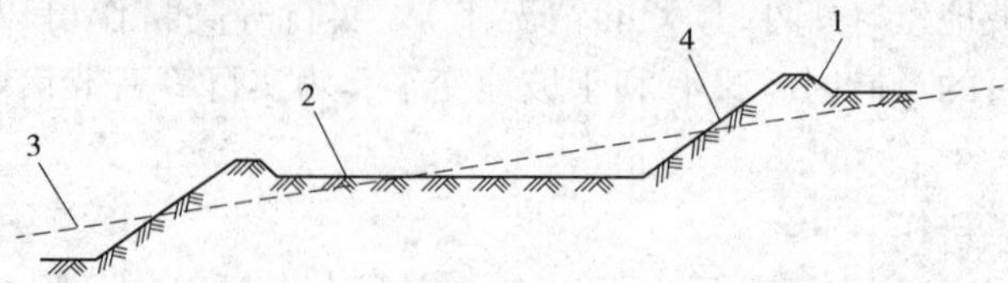

1—田埂；2—田面；3—原坡面；4—田坎

图 7-3　水平梯田

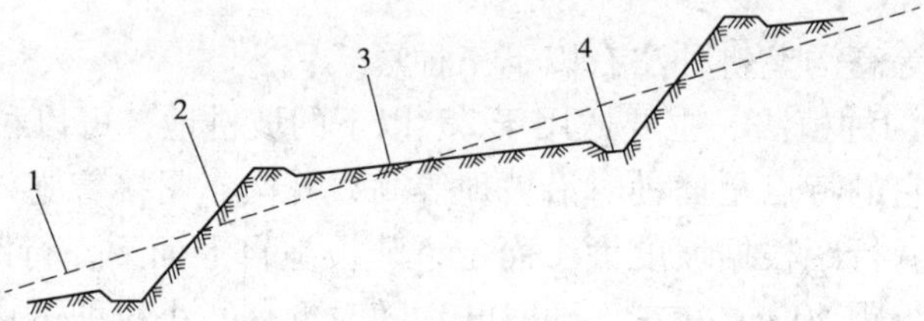

1—原坡面；2—田坎；3—田面；4—集水沟

图 7-4　坡式梯田

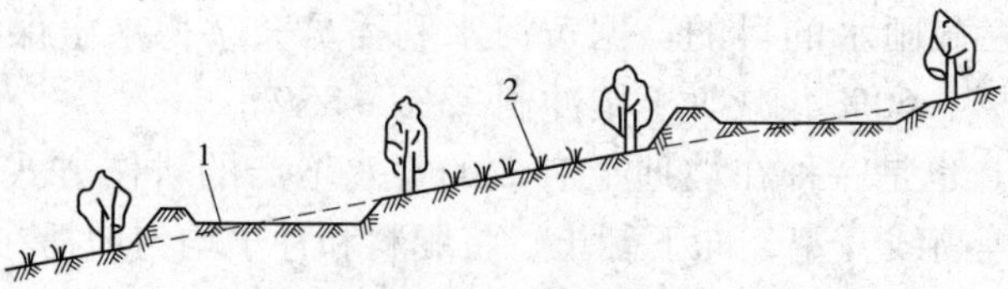

1—梯田带；2—原坡带

图 7-5　隔坡梯田

据黄土高原 7 个水保站资料分析（吴发启，2004），水平梯田平均蓄水效益 86.7%，保土效益 87.7%（见表 7-33）。另据山西王家沟汛期观测资料和延安大砭沟、西峰水保站年产流降雨量资料分析，在汛期雨量小于 350 mm 时，水平梯田未产生径流，其蓄水、保土能力均为 100%；当汛期雨量大于 350 mm 时，水平梯田的蓄水、保土能力分别为 84.8% 和 78.1%。

表 7-33　黄土高原水平梯田蓄水、保土效益

试验站名称	观测年限	蓄水效益（%）	保土效益（%）
西峰	1955 ~ 1980	97.5	98.4
绥德	1959 ~ 1963	86.4	88.7
离石	1957 ~ 1966	70.5	71.3
延安	1959 ~ 1967	92.6	91.6
耀县	1960	73.1	74.6
彬县	1963 ~ 1964	93.6	94.9
淳化	1987 ~ 1994	93.1	94.5
平均		86.7	87.7

水平梯田的规格（田面宽度、田坎高度、田坎坡度）视原来的地面坡度和土壤情况而定，同时也要考虑施工及农业机械的要求。表 7-34 为不同坡度条件下水平梯田规格的参考值。

表 7-34　水平梯田规格

原坡面坡度（°）	梯田坎高度（m）	田面宽度（m）	每亩土方量（m^3）
5	1.0	11.2	92
	1.5	16.6	132
10	1.5	8.1	136
	2.0	10.8	175
15	2.0	7.0	180
	2.5	8.75	218
20	2.0	5.0	186
	2.5	6.25	222
25	2.5	4.7	230
	3.0	5.65	269

田坎是保证梯田质量的关键，无论土坎或石坎，都要有一定的坡度，以保证稳定。梯田田面施工与田坎施工均应注意保留表土。此外，为防止较大暴雨冲毁梯田，在修筑梯田时还必须修建防洪和排水设施。如果整片梯田上部有较大集雨面积，则应在梯田上部开挖截流沟，拦截山水，将其导入泄水沟或蓄水池。同时，在梯田田块内侧开挖排水沟，将大暴雨产生的径流导入山沟或蓄水池内，防止冲毁梯田。

（二）隔坡梯田

隔坡梯田是梯田与自然坡地相间布置的集水、保水、保土的综合工程措施，即在沿坡度方向，梯田与梯田之间根据拦蓄、利用径流的要求，保留一定宽度的原坡面，形成梯田与坡面相间布置形式。隔坡梯田的田面种植农作物、经济作物；坡面则种植灌草、经济林；梯田地埂种植经济灌木，固埂防冲。这种工程形式既提高经济效益，增加农民收入，同时对原生态较少破坏，是人少地多、山坡自然植被较好地区常采用的工程形式。

据陕西省水利厅资料（石生新，2000），隔坡梯田的平坡比（平段宽度与坡地宽度之比）一般为 1:1～1:3。平坡比与坡面坡度、梯田宽度、田埂高度、一次最大降雨量、年最大冲刷深度和设计年限等因素有关。在黄土高塬沟壑区，可参考表 7-35 选用。

表 7-35　隔坡梯田的平坡比

坡面坡度（°）	梯田面宽度（m）	梯田坎高度（m）	田坎外坡坡度（°）	田埂高度（m）	田埂宽度（m）	平坡比
15	8	2.1	70	0.5	1.5	1:2
20	6	2.2	70	0.5	1.5	2:5
21～25	5	2.3	70	0.5	1.5	1:3

隔坡梯田具有显著的生态效益和经济效益。山西径流小区试验表明：1982 年汛期降雨量为 355. 5 mm，坡耕地小区产流 3 次，径流深为 46 mm，冲刷量达 413 t/km^2，而平坡比为 1∶1、1∶2 和1∶3的隔坡梯田径流小区均未产生径流；1983 年汛期降雨量为 642. 4 mm，坡耕地小区产流 6 次，径流深 53. 2 mm，冲刷量高达 19 660 t/km^2，而平坡比为 1∶1、1∶2 和1∶3的隔坡梯田径流小区，径流深分别为 4. 4 mm、4. 52 mm 和 12. 05 mm，冲刷量分别为 19 t/km^2、115 t/km^2 和 511 t/km^2，径流量减少了 77. 3% ~91. 7%，冲刷量减少了 97. 4% ~99. 9%。研究结果还表明，在种植 1 年的隔坡梯田上，平段的有机质含量高出坡耕地 1 倍多。另外，坡面上的经济林、灌木林、牧草、地埂经济作物还具有增加坡面覆盖率、改善当地小环境的作用。

据宁夏固原县资料，截至 2001 年年底，结合退耕还林还草措施的实施，共计完成隔坡梯田 1 000 hm^2，隔坡种草 2 000 hm^2。隔坡带夏天为舍饲养殖业发展提供饲草，冬天作为放牧基地，实施放牧后，牛、羊粪便和植物落叶经牲畜践踏、腐烂，成高效肥料，夏天随降雨径流流入水平梯田，经深耕疏松，改善土壤结构，积累养分，增加土壤肥力，为农作物生长和增产创造有利条件。同时，饲草带土壤肥力也得到了很大提高。根据调查，隔坡梯田较同类地区连台梯田粮食产量增加 750 kg/hm^2，较同类地区坡耕地粮食产量增加 1 500 kg/hm^2。隔坡带饲草产量 48 000 kg/hm^2，较同类地区坡地产草量增加 22 500 kg/hm^2。

（三）渐进式等高梯田

坡度在 15°以下而且 1 m 土层内不出现岩层或卵石层的坡地，当一次性建设水平梯田工程量大、投资高时，可以采用渐进式等高梯田技术。即在丘陵缓坡地上，沿等高线一次打埂修建坡式梯田，逐年从每带下沿田埂用翻转犁或山地犁向坡下方耕翻减缓坡度逐渐形成水平梯田。渐进式等高梯田的地边埂断面和间距，根据地面坡度、降雨量和降雨强度确定。等高梯田的田埂应成光滑曲线，顶宽 30 ~40 cm，外坡 1∶0. 5，内坡 1∶1。

地边田埂施工应保留清基表土，修筑田埂用土从田埂下方 50 ~100 cm 清基后的生土开沟取出，修筑时应分层夯实。而后把清基线范围内表土回填在取土沟内，并修平田面。用翻转犁和山地犁沿等高梯田的田埂从坡顶向坡下一个方向耕作，深 15 ~20 cm，经多年连续耕翻直至田面平整。修建梯田过程中，应结合播种和施肥措施，每年进行定向耕作1 ~2 次，耕作深度保持在 15 ~20 cm。

在修筑好的田埂上，均匀撒播草种，种植多年生牧草或选种对田面作物生长影响小的小灌木，逐步形成护埂草坡。

第八节　集水聚肥沟垄种植与覆膜集成技术

一、聚肥改土耕作技术

聚肥改土耕作法，又名抗旱丰产沟。在山西省中阳、离石等县试验推广多年，在旱塬、梯田、坡地均取得显著的增产效益。

进行蓄水聚肥改土耕作时，先将有机肥料和用做底肥的化肥均匀撒到地表，从地块下方自上而下沿等高线挖沟培垄，每带沟垄宽70～80 cm。先将第一带的表土上翻至第二带内，然后挖上半带宽的生土培在下半带宽的生土上，使其形成生土垄，沟内底土翻松后将第二带的表土及其堆积的表土一并填入沟内，平整后即完成第一带种植沟；再在已挖去表土的第二带上半部挖沟取土，培在下半部宽的生土上，使其形成第二带生土垄，沟内底土翻松后将第三带70～80 cm宽的表土填入沟内，平整后即完成第二带种植沟。依次类推，逐带挖生土培垄，集二倍的表土和肥料填入沟内，形成一带带的生土垄和种植沟。

这种耕作方法，不但在种植沟内集中了表土、加厚了活土层、增多了养分，而且具有极显著的蓄水保土作用。同时，也促进垄背生土熟化的进程，从而起到聚肥、蓄水、改土多重效果，促进作物的高产稳产。据中阳、离石等地的试验，在种植沟内种植高粱、玉米、冬小麦，生土垄上种植豆科绿肥，增产效果一般为26.7%～131.1%。

二、沟植垄膜覆盖技术

沟植垄膜覆盖技术是针对春玉米等稀植作物集雨保墒的技术措施。采取平地起垄、垄沟相间、垄背覆膜、垄沟种植的方式，一般垄宽30 cm、沟宽20 cm、沟深5～6 cm。起垄后在垄上覆膜（见图7-6）。靠地膜的聚水作用，使少量的降雨也可顺膜集流于垄沟内，入渗到土壤深层，起到叠加降雨的效果，提高降雨的利用率。地膜覆盖的保墒效果在于，地膜阻隔了土壤水分与大气交换的通道，使其覆盖下的一部分水分只能在膜下循环，有效地抑制了土壤蒸发。据水利部中国农业科学院农田灌溉研究所2000年在山西潇河灌区的试验，沟植垄膜春玉米苗期棵间蒸发量大大减少，阶段耗水量比对照减少51.3 mm，耗水强度减少1.0 mm/d；中后期，由于土壤水分条件好，春玉米长势好于对照，叶面积指数增加，植株蒸腾量增加，从而产量显著增加，虽然阶段耗水量比对照增加，但总耗水量仍比对照减少45.30 mm，见表7-36。

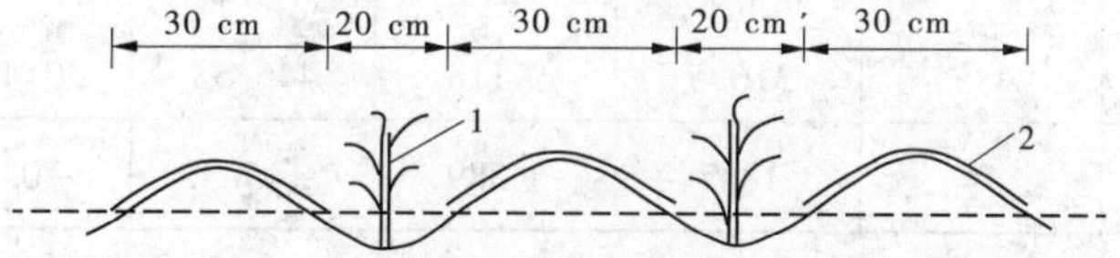

1—作物；2—塑料薄膜

图7-6　春玉米沟植垄膜种植示意图

表7-36　沟植垄膜对春玉米阶段耗水量的影响

处理	播种—拔节		拔节—抽雄		抽雄—灌浆		灌浆—成熟		全生育期
	耗水量（mm）	耗水强度（mm/d）	耗水量（mm）	耗水强度（mm/d）	耗水量（mm）	耗水强度（mm/d）	耗水量（mm）	耗水强度（mm/d）	耗水量（mm）
沟植垄膜	63.16	1.24	112.07	3.62	75.12	3.76	150.87	2.85	401.22
对照	114.46	2.24	121.85	3.69	66.36	2.89	143.85	2.71	446.52
差值	-51.30	-1.00	-9.78	-0.07	8.76	0.87	7.02	0.14	-45.30

注：试验年度春玉米生育期降雨171.8 mm，较常年偏少182.5 mm。

同时，地膜覆盖增加了地温，进而改善作物根际土壤养分与热状况，也有利于作物苗期生长。试验表明，春玉米播种至拔节期，集雨覆盖垄背与未覆盖的垄沟 5 cm 日平均地温均较对照高 1.3 ~ 1.7 ℃，而且垄背高于垄沟，见表 7-37。垄背温度高，有利于微生物活动，加快土壤熟化；垄沟内温度低，可减少土壤蒸发，有利于蓄水保墒。覆膜还对杂草的生长起到一定的抑制作用。

表 7-37　沟植垄膜对 5 cm 日均地温的影响　（单位：℃）

处理		播种—出苗	出苗—拔节	拔节—抽雄	抽雄—灌浆	灌浆—成熟
覆盖垄背	垄背	21.5 ~ 28.4	24.0 ~ 29.4	25.4 ~ 29.2	23.8 ~ 27.7	18.9 ~ 22.5
	垄沟	20.4 ~ 27.8	22.9 ~ 28.9	24.9 ~ 28.9	23.4 ~ 27.5	18.8 ~ 22.3
对照		19.1 ~ 26.1	21.4 ~ 26.5	23.8 ~ 27.7	21.3 ~ 24.9	18.7 ~ 21.1
垄背增温		2.3 ~ 2.4	2.6 ~ 2.9	1.5 ~ 1.6	2.5 ~ 2.8	0.2 ~ 1.4
垄沟增温		1.3 ~ 1.7	1.5 ~ 2.4	1.1 ~ 1.2	2.1 ~ 2.6	0.1 ~ 1.2

试验表明，由于沟植垄膜作物长势好，春玉米产量与构成因素均高于对照，产量提高 1 589 kg/hm^2，而耗水量减少 45.32 mm，耗水系数减少 0.115 m^3/kg，水分利用效率提高了 0.63 kg/m^3，见表 7-38。

表 7-38　沟植垄膜对春玉米产量及水分生产效率的影响

处理	成穗数（个/hm^2）	穗粒数（粒）	千粒重（g）	籽粒产量（kg/hm^2）	耗水量（mm）	耗水系数（m^3/kg）	水分利用效率（kg/m^3）
沟植垄膜	60 420	529	335.2	10 707	401.21	0.375	2.67
对照	59 278	485	316.5	9 118	446.53	0.490	2.04
差值	1 142	44	18.7	1 589	-45.32	-0.115	0.63

三、聚肥改土沟植沟膜覆盖技术

河北农业大学 2004 ~ 2007 年在冀西北高寒半干旱区（张北县）砂质栗钙土农田上，采用聚肥改土（即抗旱丰产沟）的耕作方法，将沟垄范围的熟土层聚于沟底，形成 20 ~ 60 cm 熟土层，生土培在垄背，垄宽 150 cm，沟宽 50 cm，垄高 15 cm，沟内种植小南瓜，株距 40 cm（见图 7-7），进行沟植垄膜与沟植沟膜在不同熟土层厚度下的对比试验。垄膜宽度 160 cm，膜上覆土 1.5 cm；沟膜宽度 90 cm，两边埋入小沟，用土压实。试验表明，在上述整地规格下，沟植沟膜的蓄水保墒效果、产量与水分利用效率均高于沟植垄膜，聚土效果以 40 cm 较好，见表 7-39 与表 7-40。

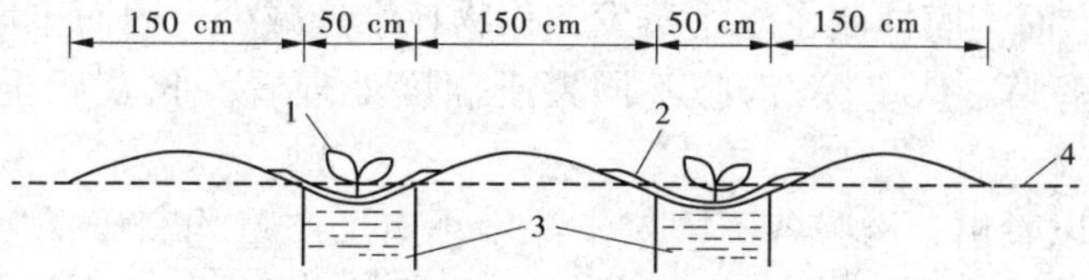

1—小南瓜；2—塑料薄膜；3—聚熟土区；4—原地面

图7-7　沟植沟膜小南瓜种植示意图

表7-39　不同处理土体储水量（2004年）

处理		0～60 cm土体储水量（mm）		0～100 cm土体储水量（mm）	
		播前	收获后	播前	收获后
沟膜	聚熟土层20 cm	69.46	100.45	122.18	189.74
	聚熟土层40 cm	79.71	91.96	128.49	176.80
	聚熟土层60 cm	75.36	95.86	100.86	158.37
垄膜	聚熟土层20 cm	65.11	77.85	105.59	122.53
	聚熟土层40 cm	64.76	74.22	89.20	93.85
	聚熟土层60 cm	68.69	79.15	107.79	102.05
差值（沟膜－垄膜）	聚熟土层20 cm	4.35	22.60	16.59	67.21
	聚熟土层40 cm	14.95	17.74	39.29	82.95
	聚熟土层60 cm	6.67	16.71	－6.93	56.32

注：2004年小南瓜生育期降雨量258 mm，无灌溉；测定土壤含水率的位置在沟底。

表7-40　不同处理小南瓜耗水量、产量与水分利用效率

处理		耗水量（mm）	产量（kg/hm^2）	水分利用效率（$kg/(mm\cdot hm^2)$）
沟膜	聚熟土层20 cm	300.48	6 729.2	22.40
	聚熟土层40 cm	282.06	8 277.8	29.35
	聚熟土层60 cm	291.63	8 444.5	28.96
垄膜	聚熟土层20 cm	369.10	6 388.9	17.31
	聚熟土层40 cm	371.12	7 333.4	19.76
	聚熟土层60 cm	396.55	5 166.7	13.03
差值（沟膜－垄膜）	聚熟土层20 cm	－68.62	340.3	5.09
	聚熟土层40 cm	－89.06	944.4	9.59
	聚熟土层60 cm	－104.92	3 277.8	15.93

由表7-39可以看出，播前由于聚土施工，各处理土体储水量有所不同，到收获时，土体储水量均比播前增加，说明小南瓜生育期土体蓄纳的降雨不但供作物耗水，而且增加了土壤储水量。沟膜与垄膜比较，收获后60 cm与100 cm土体储水量，在相同聚土深度下，沟膜均高于垄膜，100 cm土层沟膜比垄膜多储水56.32～82.95 mm。试验结果说明，虽然垄膜的聚水效果比沟膜好，特别是少量降雨，但由于沟底处于裸露状态，土

壤蒸发损失较大，而沟膜抑制了土壤蒸发，作物耗水量减少，因而土壤储水量增加，蓄水保墒效果好于垄膜。从垄膜/沟膜不同聚土深度处理看，收获后土体储水量差异不显著。

由表7-40可以看出，沟膜各不同聚土深度小南瓜产量均高于垄膜，水分利用效率亦然。其中，沟膜聚土40 cm产量与水分利用效率接近最高值，产量比垄膜增加944.4 kg/hm^2，提高12.9%；水分利用效率增加9.59 $kg/(mm \cdot hm^2)$，提高48.5%。沟膜产量高于垄膜的原因除集雨保墒效果好外，沟膜覆盖在种植沟内可以提高出苗阶段土壤温度，促进小南瓜籽早发芽，早出苗，同时可活化土壤养分。

至于聚土深度，以40 cm为好，沟膜处理聚土40 cm产量略低于60 cm处理，但比20 cm处理提高23%；垄膜处理聚土40 cm产量不但比20 cm处理提高14.8%，而且高于60 cm处理；水分利用效率均以聚土40 cm处理为最高。

试验表明，在砂质栗钙土上，作物生长期降水250 mm左右，垄沟宽度2 m左右，垄宽与沟宽比为3∶1的条件下，沟内种植瓜类作物，垄沟覆膜的集雨、保水和增产效果均高于垄背覆膜，而且节省投资。虽然集雨面积小于垄背覆膜，但保墒效果好，且沟膜集水后可通过作物孔直接渗入根区，相当于膜孔局部灌溉，水分利用效率较高。

因此，采用沟膜沟植或垄膜沟植的种植模式，应根据当地土壤、降雨等自然条件，作物种类、整地规格等因素通过试验合理确定，不宜照搬套用。

第八章　城市雨水集蓄利用工程

第一节　城市降水与径流特性

一、城市降水特性

城市建设过程中，地表覆被变化使地表上辐射平衡发生变化，城市生产、生活过程中能源的大量消耗增加了大气中的热量，改变了水、热循环过程与大气质量。与农村相比城市的下垫面结构与功能明显不同，从而影响到了城市的降水、径流等气候特性。

（一）城市雨量统计特征

由于受到城市热岛效应、城市阻碍效应与城市凝结核效应的共同影响（朱元甡等，1991），国外一些城市城区与郊区降水量有明显差异，城市与郊区相比降水量增加幅度为5%～11%（见表8-1）。

表8-1　一些城市平均降水量的城乡差别

地名	记录年数（年）	降水量		
		城市（mm）	郊区（mm）	城乡差别（%）
莫斯科	17	605	539	+11
慕尼黑	30	906	843	+8
芝加哥	12	871	812	+7
厄巴拉	30	948	873	+9
圣路易斯	22	876	833	+5

城区不同级别降雨的发生概率与郊区有着明显差异。以北京为例，城区小于10 mm的雨日数远远少于郊区，大于50 mm的雨日数城区明显多于郊区（见表8-2）。在20世纪60～90年代，北京城区与郊区小于10 mm的雨日数之差分别为237 d、138 d、114 d和114 d，这主要是因为城区下垫面不透水面积大、植被少、蒸发蒸散量远比郊区少，影响局地环流，因而城区小于10 mm雨日数远远少于郊区。而且城、郊区小于10 mm雨日数之差随年代在减少，这与北京城、郊区下垫面也在发生变化有关。80～90年代城区与郊区小于10 mm雨日数趋于一致，这主要是城市发展较快，50～70年代时的郊区现在已经发展成为城区的一部分。在10～50 mm雨日数中，大多数情况下郊区雨日数多于城区雨日数。在大于50 mm雨日数中，总体上城区多于郊区，但七八十年代这种雨日数在减少，而90年代有所增加（宋艳玲，2003）。

表 8-2 1961 ~ 2000 年北京城、郊区降雨日数特征 （单位：d）

年代	<10 mm 日数		10 ~ 25 mm 日数		25 ~ 50 mm 日数		>50 mm 日数	
	城区	郊区	城区	郊区	城区	郊区	城区	郊区
60	659	896	60	88	45	48	25	22
70	687	825	88	103	45	52	22	18
80	701	815	115	115	40	49	15	12
90	678	792	101	107	46	35	18	19

（二）不同重现期和历时的降雨特征

雨水利用工程规划或设计时所采用的一定重现期和历时的降雨称为相应标准的设计降雨。一般的设计暴雨强度计算公式为

$$q = \frac{167A_1(1 + C\lg N)}{(D + b)^n} \tag{8-1}$$

式中 q——设计暴雨强度，L/(s · hm²)；

D——降雨历时，min；

N——设计重现期，年；

A_1、C、n、b——参数，根据统计方法计算确定。

在具有 10 年以上自动雨量记录的地区，设计暴雨强度可按《室外排水设计规范》（GB 50014—2006）的有关规定编制。

以北京为例，由市政暴雨公式可计算得到不同重现期、不同历时的降雨量和时段平均降雨强度，见表 8-3。从表中可以看出北京市不同重现期和历时的降雨特征。

表 8-3 北京市不同重现期、不同历时的降雨量和时段平均降雨强度

时段（min）	重现期（年） 1		2		5		10		20		50	
	P	i	P	i	P	i	P	i	P	i	P	i
5	9.7	1.94	12.1	2.42	15.2	3.04	17.5	3.50	19.9	3.98	23.0	4.60
10	15.4	1.54	19.1	1.91	24.1	2.41	27.8	2.78	31.6	3.16	36.6	3.66
15	19.4	1.29	24.1	1.61	30.4	2.03	35.1	2.34	39.8	2.65	46.1	3.07
20	22.5	1.13	27.9	1.40	35.2	1.76	40.7	2.04	46.2	2.31	53.4	2.67
30	27.1	0.90	33.7	1.12	42.5	1.42	49.1	1.64	55.7	1.86	64.5	2.15
40	30.6	0.77	38.1	0.95	48.0	1.20	55.5	1.39	62.9	1.57	72.8	1.82
60	35.9	0.60	44.6	0.74	56.2	0.94	64.9	1.08	73.7	1.23	85.3	1.42
120	45.7	0.38	56.9	0.47	71.7	0.60	82.8	0.69	94.0	0.78	109.0	0.91

注：雨量 P 单位为 mm；雨强 i 单位为 mm/min。

（三）城市降雨的水质特征

根据北京市 1990 ~ 1991 年对天然降雨水质的监测结果，天然降雨中除氨氮为超 V

类、挥发酚为Ⅴ类、高锰酸盐指数和汞为Ⅲ类、铅为Ⅱ类外，其余 pH 值、硬度、氯化物、硫酸盐、硝酸盐氮、亚硝酸盐氮、生化需氧量、氰、砷 9 项指标均为Ⅰ类，表明天然降雨本身已经受到了一定的污染。

10 年以后，根据中德合作“北京城区雨洪控制与利用技术研究与示范”项目 2001～2004 年的监测结果，北京城区天然降雨 pH 值为 6.70～7.99、DO 为 5.72～9.62 mg/L、电导率为 24～275 μS/cm、总硬度为 6.09～10.15 mg/L、碱度为 0.161～0.222 3 mol/L、COD_{Mn} 为 1.02～4.50 mg/L、硫酸盐为 5.55～18.10 mg/L、NH_3—N 为 2.0～10.0 mg/L、氯化物为 0.56～1.53 mg/L。总体上 21 世纪初的天然降雨污染程度比 10 年前有所增加，这与城市化和大气污染程度加重有一定关系。

二、城市径流特性

与农村地区相比，城市地表不透水面积较多，自然河湖、坑塘、湿地等很少，导致城市下垫面调蓄能力降低，使得地面径流过程、汇流时间、洪峰等产汇流参数发生改变，表现为径流汇流时间缩短，洪峰增大，总体上可从水文和水质两方面描述城市径流的特征。

（一）城市径流水文特性

1. 降雨初损量

城市化后大量天然可渗地面成为不透水的硬质地面，造成降雨产流过程中的初损量发生显著变化。也就是说，降雨产流初期原本可以被自然地面吸收、渗透的“损失水量”大大减少，大部分雨水转化为地表径流。根据周玉文在北京市百万庄小区所做的试验，在 1 h 内新、旧沥青路面的降雨损失分别仅为草地的 6%、12%，为裸露土地的 14%、26%；而屋面的降水损失量更小，一般都仅 1～2 mm。表 8-4 显示了不同下垫面所能产生的降雨径流损失量。北京市水利科学研究所的研究表明，平绿地内一次降雨 30 mm 不会产生径流。根据以上数据可以估计，当流域内城市不透水面达到城市面积的 20% 时，3 年一遇降雨强度，其产流量就可能相当于该地区原有产流量的 1.5～2 倍。

表 8-4　不同下垫面的降雨径流初损量

地表种类	新沥青路面	旧沥青路面	混凝土方砖	红砖	土地面	草地
初损量（mm）	2.8	5.4	9.2	17.2	20.4	46.4

2. 汇流时间

与农村相比，城市下垫面硬化面积较多，粗糙率较小，入渗填洼量较少，降雨后地面汇流时间缩短；同时，随着城市排水管网的日益完善，地面调蓄能力逐渐降低，城市不同区域洪量在短时间内迅速叠加，对城市防洪造成了很大的压力。如图 8-1 所示，同样降水历时与降雨量条件下，城市汇流时间短，洪峰高，出现时间提前。根据北京市水利科学研究所“北京城区雨洪控制与利用技术研究与示范”项目的研究成果，北京城区乐家花园流域 1959 年“7·21”暴雨的降雨量 121.3 mm，洪峰出现时间为 8 h，1994 年“7·12”暴雨降雨量 121.5 mm，降雨历时与前者基本相同，但洪峰出现时间却缩短到 5 h，相比减少了 3 h。

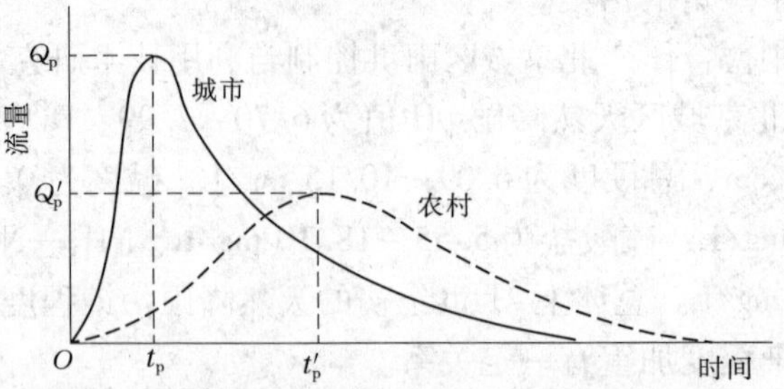

图 8-1　相同降水过程条件下城市与农村径流

3. 降雨径流关系

不同下垫面的降雨径流关系通常用径流系数反映，并由式（8-2）计算雨水管道设计流量

$$Q_s = q\Psi F \tag{8-2}$$

式中　Q_s——雨水设计流量，L/s；

q——设计暴雨强度，L/（s · hm²）；

Ψ——径流系数；

F——汇水面积，hm²。

城市中不同类型下垫面的径流系数见表 8-5。在城市或区域雨水收集利用规划设计中，经常以不同形式下垫面的组合进行计算，对于这种情况以综合径流系数来反映综合区域的降雨径流关系。综合径流系数一般可根据其中不同类型下垫面的面积和相应的径流系数按照加权平均法计算。表 8-6 给出了不同建筑区域的综合径流系数。

表 8-5　城市中不同类型下垫面的径流系数

下垫面种类	Ψ
各种屋面、混凝土和沥青路面	0.85～0.95
大块石铺砌路面和沥青表面处理的碎石路面	0.55～0.65
级配碎石路面	0.40～0.50
干砌砖石和碎石路面	0.35～0.45
非铺砌土路面	0.25～0.35
公园或绿地	0.10～0.20

表 8-6　不同建筑区域的综合径流系数

区域情况	Ψ
城市建筑密集区	0.60～0.85
城市建筑较密集区	0.45～0.60
城市建筑稀疏区	0.20～0.45

（二）城市径流水质特性

1. 城市径流中的有机物含量

有机物含量为降雨与径流主要污染水质指标。根据北京市水利科学研究所对不同下垫面城市径流水质的研究结果：绿地径流有机污染物含量稍低，COD_{Mn}含量2.1～5.9 mg/L，在地表水Ⅲ类标准以内；屋顶径流COD_{Mn}含量为2.4～55 mg/L，平均值为15 mg/L，为Ⅴ类水体；人行道径流与机动车道径流的有机污染比较严重，COD_{Mn}含量分别为2.9～86 mg/L及4.6～150 mg/L，平均值分别为20.0 mg/L及68.0 mg/L，属超Ⅴ类水体。尤其是机动车道径流，COD_{Cr}平均值为96.0 mg/L，高值能达到357 mg/L，已接近生活污水水质。图8-2显示了2001年7月24日所测到的北京海淀区车公庄西路21号院内及附近绿地、屋顶、人行道、机动车道径流的有机物污染物状况。

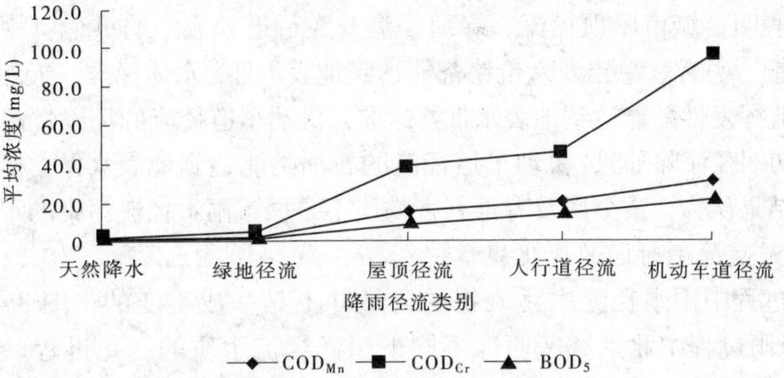

图8-2　降雨径流有机污染物含量

对降雨径流有机物含量作进一步分析可知，雨水水质可生化性较差，BOD/COD值大部分都在0.3以下，因此即使对于有机污染较严重的道路径流来说，也不宜用生物工艺进行处理。

2. 城市径流中的营养物含量

除有机物外，营养物也是降雨与径流的主要污染指标。城市绿地径流营养物含量较高，NH_3^+—N为0.17～3.51 mg/L，平均值为1.05 mg/L；TN为0.3～8.9 mg/L，平均值为2.56 mg/L，为超Ⅴ类；TP为0.136～0.42 mg/L，平均值为0.15 mg/L。屋顶径流营养物含量比绿地径流稍低，NH_3^+—N、TN、TP平均值分别为0.92 mg/L、1.85 mg/L、0.06 mg/L。道路径流营养物含量比屋顶径流和绿地径流都要高，人行道及机动车道径流的TN分别为2.36 mg/L及3.09 mg/L，为超Ⅴ类；TP分别为0.12 mg/L及0.23 mg/L。另外，机动车道径流的NH_3^+—N含量也为1.86 mg/L，接近Ⅴ类水体。图8-3显示了2001年7月24日北京海淀区车公庄西路21号院内及附近绿地、屋顶、人行道、机动车道径流的营养物状况。

随着北京市城市河湖富营养化问题的加剧，面源污染（尤其是城市径流）中的N、P污染受到越来越多的关注。由于机动车道径流的营养物含量偏高，尤其是氨氮与总磷平均含量接近Ⅴ类水质，另外绿地径流的氨氮含量也偏高，因此从营养盐角度分析，这类雨水若排放到河湖尤其是排放至较封闭的水体中去对水体富营养化将产生严重的影响。

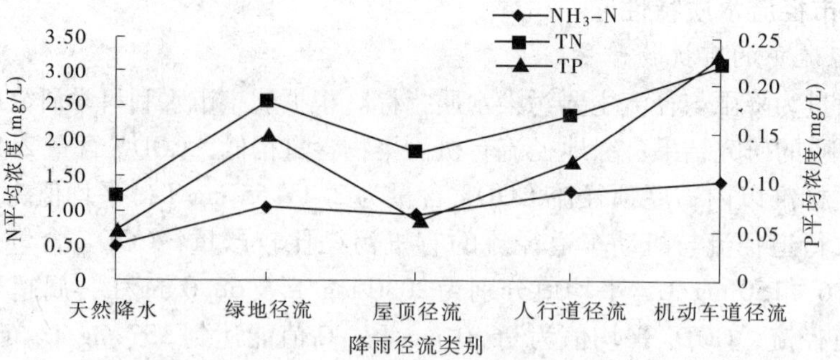

图 8-3　降雨径流营养物含量

3. 重金属及有毒有害物质含量

一些研究表明，城市屋顶径流、绿地径流及人行道径流中的重金属物质较少。机动车道径流的总铜、总锌、总铅及六价铬都能达到地表水Ⅲ类水体标准，天然降水、屋顶径流及人行道径流挥发性酚能达到地表水Ⅲ类标准，机动车道径流的挥发性酚也能达到地表水Ⅲ类标准（初期径流除外），机动车道径流的石油类能达到地表水Ⅳ类标准。因此，目前的初步研究结果认为，重金属及有毒有害物质不是城市雨水径流污染的水质限制因素。

4. 径流水质随降雨时间的变化规律

一场降雨过程中雨水径流中污染物的含量并不是一成不变的，图 8-4 显示了 2001 年 7 月 24 日降雨过程中北京城区西部不同下垫面径流水质的变化过程。从图 8-4 中可见，总体上随着降雨历时的延长，径流中各种污染物浓度呈下降态势，产流的最初 10～15 min 内径流中污染指标浓度较高，之后水质随时间变化趋缓，渐趋于一个稳定值。

5. 初期降雨径流水质

初期降雨径流是指降雨后屋面、地面等不同下垫面初期形成的污染物含量较高的那部分雨水。由于降雨淋洗和冲刷作用，初期降雨径流中挟带了雨滴下降过程中冲下的大气污染颗粒，到达下垫面后冲刷的下垫面沉积物，因此雨水径流初始污染物浓度较高。绿地初期径流有机物含量能达到地表水Ⅲ类标准，NH_3^+—N、TN 均值分别为 2. 20 mg/L、5. 13 mg/L，均属超Ⅴ类，TP 均值为 0. 33 mg/L，为Ⅴ类水体，可见绿地径流的营养物含量不低。屋面初期径流有机物含量较高，COD_{Mn}为 3. 0～55. 0 mg/L，均值为 25. 5 mg/L，COD_{Cr}均值为 96 mg/L，有机物污染程度较为严重。NH_3^+—N、TN 均值分别为 2. 15 mg/L 和 3. 50 mg/L，均属超Ⅴ类。初期道路径流有机物污染程度相当高，人行道径流与机动车道径流 COD_{Mn}均值分别为 36. 2 mg/L 与 68. 0 mg/L，COD_{Cr}分别为 96. 0 mg/L 与 212 mg/L，已接近于生活污水。另外，初期人行道与机动车道径流 TN 含量也较高，均值分别为 4. 20 mg/L 与 6. 32 mg/L，均为超Ⅴ类。初期降雨径流的重金属及有毒有害物质一般能达到地表水Ⅲ类标准。因此，在进行城市雨水利用工程的设计时应将初期径流与后期径流分离。

6. 不同下垫面降雨径流水质总体特性

从有机物含量、营养物质含量等较重要的化学指标进行分析，各种不同下垫面径流水质优劣排序为绿地径流、屋顶径流、人行道径流、机动车道径流。扣除初期雨水进行

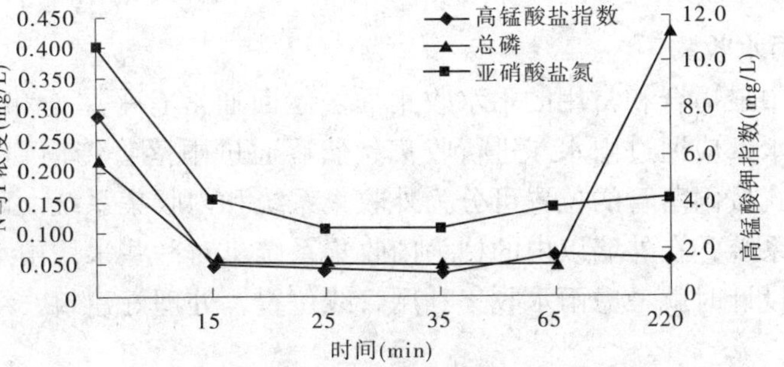

(a)人行道径流水质随时间变化曲线

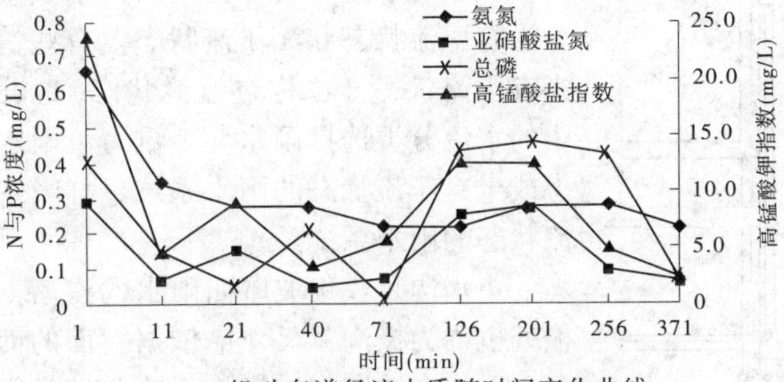

(b)机动车道径流水质随时间变化曲线

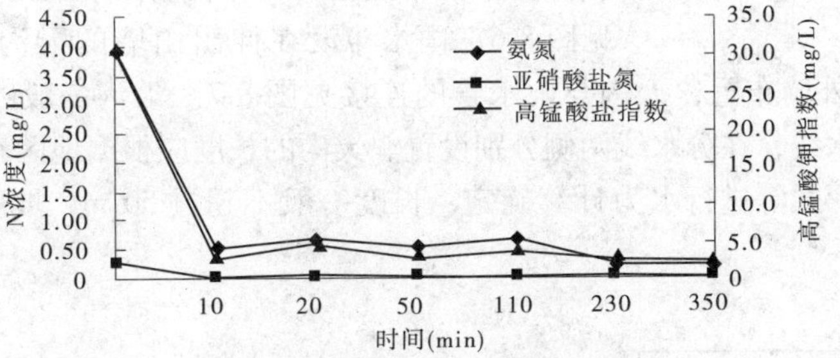

(c)屋顶径流水质随时间变化曲线

图 8-4　不同下垫面降雨径流水质随时间变化规律

综合评价，天然降水、绿地径流与屋顶径流水质较好，基本能达到地表水Ⅴ类标准，人行道与机动车道径流污染较为严重，为超Ⅴ类，不宜进行处理回用。

第二节　城市雨水收集与存储

城市雨水可依据不同下垫面和用途采取相应的收集利用措施，通常包括雨水的收集、传输、处理净化、储存利用等措施。

一、城市雨水收集与传输

（一）屋面雨水收集

屋面是城市中最适合和常用的雨水收集面。屋面通常有平屋面和坡屋面两种形式，不论哪种形式雨水都应通过雨水斗进行收集，然后通过雨落管传输到地面或地下管道。屋面雨水收集方式按雨落管的位置可分为外收集系统和内收集系统。雨落管在建筑墙体外的称为外收集系统，在外墙以内的称为内收集系统。对一些采用雨水内排水的大型建筑，最好在建筑设计时就考虑雨水收集利用管线位置，处理好建筑、结构与排水专业的关系。

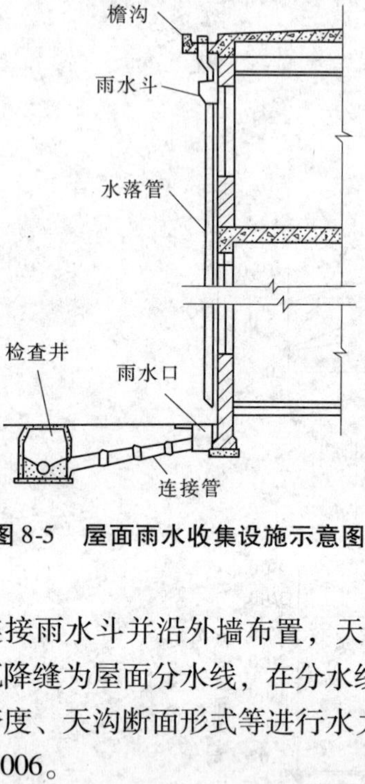

图 8-5　屋面雨水收集设施示意图

普通屋顶雨水收集设施主要包括屋顶集水沟、天沟、雨水斗和立管（雨落管）等，如图 8-5 所示。

从水力学的角度可将屋面雨水收集管中的水流状态分为有压流状态和无压流状态。有些情况下还可表现为半有压流状态（也称过渡流状态）。设计时应按雨水管中的水流分类选择雨水斗。重力流雨水斗用于无压流状态或半有压流状态的雨水系统，虹吸式雨水斗用于有压流状态的雨水系统。

集水沟是收集坡屋面雨水的沟槽，因其通常位于屋檐处也称为檐沟，尺寸应依据屋面的面积确定。集水沟可水平或有坡度，坡度小于 0.003 时应具有自由出流的雨水出口。对长度不超过 100 m 的多跨建筑物可以使用天沟，天沟布置在两跨中间并坡向端墙，其布置示意图见图 8-6。雨水斗设在伸出山墙的天沟末端，排水立管连接雨水斗并沿外墙布置，天沟与雨水管的连接见图 8-7。天沟一般以建筑物伸缩缝或沉降缝为屋面分水线，在分水线两侧分别设置。天沟的长度应根据地区暴雨强度、建筑物跨度、天沟断面形式等进行水力计算确定，长度一般不超过 50 m，坡度一般为 0.003 ~ 0.006。

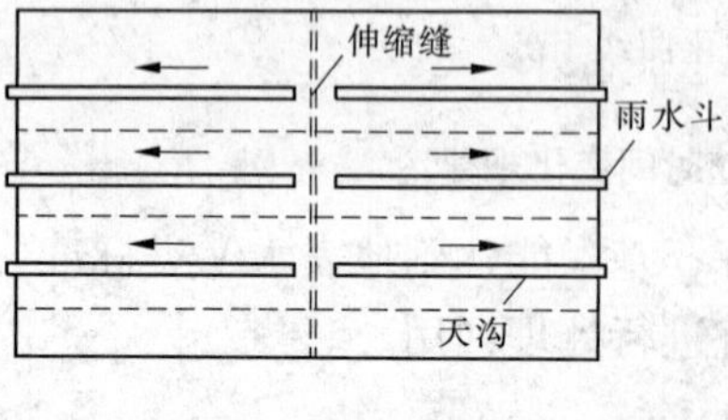

图 8-6　天沟布置示意图

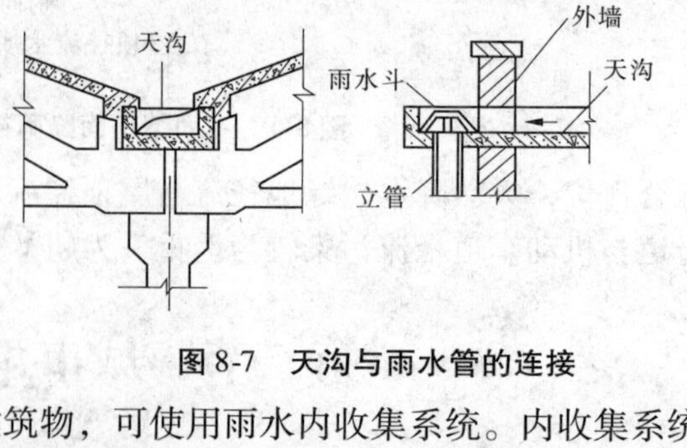

图 8-7　天沟与雨水管的连接

对于跨度大、跨度多、立面要求高的建筑物，可使用雨水内收集系统。内收集系统由雨水斗、连接管、悬吊管、立管、横管等组成。按照雨水排出的安全程度，内排水系统分为开敞式和密闭式两种，前者是重力流、后者是压力流。图 8-8（a）、（b）分别为有压流雨水斗在可上人屋面上安装和轻钢结构屋面钢板天沟内安装示意图。一个屋面上的雨水斗不少于 2 个。虹吸式雨水斗系统同一排悬吊管上的多个雨水斗宜布置在同一水平面上。天沟内布置多个虹吸式雨水斗时，天沟不需做坡度，若雨水斗为重力式，则宜有坡向雨水斗的坡度。

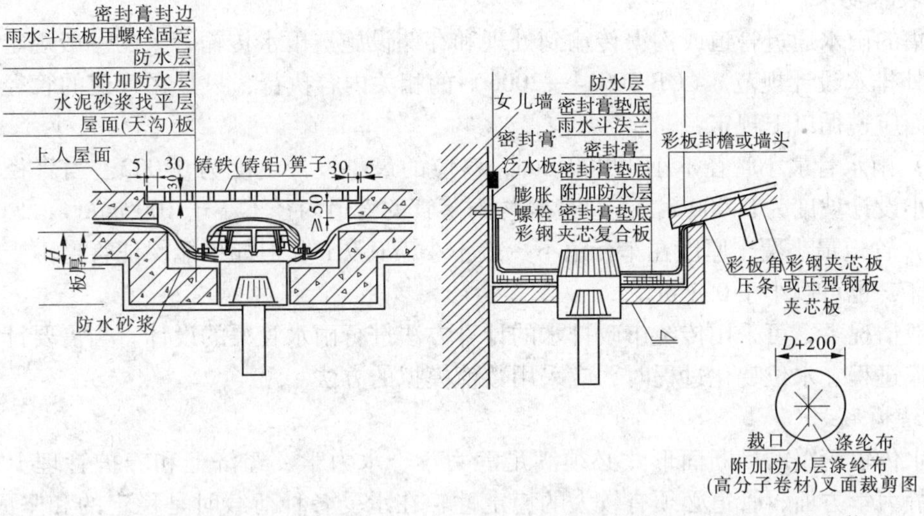

(a)可上人屋面安装　　(b)轻钢结构屋面钢板天沟内安装

图 8-8　有压流雨水斗安装示意图　（单位：mm）

屋面雨水内收集系统对应的是内排水屋面，其雨水管出口一般垂直于建筑外墙，需要采用如图 8-9 所示的形式连接到下游收集管线。雨漏管和地下雨水主管道横向连接管的坡降应不小于 0.01，连接管应与主管道斜交，必要时可加装 45°弯头。

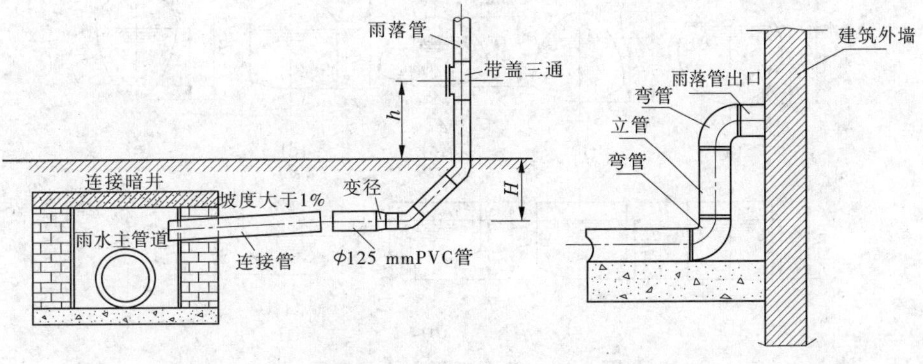

(a)外排水　　(b)内排水

图 8-9　雨落管连接示意图

（二）铺装地面雨水收集

地面雨水主要通过雨水口收集。街道、庭院、广场等地面上的雨水首先经雨水口通过连接管入排水管渠。雨水口的设置，应能保证迅速有效地收集地面雨水。一般应设在交叉路口、路侧边沟的一定距离处以及没有道路边石的低洼地区，以防止雨水漫过道路或造成道路及低洼地区积水而妨碍交通。雨水口的形式和数量通常应按汇水面积所产生的径流量和雨水口的泄水能力确定。雨水口及连接管的设计参照《室外排水设计规范》(GB 50014—2006)。雨水利用系统中的雨水口应依据地形、水质等情况，考虑采用具有去除初期径流和拦截较大颗粒污染物与油污功能的环保型雨水口。

（三）城市雨水传输管渠

1. 技术要求

收集的雨水通过管道或沟渠传输到处理和存储设施。雨水传输管渠的一般规定应参照《室外排水设计规范》(GB 50014—2006）的相关内容执行，只是在管道的管径、埋深等方面应遵循以下规定：

（1）雨水管最小管径不小于 300 mm，对应的最小设计坡度为 0.002。当管径增大时，最小设计坡度为 0.000 5。连接建筑物雨落管的管道内径不小于 100 mm。

（2）管道最小覆土厚度在车行道下一般不小于 0.7 m，但如果能保证管道不受外部荷载损坏，也可以小于 0.7 m。

一般情况下，可采用传统市政排水的计算方法进行雨水管渠的设计。当需要计算系统的径流过程、水位变化过程时，应采用数值模拟的方法。

2. 结构形式

雨水传输管渠的横断面形式必须满足静力学、水力学、经济上和养护管理上的要求。在静力学方面，管道必须有较大的稳定性，在承受各种荷载时是稳定的和坚固的。在水力学方面，管道断面应满足最大的排水流量，并在一定的流速下不产生淤积。在经济方面，应尽量降低管道造价。在养护方面，管道断面应便于冲洗和清淤。参考《给排水设计手册》，常用管渠断面形式有圆形、半椭圆形、马蹄形、矩形、梯形和蛋形等(见图 8-10)。

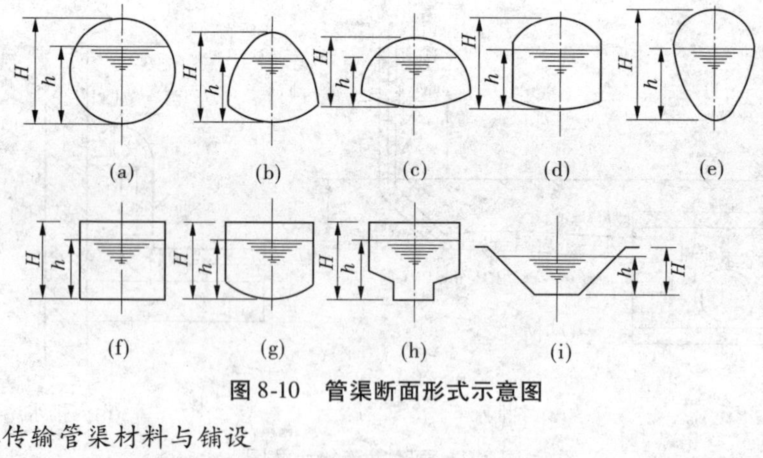

图 8-10　管渠断面形式示意图

3. 雨水传输管渠材料与铺设

1）管渠材料一般要求

雨水传输管渠必须具有足够的强度，以承受外部荷载与内部的水压，并保证在运输和施工中不致破裂。外部荷载包括土壤的重量——静荷载，以及由于车辆运行所造成的动荷载。压力管及倒虹吸管一般要考虑内部水压。自流管道发生淤塞时或雨水管渠系统的检查井内充水时，也可能引起内部水压。雨水管渠应具有抵抗污水中杂质的冲刷和磨损的能力，也应具有抗腐蚀的性能，以免在污水或地下水的侵蚀作用（酸、碱或其他）下很快损坏。雨水管渠的内壁应整齐光滑，使水流阻力尽量小。雨水管渠应就地取材，并考虑预制管件及快速施工的可能，以节省管渠造价及运输和施工费用。

2）常用排水管渠材料

（1）混凝土管和钢筋混凝土管。适用于排除雨水、污水。分为混凝土管、轻型钢筋混凝土管和重型钢筋混凝土管3种。它们可以在专门的工厂预制，也可以在现场浇筑。管口通常有承插式、企口式、平口式。

（2）金属管。一般包括钢管和铸铁管。钢管又可分为焊接型钢管和无缝钢管，铸铁管可分为砂型离心铸铁直管和连续铸铁直管。金属管刚度大、承压能力强、质地坚固。钢管采用焊接、法兰连接和螺纹连接；铸铁管一般采用承插连接，用橡胶圈止水（柔性连接）或用石棉水泥填塞接缝止水（刚性连接）。

（3）陶土管。由塑性黏土制成，可分为无釉、单面釉、双面釉等几种形式。管口通常有承插式、平口式两种。

（4）硬质聚氯乙烯管（PVC/UPVC）。该种管作为一种新型排水管材已在近几年得到广泛应用。该管材重量较轻，搬运、装卸、施工便利；PVC/UPVC管材耐酸、耐碱、耐腐蚀，对于酸性、碱性和有腐蚀性废水尤为适合；PVC/UPVC管材管壁光滑，水力条件较好。管口连接主要有扩口承插式、套管式、螺纹式、法兰式、热熔焊接式。

（5）大型排水渠道。排水管道的预制管管径一般小于2 m，当管道设计断面大于1.5 m时，也可以在现场建造排水渠道。建造大型渠道的建筑材料主要有砖、石、陶土块、混凝土、钢筋混凝土等。在多数情况下，建造大型排水渠道，常采用两种以上材料。

3）管道基础

管道基础一般可分为弧形素土基础、灰土基础、砂垫基础、混凝土基础和枕基。

（1）弧形素土基础。适用于槽底无地下水、土质能保证挖成弧形、管径为150～1 100 mm、管道埋深为0.8～3.0 m的情况，但不适合管道埋设在车道下，且埋深小于1.5 m，管道为干线以及几种管线合槽施工的情况。

（2）灰土基础。适用于槽底无地下水、土质较疏松、管径为150～700 mm的情况，比较适合于水泥砂浆抹带接口、套管接口、承插接口的管道。

（3）砂垫基础。适用于无地下水、坚硬岩石地区、管道埋深为1.5～3.0 m的情况，埋深小于1.5 m时，不适合采用。

（4）混凝土基础。对地下水位要求不严，适用于槽底是在施工中未被扰动的原状土、管径为200～2 000 mm、管道埋深为0.8～6.0 m的情况，比较适合于水泥砂浆抹带接口、套管接口、承插接口的管道。

（5）枕基。适用于干燥土壤，比较适合于水泥砂浆抹带接口且管径不大于900 mm、承插接口且管径不大于600 mm的管道。

二、城市雨水处理与净化

城市雨水一般需要经过适当处理后才能使用。处理方法应依据水质状况、用途和水质标准确定。雨水处理可分为常规处理和非常规处理。常规处理是指经济实用、应用广泛的处理工艺，主要有初期径流弃除、沉淀、过滤、消毒和一些自然净化技术等；非常规处理是指一些效果好但费用较高或适用于特定条件下的工艺。本书主要介绍常规雨水处理方法，非常规雨水处理方法可参考相关水处理书籍。

（一）初期径流弃除

1. 初期径流量

初期径流量可以径流量或径流产生时间来划分。依据相关研究结果，不同下垫面初期弃流量可参照表 8-7 选取。具体不同下垫面初期弃流量的确定需根据当地的大气、下垫面状况等条件确定，在条件较好地区可选择较小的弃流值，在污染严重城市中心区或工业区，则选择较大值，以确保水质安全。另外也用时间来控制初期径流量，将产流后 10 ~ 15 min 内的地表径流作为初期径流。

表 8-7　不同下垫面初期弃流量

下垫面类型	砖瓦屋顶	人行道	绿地	居民区机动车道
初期弃流量（mm）	1 ~ 3	2 ~ 4	1 ~ 2	3 ~ 7

2. 初期径流弃除装置

1）优先流法弃流池

优先流法是将设定的初期径流优先排入一定容积的初期径流池内，初期径流池容积装满后后期径流再直接流入下游管道（见图 8-11）。弃流池一般用砖砌、混凝土现浇或预制，可设计为在线式或离线式。所截留的初期雨水在降雨结束后或者由水泵排入污水管道，或者通过透水的侧墙逐渐渗入周围的土壤。

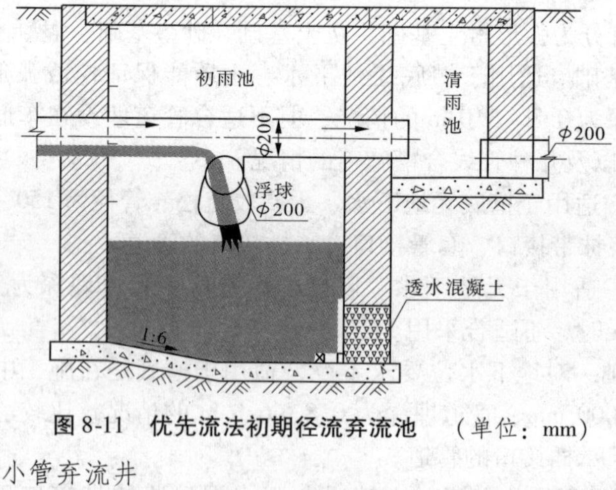

图 8-11　优先流法初期径流弃流池　（单位：mm）

2）切换式或小管弃流井

切换式弃流井在雨水检查井中同时埋设连接下游雨水井和下游污水井的两根连通管，在两个连通管入口处设置简易手动闸阀或自动闸阀进行切换。可以根据流量或水质来设计切换方式，人工或自动调节弃流量。这种方法最大的问题是对随机降雨操作控制比较困难。当弃流管与污水管直接连接时，应有措施防止污水管中污水倒流入雨水管线，可采用加大两根连通管的高差等方式。

小管弃流井将初期雨水弃流管设计为分支小管，初期水质差的小流量首先通过小管排走，超过小管排水能力的后期径流再进入雨水收集系统。该法的特点是自动弃流，可以减少切换带来的运行和操作的不便，但弃流量难以合理控制，尤其是在降雨强度较小而降雨量很大时可能会使弃流量加大，减少收集水量甚至收集不到雨水。该法一般适用于汇水面较大，有足够的收集水量的情况。

3）旋流分离式初雨弃流设备

由雨水管道收集的雨水沿切线方向流入旋流筛网，筛网由一定目数的合金材料制成。降雨初期当筛网表面干燥时，在水的表面张力和筛网坡度作用下，雨水在筛网表面以旋转的状态流向中心的排水管，初期雨水即被排入雨水或污水管道。随着降雨延续，筛网表面不断被浸润，水在湿润的筛网表面上的张力作用将大大减少，中后期雨水就会穿过筛网汇集到集水管道，最终接入蓄水池。这种装置的主要特点是通过改变筛网的面积和目数可以按时间控制初期雨水弃流量；初期雨水来临时，可以自行将上次残留在筛网上的树叶等滤出物冲入雨水或污水管道中，自行清洁。

4）自动翻板式初期径流分离器

该装置的工作原理是设计了一个能自动翻转的翻板。没有雨水时，翻板处于弃流管位置，降雨开始后，初雨沿翻板经过弃流管排走。随着径流的增多，翻板依靠重力会自动翻转，雨水沿翻板经过雨水收集管进入蓄水池。当停止降雨一定时间后翻板依靠重力作用自动恢复原位，等待下一次降雨。翻板的翻转时间和停雨后自动复位时间可根据具体情况在安装时调节。该装置主要安装在雨落管上，无需建设弃流池，可以灵活地将初雨分离出去，整个过程自动完成。通过使用该装置可以有效地控制每场降雨径流中的大部分污染物，能显著地改善蓄水池中的雨水水质，保证整个系统安全而高效地运行。

（二）沉淀

1. 雨水沉淀的原理

1）雨水的可沉淀性

一些研究表明，城市雨水径流中的其他污染指标与SS有很好的线性正相关关系，如图8-12所示，并且车武等（2006）研究认为，城市雨水有较好的沉淀性，雨水沉淀120 min，其中的浊度和SS可去除35%～90%，沉淀480 min后可去除50%～90%。因此，可以通过沉淀去除雨水中的大部分污染物。但是由于各地下垫面的质地、降雨特性等的差异，造成雨水中的可沉悬浮固体颗粒的浓度、粒径大小、分布及沉速等不同，其沉降特性和去除规律也不尽相同。

2）雨水沉淀的方式

沉淀通常可分为自由沉淀、絮凝沉淀、成层沉淀和压缩沉淀四种类型，其基本原理和理论可参考其他水处理著作。雨水水质的特点决定其主要为自由沉淀，沉淀过程比较简单。雨水中密度大于水的固体颗粒在重力作用下沉淀到池底，与水分离。沉淀速率主要取决于固体颗粒的密度和粒径。但雨水的实际沉淀过程也很复杂，因为不同的颗粒有不同的沉降速率，一些密度接近于水的颗粒可能在水中停留时间很长。而且，对于连续流沉淀池，固体颗粒不断随雨水进入沉淀池，其流量随降雨历时和降雨强度变化，水的

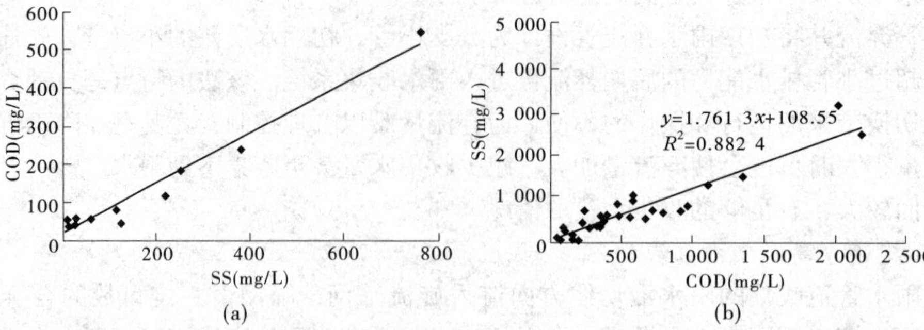

图 8-12　城市雨水径流中 COD 与 SS 的关系

紊流使颗粒的沉淀过程难以精确描述。在雨水利用系统中，如果不考虑降雨期间进水过程，雨停后池内基本处于静止状态，沉淀效果很好。

2. 雨水沉淀池

雨水沉淀池可采用平流式、竖流式、辐流式、旋流式等。考虑降雨的非连续性，可将沉淀池设计为静态沉淀池，与调蓄池共用，以减少投资。即在降雨过程中首先将雨水收集到调蓄池，待雨停后再静沉一段时间，将上清液取出使用或排入后续处理构筑物。当雨水中含有较多的砂粒等颗粒物且雨水利用系统规模较大时，也可在调蓄池之前设旋流式沉沙池。具体设计时应依据系统设计目的、场地、水质、后续工艺和运行要求等情况加以选择。由于城市用地紧张和收集雨水的高程关系，通常雨水沉淀池多建于地下。根据规模的大小与现场条件，雨水沉淀池一般可采用钢筋混凝土结构、砖石结构等。小规模沉淀池也可用塑料、玻璃钢等材料，塑料和玻璃钢沉淀池便于批量生产与现场安装。如果选用塑料等有机材料，在酸雨较多的地区可添加适量的硅、钙以中和雨水中的酸性。有条件时最好利用已有的水体做调蓄、沉淀之用，可大大降低投资，如景观水池、湿地池塘等，后者还有良好的净化作用。若水质较差，可考虑设计前置沉淀池来保护整个系统的正常运行，也便于维护。

（三）过滤

1. 雨水过滤机理与效果

1）雨水的过滤机理

雨水过滤是使雨水通过滤料（如砂等）或多孔介质（如土工布、微孔管、网等），以截留水中的悬浮物质，从而使雨水净化的物理处理方法。这种方法既可作为保护后期处理的预处理，也可用于最终的处理工艺。雨水过滤的处理过程主要是悬浮颗粒与滤料颗粒之间黏附作用和物理筛滤作用。在过滤过程中，滤层空隙中的水流一般属于层流状态，被水流挟带的颗粒将随着水流流线运动。当水中颗粒迁移到滤料表面时，则在范德华力和静电力相互作用，以及某些化学键和某些特殊化学吸附力作用下，被黏附于滤料颗粒表面，或者滤料表面上原先黏附的颗粒上。此外，也会有一些絮凝颗粒的架桥作用。在过滤后期，表面筛滤作用会更明显。

2）雨水过滤的效果

过滤不仅可去除水中的悬浮物，而且部分有机物、细菌、病毒等将随悬浮物一起被去除。残留在滤后水中的细菌、病毒等在失去悬浮物的保护或依附时，在滤后消毒过程中也容易被杀灭。直接过滤对COD的去除率较低，根据水质的不同有时可能仅为25%左右，而接触过滤可达65%以上，接触过滤对SS的去除率可达90%以上，对雨水中的氮、金属及病原体等污染物的去除率可分别达TN > 30%、金属 > 60%、细菌35% ~ 70%。

2. 雨水过滤池

1）雨水过滤池的类型

广义的雨水过滤包括表面过滤、滤层过滤和生物过滤等形式。表面过滤是指利用过滤介质的孔隙筛滤作用截留悬浮固体，被截留的颗粒物聚积在过滤介质表面的一种过滤方式。根据水中固体颗粒的大小及过滤介质结构不同，表面过滤可以分为粗滤、微滤和膜滤。粗滤以筛网或类似的带孔眼材料为过滤介质，截留的颗粒约在100 μm以上。微滤所截留的颗粒为0. 1 ~ 100 μm，所用介质有筛网、多孔材料等。用土工布的过滤属于微滤。膜滤所用过滤介质为人工合成的滤膜，电渗析法、纳滤法即属于此类。膜滤因其费用较高，在雨水净化中较少采用。滤层过滤是指利用滤料表面的黏附作用截留悬浮固体，被截留的颗粒物分布在过滤介质内部的一种过滤方式。过滤介质主要是砂等粒状材料，截留的颗粒主要是从数十微米大小到胶体级的颗粒。生物过滤是指利用土壤—植物生态系统的一种技术，是在机械筛滤、植物吸收、生物黏附和吸附、生物氧化分解等综合作用下，截留悬浮固体和部分溶解性物质的一种过滤方式，因此效果较好。一般利用城市雨水灌溉绿地的过滤采用表面过滤和滤层过滤就基本能够满足要求。

2）雨水过滤池的结构

一般的雨水过滤池都采用滤层过滤。过滤池通常由进水系统、配水系统、滤料、承托层、集水系统等组成，其结构如图8-13所示。雨水过滤池一般不设反冲洗系统，而是通过定期清理或更换滤料的做法，防止滤池堵塞，恢复过滤池的过滤能力和水通量。

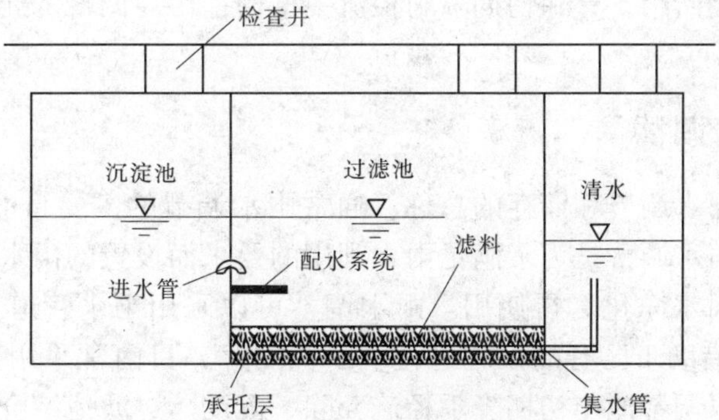

图8-13　雨水过滤池结构示意图

雨水过滤池的滤料与常规水处理滤池基本相同，宜采用石英砂、无烟煤、重质矿石、硅藻土等，也可采用洁净的碎石、粗砂、中砂等做滤料。承托层一般采用洁净的碎石。包括承托层在内的过滤层整体厚度一般为80 ~ 120 cm。滤料可以是单层，也可以为双层或多层。操作上可向上流，也可向下流，通常设计成向下流。为了适应雨水悬浮物浓度高、水质差异大、流量变化大等特点，应选择成本低、机械强度好、粒径适应范围广的滤料，并考虑双层与多层相结合。

（四）不同下垫面雨水处理工艺

雨水处理工艺必须依据进水水质和回用水质标准进行选取，保证出水水质的安全可靠和工艺的经济性。以灌溉为目的的雨水收集，用水时间往往在降雨后2～3 d，因此有足够的沉淀时间，选择自然沉淀是一种简单而有效降低成本的处理方法。自然沉淀时间超过90 min时，COD_{Mn}去除率达到30%，并且为保证水质，雨水沉淀池需避光安置，以免见光后水质变差。若灌溉用水对水中颗粒粒径大小要求较高，则需对雨水采取过滤处理，过滤设施可选用介质过滤或筛网过滤。

通过对不同下垫面的水质情况和绿地灌溉用水水质要求的综合分析，提出屋顶、硬化路面雨水处理工艺。屋顶雨水在弃除初期降雨径流后水质较好，一般来说可直接存储用于灌溉；小区内硬化路面弃除初期降雨径流后污染物SS浓度还较高，通过沉淀和过滤等简单的物化处理后即可满足灌溉水质要求，而且介质过滤池（器）对COD_{Mn}有一定的去除效果，并且可以有效控制出水色度、浊度。

1. 屋面雨水处理工艺

瓦、水泥砂浆等材料的坡屋顶和平屋顶雨水处理工艺为：弃除初期降雨径流→格栅拦污→调蓄沉淀池→回用，弃除初期降雨径流→排入周围绿地→入渗槽、入渗井、入渗沟等→下渗或存储回用。

油毡、沥青为防水材料的屋面雨水中含有沥青、油毡的溶出物，有色有味，一般水质较差，其处理工艺为：弃除初期降雨径流→格栅拦污→沉淀过滤池→调蓄池→灌溉回用。

2. 小区内硬化路面雨水处理工艺

城市小区内硬化路面常用的雨水处理工艺为：弃除初期降雨径流→格栅拦污→沉淀过滤池→调蓄池→灌溉回用，弃除初期降雨径流→排入周围绿地→入渗槽、入渗井、入渗沟等→下渗或存储回用，弃除初期降雨径流→格栅拦污→调蓄沉淀池→过滤池→灌溉回用。

三、城市雨水调蓄

雨水调蓄是指雨水调节和储存的总称。通常雨水调节的主要目的是削减洪峰流量。雨水利用系统中的雨水调蓄是为了满足雨水利用的要求而设置的雨水暂时存储空间，降雨停止后将剩余的雨水净化后再使用。雨水调蓄可以采用雨水管道、专门的调蓄设施（如调蓄池等），或借助于已有的设施进行调节和储存，目前常采用专门的调蓄设施进行调蓄。通常将雨水调蓄池与初期降雨径流弃除、沉淀、过滤池结合在一起建造，形成具有多种功能的雨水存储池，也叫雨水综合池，简称雨水池。因此，雨水池具有滞蓄调节和储存两种功能，其容积也应当包括回用容积和调蓄容积两部分。回用容积是指雨水池用于储存回用雨水的一部分容积。调蓄容积是指雨水池用于调节径流峰值的容积。

（一）雨水池类型

雨水池的形式有许多种，根据建造位置不同，可分为地下封闭式、地上封闭式、地上开敞式（地表水体）等。地下封闭式调蓄池的结构可以是混凝土结构、砖石结构、玻璃钢、塑料与金属结构等；地上封闭式调蓄池的常见结构有玻璃钢、塑料与金属结构等，如集雨樽；地上开敞式调蓄池常利用天然池塘、洼地、人工水体、湖泊、河流等进行调蓄。根据雨水调蓄池与雨水管系的关系，雨水调蓄有在线式和离线式之分。

雨水调蓄池的位置一般设置在雨水干管（渠）或有大流量交汇处，或靠近用水量较大的地方，尽量使整个系统布局合理，减少管（渠）系的工程量。可以是单体建筑单独设置，也可以是建筑群或区域集中设置。设计地表调蓄池时尽量利用天然洼地或池塘，减少挖土方量，以减少对原地貌的破坏，并应与景观设计相结合。

1. 地下封闭式调蓄池

目前，地下封闭式调蓄池一般采用钢筋混凝土结构或砖石结构，其优点是安全，节省占地，便于雨水重力收集，避免阳光的直接照射，保持较低的水温和良好的水质，藻类不易生长，防止蚊蝇滋生。由于该调蓄池增加了封闭设施，具有防冻、防蒸发功效，可常年蓄水，也可季节性蓄水，适应性强。可以用于用地紧张、对水质要求较高的场合。但施工难度大、费用较高。

设计时应根据当地建筑材料情况选用结构形式。国外也有用组装箱拼装式结构的调蓄池，施工快速、简单。

2. 地上封闭式调蓄池

地上封闭式调蓄池一般用于单体建筑屋面雨水集蓄利用系统中，常用玻璃钢、金属或塑料制作。其优点是安装简便，施工难度小，维护管理方便，但需要占用地面空间，水质不易保障。该方式调蓄池一般不具备防冻功效，季节性较强。目前，开始流行的集雨樽便是一种地上封闭式调蓄池，如图 8-14 所示。每个集雨樽高度 1.5 m 左右，设有进水管、排水管、初雨弃除装置、溢流管。集雨樽形状可与周围环境相结合，采用不同的造型和图案，图 8-15 为两处集雨樽的应用实例。

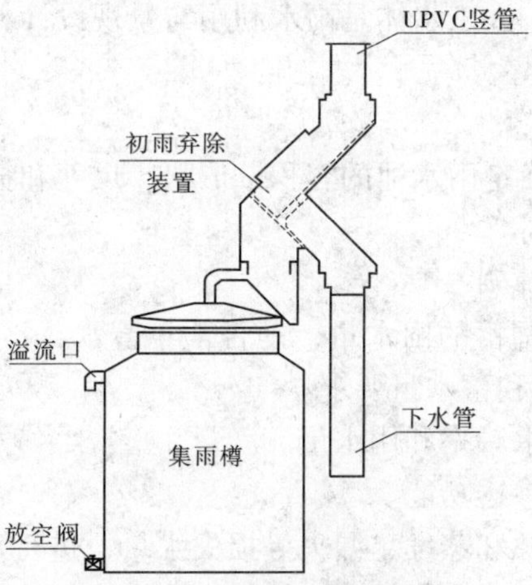

图 8-14 集雨樽工艺示意图

3. 地上开敞式调蓄池

地上开敞式调蓄池属于一种地表水体，其调蓄容积一般较大，费用较低，但占地较大，蒸发量也较大。地表水体分为天然水体和人工水体。一般来说，地上开敞式调蓄池

图 8-15　集雨樽应用实例图

应结合景观设计和小区整体规划以及现场条件进行综合设计。设计时往往要将建筑、园林、水景、雨水的调蓄利用等以独特的审美意识和技艺手法有机地结合在一起，达到完美的效果。作为一种人工调蓄水池，一般不具备防冻和减少蒸发的功能。对数十座城市二百多个住宅小区景观水池的调研表明，渗透率超过 50%。因此，在结构选择、设计和维护中注意采取有效的防渗漏措施。一旦出现渗漏，修复将是非常困难和昂贵的，尤其对较大型的调蓄池。在拟建区域内有池塘、洼地、湖泊、河道等天然水体时，应优先考虑利用它们来调蓄雨水。人工水体是雨水利用与景观设计相结合的常用方式。其构造和防渗作法有多种。

（二）雨水池设计

雨水池的设计主要是确定雨水池的容积、形状、尺寸和控制标高。其中，最关键的是确定容积和相关控制标高。

1. 雨水池容积确定的原则

（1）要考虑可收集和调蓄的雨水量，是否常年蓄水，蓄水的主要目的（是收集利用，还是蓄洪排涝）、用途和蓄水量要求。

（2）雨水收集后的用水频率和用水量。

（3）雨水调蓄池有无渗透功能。

（4）充分考虑其他水源和蒸发、漏失等损失水量，进行水量平衡分析。

（5）选用多种形式进行对比、筛选，按投入产出比等经济指标确定最佳容积。

（6）雨水利用设施设计标准（目前还没有）和防洪排涝设计标准等。

2. 雨水池容积设计方法

以存储利用为主要目的的蓄水池，可采用日调节计算的方法确定蓄水池的回用容积。即在已知每天回用水量的情况下，根据多年的日降雨资料进行调节计算。调节计算应有10年以上的逐日降雨资料。计算流程如图8-16所示。采用日调节计算法确定雨水池回用容积与雨水收集效率之间的关系曲线，再由经济技术分析确定雨水收集效率和回用容积。雨水利用率可依据雨水池容积与工程投资的关系和雨水池容积与收益或净效益的关系，以工程投资最小或收益最大等为目标确定。雨水收集效率按下式计算

$$\eta_T = \frac{Q_{uT}}{Q_{iT}} \tag{8-3}$$

式中　η_T——雨水池的雨水收集效率；

Q_{iT}——多年调节计算的总来水量，m^3；

Q_{uT}——多年调节计算的总用水量，m^3。

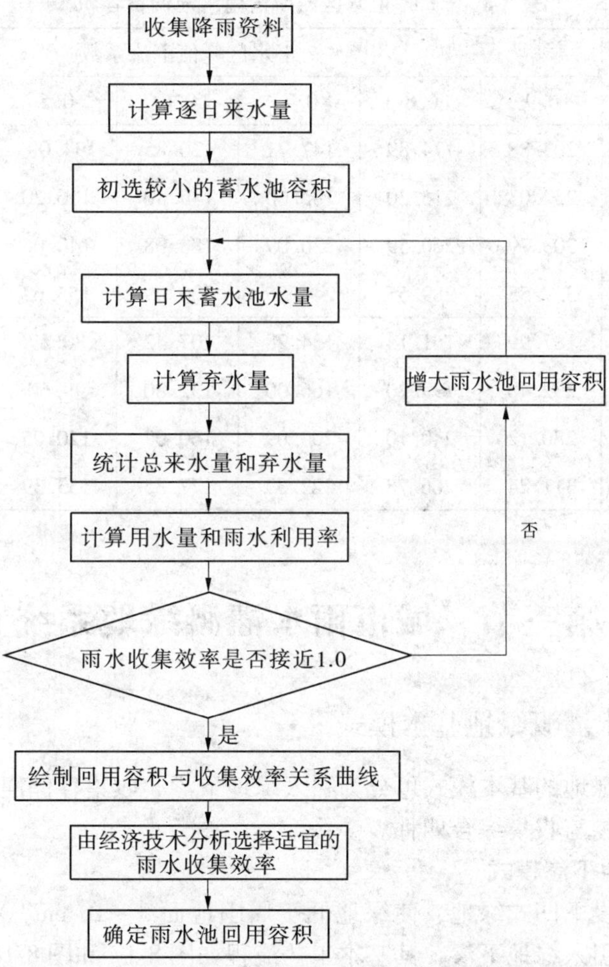

图8-16　日调节计算法确定雨水池回用容积流程图

如果降水资料不能满足，可采用1～2年一遇最大2 h降雨扣除初期降雨径流后的径流量确定雨水池的回用容积。雨水池的调蓄容积、溢流堰顶高程等参数应根据设计降雨过程采用的数值模拟方法计算确定。条件不具备时，也可参考表8-8选取调蓄容积，并按照式（8-4）确定溢流堰顶标高，即

$$z_{ov} = z_u + \frac{V_r}{A_T} \tag{8-4}$$

式中　z_{ov}——雨水池溢流堰顶标高，m；

z_u——雨水池回用容积对应的水位标高，m；

V_r——雨水池的调蓄容积，m^3；

A_T——调蓄容积对应的雨水池有效截面面积，m^2。

当控制峰值汇流系数较小时，取较大调蓄容积，反之取较小调蓄容积；当雨水利用标准较高时，取较大调蓄容积，反之取较小调蓄容积。调蓄容积应能够自动排空，排空时间不大于 12 h。

表 8-8　1 hm^2 汇水区域所需雨水池调蓄容积　（单位：m^3）

控制峰值汇流系数	重现期（年）	汇水区峰值汇流系数						
		0.9	0.8	0.7	0.6	0.5	0.4	0.3
0.15	1	203.88	174.89	147.71	120.85	94.00	67.14	40.25
	2	252.03	216.20	182.60	149.40	116.20	83.00	49.80
	5	303.79	260.59	220.09	180.08	140.06	100.04	60.03
	10	337.55	289.55	244.55	200.09	155.62	111.16	66.70
0.20	1	187.99	161.14	134.28	107.42	80.57	53.71	26.86
	2	232.40	199.20	166.00	132.80	99.60	66.40	33.20
	5	280.12	240.10	200.09	160.07	120.05	80.03	40.02
	10	311.24	266.78	222.32	177.85	133.39	88.93	44.46

第三节　城市雨水灌溉绿地系统

一、城市雨水灌溉绿地基本模式

城市雨水灌溉绿地的基本模式可分为引入绿地下渗、收集存储灌溉绿地、地下调节灌溉绿地、雨水入渗与收集综合四种。

（一）引入绿地下渗模式

该模式首先建设下凹式绿地，使绿地低于周围地面 5 ~ 10 cm，将屋顶和周围不透水地面的雨水直接引入绿地下渗，其基本工艺流程如图 8-17 和图 8-18 所示。

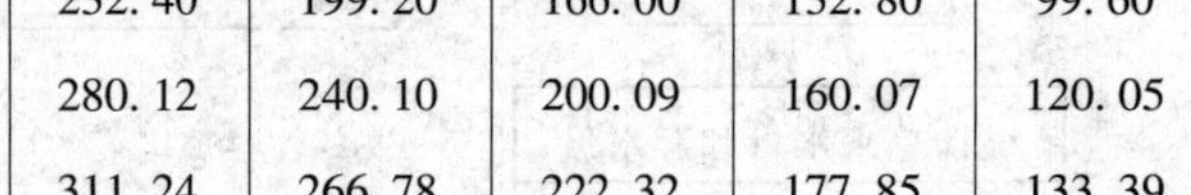

图 8-17　雨水引入绿地下渗模式流程

依据屋顶雨水引入绿地方式的不同，该模式又可分为散水引入式、调蓄侧渗式和管

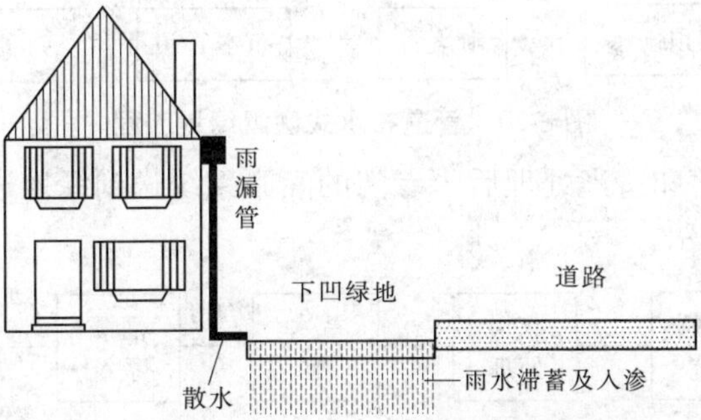

图 8-18　散水引入雨水下渗模式示意图

道布水式三种。

1. 散水引入式

散水引入式是将屋顶雨水经雨落管直接排到外墙周围的散水，散水高于绿地 5 ~ 10 cm，由散水分散到绿地。这种模式适宜于雨落管较密、散水周边绿地宽度均匀适宜的情况。其优点是配套工程少，投资省；缺点是灌水的均匀性差。若土壤渗透性差且面积小，容易造成长时间积水，影响植物生长。因此，可根据情况在绿地内建造渗坑、渗井等增渗设施，使雨水尽快渗入地下。

2. 调蓄侧渗式

调蓄侧渗式是将雨落管的雨水引入具有调蓄功能的布水设施，使雨水暂时滞蓄在其中，并通过侧壁渗入周围土壤。调蓄设施通常包括调蓄式散水和蓄渗沟槽。

1）调蓄式散水

调蓄式散水是将传统建筑物周围的散水改造成为具有调蓄雨水功能的散水，雨落管内的雨水排入散水后先下渗并滞蓄在散水的调蓄空间内，然后经渗透性侧壁侧向渗入周围的绿地土壤，其流程如图 8-19 所示。这种模式适用于房屋周边绿地，绿地宽度不大于 3 m。

图 8-19　调蓄式散水灌溉绿地流程

2）蓄渗沟槽

蓄渗沟槽是在绿地内开挖具有调蓄和渗水功能的沟槽，将雨落管雨水或道路雨水引入沟槽，在沟槽内流动、调蓄和入渗到周围土壤。这种模式适用于房屋和道路周边宽度较宽（大于 3 m）的绿地。

这种方式可将来自屋顶或道路的雨水暂时存储在一定的蓄水空间内，使雨水缓慢进入绿地，相当于进行地下渗灌，具有灌水较均匀、结构简单、投资少、效果好的特点。

3. 管道布水式

管道布水式是将雨落管与埋入绿地的布水管道相连接，通过布水管道上的出水口均匀地将雨水灌到绿地，如图 8-20 所示。

（二）雨水收集存储灌溉绿地模式

雨水收集存储灌溉绿地模式是将屋顶和不透水地面的雨水经收集系统收集，通过初

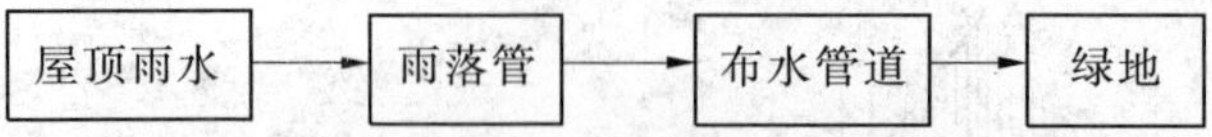

图 8-20　管道布水式灌溉绿地流程

期降雨径流弃除、滞蓄和适当处理后由专门的灌溉系统送到绿地进行灌溉，其工艺流程如图 8-21 和图 8-22 所示。

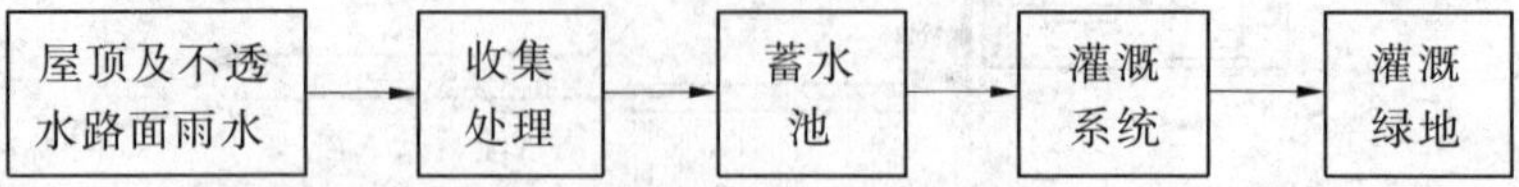

图 8-21　雨水收集存储灌溉绿地流程

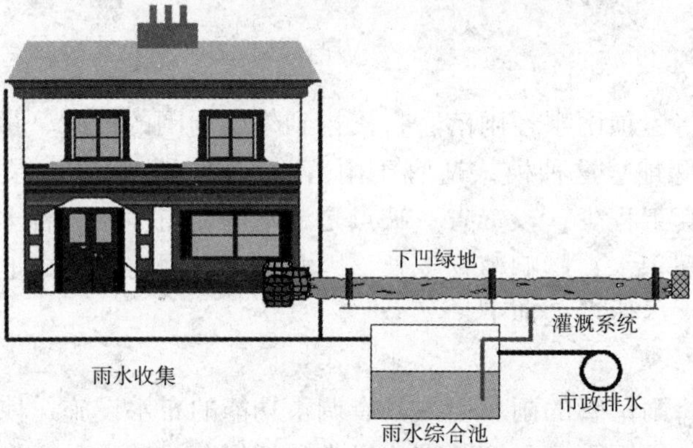

图 8-22　雨水收集存储灌溉绿地模式示意图

此种模式适合于小区规模大、绿地面积大且相对集中的情况，这样便于布置灌溉系统的设备。其优点是收集到的雨水量较多，有利于实现长时间调节、提高灌溉保障率，从而节省较多的自来水，其缺点是投资较高。

（三）地下调节灌溉绿地模式

地下调节灌溉绿地模式是将收集雨水回灌进入地下，利用良好的地质结构将水储存在地下储水空间，在用水时，抽出进行灌溉，其系统流程如图 8-23 所示。这种模式的优点是省去造价较高的蓄水池，同时多余雨水直接补充了地下水，并且可以实现年际间的调节，但这种方法对回灌水质要求较高。

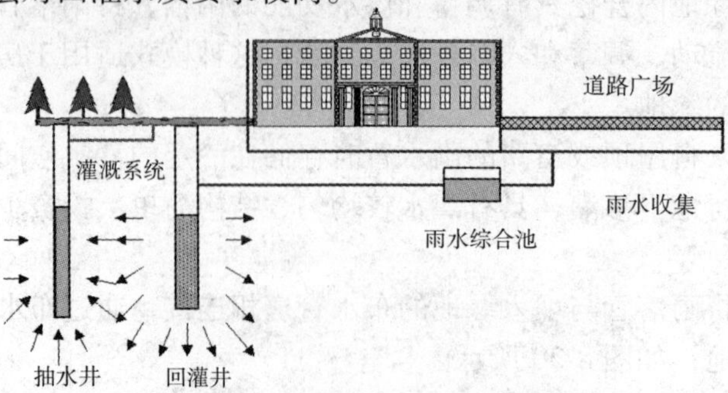

图 8-23　地下调节灌溉绿地模式示意图

（四）雨水入渗与收集综合模式

雨水入渗与收集综合模式是因地制宜地将上述 3 种模式进行组合，形成既有绿地入渗又有存储或者地下调节的综合利用雨水灌溉绿地系统。这种模式可以集上述 3 种单一模式的优点于一体，使利用雨水的效率更高，灌溉绿地的效果更好，投资和运行管理费用更少。图 8-24 便是一种较常见的综合模式。

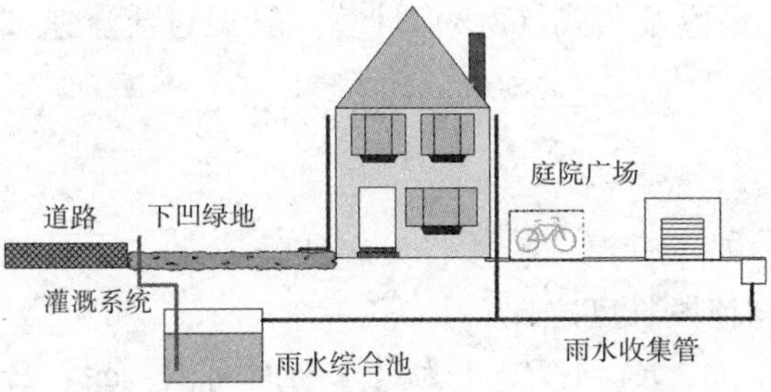

图 8-24　雨水入渗与收集综合模式示意图

（五）不同模式的雨水利用与灌溉效果

根据相关研究结果，上述雨水灌溉绿地不同模式的雨水利用与灌溉效果如下：

（1）雨水引入绿地入渗模式。由于将其他不透水表面雨水引入绿地下渗，有效增加了进入绿地的雨水，绿地土壤水分保持较高水平，因而灌溉量得到减少，从全年水量上看，绿地水分多于作物需水要求，但由于降雨量分布不均，实际只在 6、7、8 月水量超过需水要求，而其他月份仅能满足或需增加灌溉。若按照集雨面与绿地 1∶1比例接入下凹绿地，则比既不接入其他雨水也不下凹的绿地年需灌溉水量少 230 mm；若按照2∶1 比例接入绿地，则年需灌溉量少 325 mm，灌溉用水由其他水源提供。推荐模式为：集雨面与绿地比例为1∶1～2∶1，绿地下凹深度为 5～10 cm，以确保更有效的蓄水。

（2）收集存储灌溉绿地模式和地下调节灌溉绿地模式。这两种模式主要区别在于存储雨水的形式不同，但收集水量和雨水回用基本方式完全相同，由于没有额外的雨水接入绿地，因此灌溉量与一般绿地没有区别，但由于 7、8 月份雨水较多，通过与绿地等面积的屋顶、广场等可收集的水量基本能够满足灌溉要求，因此通过下凹绿地和蓄水池的合理调蓄，保障 10 月到次年 6 月用水，则能够很好地满足绿地灌溉需求。推荐模式为：绿地面积不大、需较高养护水平的地区，采用收集存储灌溉绿地模式；绿地面积较大、地质条件较好、存在良好储水层结构的地区，采用地下调节灌溉模式。

（3）雨水入渗与收集综合模式。在没有雨水接入的绿地年需灌溉水量不少于 400 mm，而按照 1∶1接入绿地，则绿地年灌溉水量为 190 mm，2∶1接入绿地则绿地年灌溉水量仅为 95 mm。从水量平衡来看，没有雨水接入的绿地全年处于亏水状况；而1∶1接入绿地可基本上达到平衡，在 7～8 月可余雨水 287 mm，若采用调蓄措施，则可在干旱时作为灌溉用水加以利用；若 2∶1接入绿地，则由于集雨面较大，能够收集更多水量。从作物需水角度看，每年可余水 620～640 mm，而需要灌溉水量为 95 mm，这段时间主要集中在 3 月返青水及 4、5 月的生长关键期灌溉用水及 11 月越冬水。每年 11 月至翌年 3 月间通常没有足够降水，因而需要进行灌溉，既可以采用外来水源，也可以收集 6～8

月的雨水调节至11月和下年3～5月用于灌溉。若以100 m^2 绿地计，1.5倍屋顶直接接入绿地，0.5倍屋顶雨水收集，则对应绿地需蓄水容积为6.8 m^3。

二、灌溉绿地雨水收集系统设计

（一）雨水收集管渠

雨水管渠的设计流量应按照式（8-2）计算。管渠过流流速按式（8-5）计算

$$v = \frac{1}{n}R^{\frac{2}{3}}i^{\frac{1}{2}} \tag{8-5}$$

式中 v——流速，m/s；

i——水力坡降，对于管渠一般按管渠底坡降计算，$i = h/l$，即管渠段的起点和终点的高差与该段长度之比；

R——水力半径，m，$R = A/P$，A 为过水断面面积，m^2，P 为湿周，m；

n——粗糙系数。

（二）灌溉用雨水综合池

灌溉用雨水综合池是兼存储、沉淀、过滤和调蓄作用的蓄水池。存储作用是指设计标准内的降雨能够存储在系统内以备回用；沉淀作用是指在抽水灌溉前所存储的雨水能够经过沉淀处理；过滤作用是在必要情况下，能够在沉淀后进行进一步的过滤处理；调蓄作用是指暂时滞蓄调节峰值。综合池可分为沉淀室和过滤室两部分，两者均具有调蓄功能。因此，综合池的容积包括沉淀室容积和过滤室容积两部分，即

$$V_T = V_1 + V_2 \tag{8-6}$$

式中 V_T——设计标准下综合池的调蓄容积，m^3；

V_1——沉淀室容积，m^3；

V_2——过滤室容积，m^3。

设计过程中，首先确定调蓄容积 V_T，然后根据工程现场实际情况确定调蓄空间的有效水深 H，再根据计算的过滤室表面积，确定过滤室容积 V_2，则可得到沉淀室容积，计算式为

$$V_2 = A_2H \tag{8-7}$$

$$V_1 = V_T - V_2 \tag{8-8}$$

式中 H——调蓄空间有效水深，m；

A_2——过滤室表面积，m^2。

过滤层的纳污能力至少满足一年降雨污染物被截留，以表面负荷来校核。

沉淀室尺寸参数应根据雨水处理设施现场实际占地情况，并借鉴水处理对沉淀室长宽比例、有效水深、停留时间等要求确定。一般情况下，沉淀时间应满足控制性流量 $V_1/Q \geq 3$ h，水平流速可采用10～25 mm/s，以表面负荷来校核。

灌溉用雨水蓄水池设计的核心是科学、合理地确定蓄水池的最佳容积。通常可采用的确定方法包括日调节计算法、优化法和经验法。

1. 日调节计算法

日调节计算方法确定最佳容积的计算流程，如图8-16所示，具体步骤如下：

（1）根据收集雨水的面积、逐日降雨量，计算每日来水量，计算公式为

$$Q_{id} = 10\psi P_d F \tag{8-9}$$

式中　Q_{id}——日来水量，m^3；

ψ——径流系数；

P_d——日降雨量，mm；

F——计算区域面积，hm^2。

（2）假定一个综合池回用容积 V_Y，根据日初的蓄水池水量、日来水量和用水量计算日末的蓄水池水量，计算公式如下

$$V_{s2} = \begin{cases} Q_{id} + V_{s1} - Q_{ud} & , \quad Q_{id} + V_{s1} - Q_{ud} \leqslant V_Y \\ V_Y & , \quad Q_{id} + V_{s1} - Q_{ud} > V_Y \end{cases} \tag{8-10}$$

式中　V_{s1}、V_{s2}——日初、日末的蓄水池水量；

Q_{ud}——用水量。

然后计算日弃水量 Q_{ad}，即

$$Q_{ad} = \begin{cases} Q_{id} + V_{s1} - Q_{ud} - V_Y & , \quad V_{s2} = V_Y \\ 0 & , \quad V_{s2} < V_Y \end{cases} \tag{8-11}$$

（3）分别对各年每日的来水量和弃水量求和，得到总来水量和总弃水量，然后相减得到总用水量，按照式（8-3）计算得到雨水收集效率。

改变综合池的回用容积再进行计算，得到另外的雨水收集效率值，进而可以绘出 $\eta_T \sim V_T$ 关系曲线。如果已经规定了雨水利用率，则可从 $\eta_T \sim V_T$ 关系曲线上找到对应的调蓄容积。由于雨水综合池的容积还与工程的投资和收益有关，据此可进一步计算得出蓄水池容积与净效益之间的关系。以效益最大为目标确定蓄水池的容积。其中效益的计算可考虑雨水替代自来水后，因节水可增加的国家财政收入、减少雨水排放所节省的排水设施运行费、减少雨水排放对降低城市河湖改扩建费的贡献以及可能减免的防洪费。

上述计算过程中关键是日用水量 Q_{ud} 的计算。对于以灌溉为目标的雨水收集利用系统，Q_{ud} 就是每天的灌溉用水量，它与灌溉面积、灌溉制度有关。当有相应的实测灌水资料时，可采用相应的灌水实测资料，若没有实测资料可依据气象资料采用彭曼公式计算逐日潜在蒸散量 ET_0，然后考虑作物系数、土壤水分等因素计算绿地的需水量 ET，再根据计划湿润层深度、有效降雨量、土壤水分控制的上下限，由水量平衡方程推算每天土壤水分和需要的灌水量。

2. 优化法

利用城市小区雨洪灌溉绿地一般有三种类型，即只有灌溉系统灌溉（A 类绿地）、既有灌溉系统灌溉又有屋顶雨水进入（B 类绿地）和只有屋顶雨水直接排入灌溉（C 类绿地），可以通过优化组合最大限度地利用屋顶和硬化地面雨水，用比较少的灌溉设施取得最佳效益。

对于一个小区，由于透水地面的推广应用，通常只考虑屋顶雨水的收集利用。小区屋顶总面积为 F_w（m^2），绿地总面积为 F_L（m^2），屋顶雨水收集的面积比例为 α_s，直接排入绿地的比例为 α_P，只有灌溉的绿地比例为 β_A，既有灌溉又有屋顶雨水进入的比

例为β_B，只有屋顶雨水进入的绿地比例为β_C，所收集的雨水用于灌溉 A 绿地的比例为γ_A，用于灌溉 B 绿地的比例为γ_B，雨水直接进入 B 绿地的比例为δ_B，进入 C 绿地的比例为δ_C，即有

$$\alpha_s + \alpha_P = 1 \tag{8-12}$$

$$\beta_A + \beta_B + \beta_C = 1 \tag{8-13}$$

$$\gamma_A + \gamma_B = 1 \tag{8-14}$$

$$\delta_B + \delta_C = 1 \tag{8-15}$$

另外，通过灌溉系统灌溉的田间水利用率为η_s，直接排入绿地的灌溉水利用率为η_P，多年平均逐月降水量P_i，逐月有效降水量P_{ei}，多年平均逐月水面蒸发量（E601）E_{0i}，各月以水面蒸发为参考值的作物系数为α_{Ei}，蓄水池内月初水量为V_{Ti-1}，月末水量为V_{Ti}，第i个月的外来补水量为Q_i，屋顶的收集利用系数为ψ_w，则小区绿地总的需要补水量W和屋顶总的可提供水量P分别为

$$W = \sum_{i=1}^{12} \frac{F_L(\alpha_{Ei}E_{0i} - P_{ei})}{\eta_m} \tag{8-16}$$

$$P = \sum_{i=1}^{12} F_w \psi_w P_i \tag{8-17}$$

式中 η_m——小区绿地平均灌溉水利用率，依据不同类型绿地的面积采用加权平均法计算。

同时有以下约束条件

$$\beta_A F_L(\alpha_{Ei}E_{0i} - P_{ei}) \leqslant \eta_s \gamma_A(\alpha_s F_w \psi_{wi} P_i + V_{Ti-1} + Q_i) \tag{8-18}$$

$$\beta_B F_L(\alpha_{Ei}E_{0i} - P_{ei}) \leqslant \eta_s \gamma_B(\alpha_s F_w \psi_{wi} P_i + V_{Ti-1} + Q_i) + \eta_P \delta_B \alpha_P F_w \psi_{wi} P_i \tag{8-19}$$

$$\beta_C F_L(\alpha_{Ei}E_{0i} - P_{ei}) \leqslant \eta_P \delta_C \alpha_P F_w \psi_{wi} P_i \tag{8-20}$$

$$V_{Ti} = \min\{[V_{Ti-1} + \alpha_s F_w \psi_{wi} P_i - (\beta_A + \beta_B) F_L(\alpha_{Ei}E_{0i} - P_{ei}) + \eta_s Q_i + \eta_P \delta_B \alpha_P F_w \psi_{wi} P_i] V_T\} \tag{8-21}$$

$$V_T = \max[V_{Ti}] \tag{8-22}$$

当$P \geqslant W$时，小区屋顶雨水量能够满足灌溉需求，可以蓄水池容积最小为目标进行优化计算。当$P < W$时，小区需要其他外来水源补充，可以外来水量最小为目标进行优化计算确定蓄水池的容积。

3. 经验法

由屋顶和绿地的面积，依据经验给出蓄水池有效容积的参考范围。参照《城市园林绿化养护管理标准》(DB11/T 213—2003) 制定冷季型草坪不同养护水平的灌溉制度。

根据可收集降雨量和绿地灌溉需水量的大小关系，可以分为两种情况，即可收集水量大于灌溉需水量和可收集水量小于灌溉需水量。

当全年可收集水量大于灌溉需水量时，可依据绿地面积确定蓄水池容积。以收集面积与绿地面积比例为2∶1，即“两片屋顶对一片绿地”情况为例，屋顶雨水收集率为80%（含降雨初期损失，收集雨水初期径流弃除等），灌水定额为20 mm，采用节水灌溉技术。参照北京市多年平均降雨量，分析干旱亏水期灌溉需水，累计为52 mm（见

表 8-9），用于满足 11 月到翌年 5 月的灌溉，因此可以用 11 月到翌年 5 月缺水量之和 51.9 mm 确定蓄水池容积，即在“两片屋顶对一片绿地”情况下，100 m^2 绿地需蓄水池容积 5.2 m^3。

表 8-9　雨水蓄水池月调节计算（一）　（单位：mm）

项目	6 月	7 月	8 月	9 月	10 月	11 月	3 月	4 月	5 月
降雨量	76.8	196.5	162.2	51.3	21.2	6.4	8.7	20.0	32.5
收集雨水量	122.9	314.4	259.5	82.1	33.9	10.2	13.9	32.0	52.0
灌溉量	40.0	20.0	20.0	20.0	20.0	20.0	20.0	40.0	80.0
水分盈亏	82.9	294.4	239.5	62.1	13.9	-9.8	-6.1	-8.0	-28.0
蓄水池存水量	0	294.4	533.9	596.0	609.9	600.2	594.1	586.1	558.1

当可收集水量小于灌溉需水量时，则以降雨量作为蓄水池容积确定的参数。以收集面积与绿地面积比例为 0.5∶1，即“半片屋顶对一片绿地”情况为例，分析蓄水池存水量，最高累计为 104.0 mm（见表 8-10），仅能满足 10 月到翌年 4 月，5、6 月分别缺灌溉用水量为 67.0 mm、9.3 mm，因此可以用 104.0 mm 确定蓄水池容积，即在“半片屋顶对一片绿地”情况下，100 m^2 绿地需蓄水池容积 10.4 m^3。

表 8-10　雨水蓄水池月调节计算（二）　（单位：mm）

项目	6 月	7 月	8 月	9 月	10 月	11 月	3 月	4 月	5 月
降雨量	76.8	196.5	162.2	51.3	21.2	6.4	8.7	20.0	32.5
收集雨水量	30.7	78.6	64.9	20.5	8.5	2.6	3.5	8.0	13.0
灌溉量	40.0	20.0	20.0	20.0	20.0	20.0	20.0	40.0	80.0
水分盈亏	-9.3	58.6	44.9	0.5	-11.5	-17.4	-16.5	-32.0	-67.0
蓄水池存水量	0	58.6	103.5	104.0	92.5	75.0	58.5	26.5	-40.5

通过调节计算，在雨水收集效率 80%，采用节水灌溉措施，灌水效率为 90% 的灌溉制度条件下（见表 8-11），收集雨量与灌溉需水量达到总水量盈亏平衡的屋顶收集面积与绿地面积比为 0.6∶1。表 8-11 是对不同比例条件下蓄水池容积，灌溉面积为 100 m^2，同时对比了非节水灌溉措施下，即灌水定额为表 8-11 所列的 1.5 倍 30 mm 条件下蓄水池容积和满足灌溉要求时间，这种条件下，收集雨量与灌溉需水量达到总水量盈亏平衡的屋顶收集面积与绿地面积比为 0.9∶1。从表 8-11 可以看出，采用节水灌溉措施可以提高雨水利用率，同等灌溉效果下，收集面积更小，同等收集面积下可保障灌溉需水时间更长。同时，不同收集面积绿地比对蓄水池容积影响较大，较大比例收集面积虽然在 7、8 月间有较多弃水，但在降雨较少的 3～5 月可收集较多降雨，较好地调节了降雨

的不均匀性，在集雨面积较小的模式下，对收集雨水的调节能力较弱，依靠 7、8 月降雨收集的雨水弥补 3 ~ 5 月的不足，因此需要较大的蓄水池。

表 8-11　不同收集降雨比例条件下蓄水池容积

序号	收集面积与灌溉面积比	节水灌溉		非节水灌溉	
		蓄水池容积（m^3）	满足灌溉要求时间	蓄水池容积（m^3）	满足灌溉要求时间
1	0.5	10.4	7 月 ~ 翌年 3 月	8.4	7 ~ 8 月
2	0.6	13.7	全年	11.2	7 月 ~ 翌年 3 月
3	1.0	10.9	全年	19.9	全年
4	1.5	7.9	全年	16.3	全年
5	2.0	5.2	全年	13.2	全年

三、灌溉绿地灌水系统设计

（一）城市绿地节水灌溉方式选型与配套

将雨水收集到蓄水池以后，如何把这些雨水及时、科学、高效地灌溉到绿地，是利用雨水灌溉绿地的关键，因此灌溉方式的选取非常重要。城市住宅小区的绿地主要有以下几种形式：乔木 + 灌木 + 花草型、草坪、灌草型绿地、乔灌草型绿带、乔灌草林（见表 8-12），具有形状不规则、植被多样等特点。

表 8-12　绿地灌溉系统选型汇总

序号	绿地类型	灌溉方式
1	乔木 + 灌木 + 花草型	微喷 + 滴灌
2	草坪	喷灌或微喷灌
3	灌草型绿地	滴灌或微喷
4	乔灌草型绿带	滴灌 + 小管出流
5	乔灌草林	小管出流 + 滴灌

城市住宅小区绿地以草地为基调，点缀着不同的植物，供人们休闲、娱乐、运动等，以提高人民的生活质量。城市绿地目前常用的灌水方法有喷灌、微喷灌、滴灌、小管出流灌溉等几种灌水方式。城市绿地节水灌溉系统除要求满足绿地灌溉需求外，还应当具备水景造型、隐蔽性能、连接快速方便、灌溉及时精量的特点。

喷灌系统与微灌系统的区别在于过滤设备与灌水器不同，喷灌的流量和压力均大于微灌，其余部分基本相同。根据不同的使用要求选择相应的灌水器类型，并由此组成不同特点的灌溉系统，灌水器的组合形式要与作物种植方式结合起来，以保证良好的灌溉效果，真正发挥出灌溉技术特有的功能和优势。

灌溉系统按不同的分类标准又可分为不同的形式。按各组成部分之间的组合方式分为固定式灌溉系统、半固定式灌溉系统和移动式灌溉系统；按控制器类型又可分为手动式灌溉系统与自动式灌溉系统。

（二）灌溉系统布置与设备

城市雨水灌溉绿地的灌水系统一般由首部（水源）、输配水管道、监测控制器、灌水器等四部分组成，如图 8-25 所示。

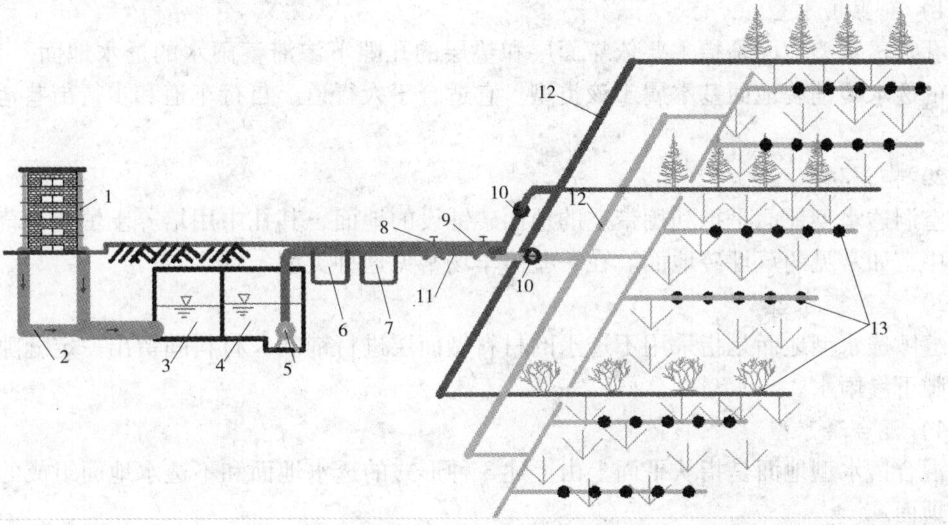

1—雨落管；2—集雨管；3—初级处理池；4—蓄水池；5—水泵；6—施肥罐；7—过滤器；8—快速连接阀；9—总控制阀门；10—水表；11—干管；12—支管；13—灌水器

图 8-25　城市雨水灌溉绿地灌溉系统组成示意图

小区绿地灌溉系统的设计和设备选择可参考《微灌工程技术规程》。由于小区雨水灌溉的水源只经过了简单的处理，为了不使微喷、滴灌等灌水器堵塞，应当安装过滤器。所选过滤器的目数，即过滤能力，取决于灌水器的流道直径。在选择过滤器之前，应首先考虑灌水器流道和水质情况，以便确定类型。目前，常用的过滤器有旋流水砂分离器、砂过滤器、筛网过滤器。其中，筛网过滤器是一种简单而有效的过滤设备，它的过滤介质是尼龙筛网或不锈钢筛网。这种过滤器的造价较为便宜，在国内外灌溉系统中使用最为广泛。选择哪一种形式要视具体情况而定。

第四节　其他形式城市雨水集蓄利用

城市雨水集蓄利用的形式是多种多样的，除收集雨水灌溉绿地外，还可以用收集的雨水洗车、冲厕、道路喷洒降尘、营造水景观等，其收集、处理、存储系统与收集灌溉绿地的基本相同或相似，只是回用系统与设施有所差别。除处理、收集、利用外，还有其他一些形式的城市雨水利用方式，如铺装透水地面、雨水多功能综合利用等。

一、透水地面

（一）透水地面类型及铺装材料

1. 透水地面类型

透水地面是采用透水面层和透水垫层铺装成的地面，具有滞蓄和下渗雨水的作用。根据透水的原理可将透水地面分为以下几种类型。

1）孔隙透水型

孔隙透水型地面是指主要依靠面层和垫层的孔隙下渗滞蓄雨水的透水地面。目前，常见的透水砖铺装地面基本属于该类型。它适合于人行道、自行车道和步行街巷地面的铺设。

2）空洞透水型

空洞透水型地面是指利用带空的地面砖铺设的地面，其孔中用培养土填上，草生长于其中，如常见的草坪砖地面。在一些停车场常见这种类型

3）缝隙透水型

缝隙透水型地面是指采用不透水的材料做面层进行铺装，材料间留出一定缝隙，利用缝隙下渗雨水。

4）混合透水型

混合透水型地面是指从平面上由上述3种形式的透水地面和不透水地面组成的混合透水地面。

2. 透水铺装材料

目前，用于道路铺装的透水性材料已有多种，按成分可以分成如下几种类型。

1）水泥透水性混凝土

以硅酸盐水泥为胶凝材料，采用单一粒径的骨料，不用或少用细骨料配制而成。采用压力成型，形成具有连通孔隙的混凝土。

2）沥青透水性混凝土

采用单一粒级的粗骨料，以沥青为胶结材料配制的透水性混凝土。由于使用有机胶凝材料，与水泥透水性混凝土相比，该种混凝土耐久性较差，在大气因素作用下容易老化，且性质随温度变化比较敏感，尤其是温度升高时，容易软化流淌，使强度和透水性受到影响。

3）树脂透水性混凝土

采用单一粒级的骨料，以高分子树脂为胶结材料配制的透水性混凝土。与水泥、沥青透水性混凝土相比，该种混凝土耐水性、美观性、耐腐蚀性、耐磨性、抗折强度、抗压强度、耐冲击性都要更优，其缺点是成本较高，且容易老化。

4）烧结透水性制品

以长石、高岭土、黏土等矿物的粒状物和浆体拌和，压制成坯体，经高温煅烧而成的具有多孔结构的块体材料。该类透水性材料强度高、耐磨性好、耐久性优良，但烧结过程需要消耗能量，成本较高。其适用于用量较小的高档地面部位。

透水性铺装材料按实际使用情况又可分为两类：一类是直接铺设在能大量蓄水的路

基上，经压实、养护等工艺构筑而成的大面积整体透水性铺装路面；另一类是经特殊工艺预制的透水性混凝土制品或其他制品（如透水路面砖、联锁砌块、透水管等）。最常用和可推广性最强的当属透水路面砖。

（二）透水砖地面结构及技术要求

1. 透水砖地面结构

目前，最常用的透水地面是透水砖铺装地面，其结构层自下而上由土基、透水底基层、透水基层、透水找平层、透水砖面层组成，其面层在边缘应有约束，如图 8-26 所示。应根据路面的使用功能、地基状况进行路面的设计和施工。

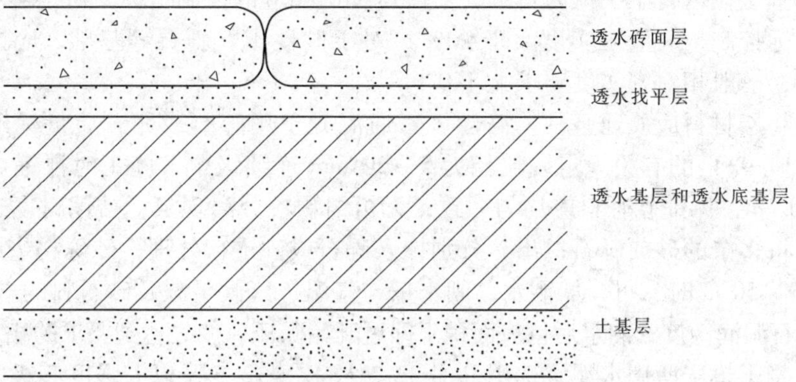

图 8-26　透水砖地面结构示意图

1）土基层

土基层为路基原状土经过压实处理的层。对于已建地面的改造，应根据设计要求，挖除旧路基，清理土方，达到设计要求的深度，并检查纵坡、横坡及边线是否符合设计要求，再修整路基，找平碾压，保证达到一定的密实度。

2）透水基层和透水底基层

透水基层是设在透水找平层以下的结构层，主要承受由面层传递的荷载，并将荷载分布到透水垫层或土基上，且具有一定透水、贮水能力。当透水基层分为多层时，其最下面一层称为透水底基层。在满足承载、透水等要求的前提下，可以采用多种形式的垫层材料和结构。常见的垫层材料和形式有砂砾料、单级配砾石、透水混凝土等。

3）透水找平层

透水找平层是指过渡透水基层和透水砖面层，实现面层与基层的黏结，且具有一定的透水能力，能够将面层下渗雨水传导到基层的构造层。一般找平层的厚度为 3 ~ 5 cm，可采用砂子、细石、细石透水混凝土等材料。

4）透水砖面层

透水砖面层是指具有透水能力，且直接承受使用荷载及自然因素的影响，并将荷载传递到透水基层的透水砖路面结构层，也就是铺装在最上面的透水砖。目前的透水砖形式也比较多，有无砂混凝土透水砖、陶瓷透水砖、砂基透水砖、草坪砖等。

2. 透水砖技术要求

1）设计技术要求

面层的渗透系数应大于 1.0×10^{-4} m/s，找平层和透水垫层的渗透系数应大于面层，基层应为夯实的路基土。面层的有效孔隙率应大于8%，透水混凝土垫层的有效孔隙率应大于10%，砂砾料垫层和砾石垫层的有效孔隙率应大于20%。透水面砖的抗压强度应大于35 MPa，抗折强度应大于3.2 MPa，抗磨长度应不大于35 mm。透水铺装地面的设计综合透水能力应不小于2 年一遇 1 h 降雨。

2）施工技术要求

对于路基土应进行土工试验检测，对碾压提出相应的控制指标。对于壤土、黏土应按压实度指标控制，一般压实度大于90%；对于砂性土、砾石等基础，应按相对密实度指标控制，一般相对密实度要求大于0.65。

砂砾料垫层材料应质地坚硬，符合《普通混凝土用碎石或卵石质量标准及检验方法》（JGJ 53—92）的有关规定，粒径为5～20 mm 连续级配。施工时摊铺虚厚度每层不应超过30 cm；摊铺砂砾料应均匀一致，无粗细颗粒分离现象；摊铺时发现沙窝及梅花现象，应将多余的砂或砾石挖出，分别掺入砾石或砂进行处理；砂砾料垫层的砂石铺摊长度在30～50 m 时，可开始洒水，洒水量与气温、气候干湿及砂石料的含水量有关，以使全部砂石湿润为度。洒水后待表面稍干即可开始碾压，使之达到要求的相对密实度。

透水混凝土垫层所用水泥宜选用P. O 32.5 或P. S 32.5 及以上强度等级的水泥，不得使用快硬水泥、早强水泥及受潮变质过期的水泥。透水混凝土垫层所用石子应符合《普通混凝土用碎石或卵石质量标准及检验方法》（JGJ 53—92）的有关规定，粒径宜为5～10 mm，单级配，5 mm 以下颗粒含量不应大于35%（体积比）。施工时透水混凝土垫层的配合比应根据设计指标通过试验确定，并按照试验配合比进行配制，严格控制水泥用量和水灰比，采用现场人工拌和或机械搅拌，一般搅拌时间为3～5 min。将搅拌好的混凝土平整地摊铺在路基上，然后采用机械或人工方法进行碾压或夯实，使之达到要求的密实度，严禁采用振捣棒或振捣器压实。

碎石垫层所用碎石应质地坚韧、耐磨，抗压强度不应小于80 MPa。应采用单一粒径碎石级配，最大粒径不超过31.5 mm。骨料中的扁平、长条粒径不超过10%，骨料中不应含有黏土块、植物等有害物质。

找平层所用砂子和细石应符合《普通混凝土用砂质量标准及检验方法》（JGJ 52—92）的有关规定。砂子一般选用粗砂，细度模数大于2.6。细石粒径宜为3～5 mm，单级配，1 mm 以下颗粒含量不应大于35%（体积比），细石透水混凝土宜采用3～5 mm 的石子或粗砂，其中含泥量≤1%、泥块含量≤0.5%、针片状颗粒含量≤10%。其参考配合比为P. O 32.5 水泥∶细石（粗砂）∶水 =1∶(3～4)∶0.30。为保证透水砖的平整，找平层应拍打密实。

透水砖的抗压强度、物理性能、尺寸允许偏差、外观质量、耐磨性、吸水率、抗冻性除应符合现行行业标准《透水砖》（JC/T 945—2005）中的要求外，每批透水砖的尺寸偏差不应大于2 mm。透水砖表面宜有一定糙度，具体指标应符合《城市道路设计规范》（CJJ 37—90）的要求。透水砖表面的彩色面层厚度不宜小于5 mm，且宜采用耐候性好、不易退色的颜料。铺砖时透水砖应轻轻平放，用橡胶锤敲打稳定，但不得损伤砖的边角；铺设好的透水砖应检查是否稳固、平整，发现活动部位应立即修整；透水砖铺设后的养护期不得少于 3 d；为保证透水砖的稳定牢固，将水泥、砂拌和均匀的干料（水泥∶砂子 =1∶3）灌注到透水砖之间的缝隙，灌缝后要及时清扫以保证透水砖表面的清洁。

二、雨水多功能综合利用

城市雨水利用不仅能提供可用水量、替代自来水，还具有防洪、减涝、景观、生态等多种功能。因此，可以采取措施使这些功能相互协调，使其效益达到最大化。可对一些城市低洼地进行改造，使其具有一定的对水进行土地处理的功能，并种植一些水生植物，然后将城市雨水引入低洼地进行下渗，形成下渗、净化、景观相结合的雨水利用工程。

（一）植生草沟

植生草沟指沟的边坡、沟底种植有植物的露天浅沟，可以用来收集降雨径流并使径流慢速流入下游的排放区域，如图 8-27 所示。通过生长在沟渠中的植物过滤、吸附作用，草沟可用来净化降雨径流，植物过滤、吸附主要通过沟渠下层土壤的净化或入渗到

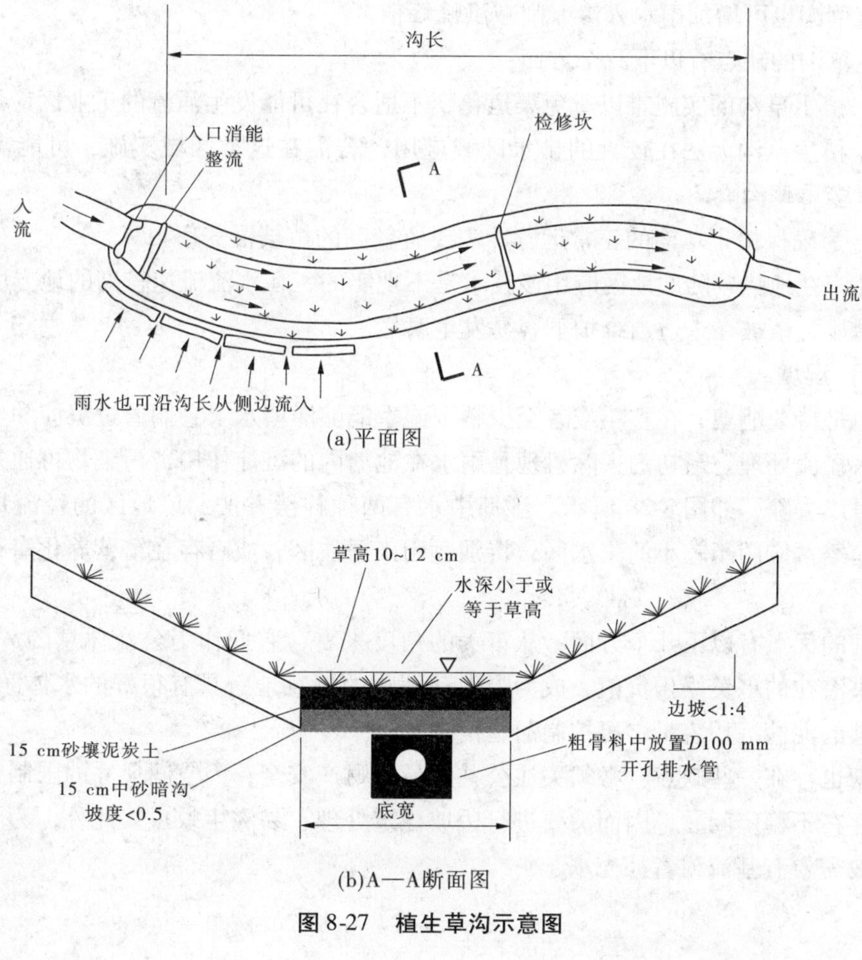

(a)平面图

(b)A—A断面图

图 8-27　植生草沟示意图

沟下层土壤来进行。

草沟可以是自然的，也可以是人工的，它们可以去除特殊的污染物（如悬浮颗粒、微量金属等），提高入渗能力，并减小降雨径流的过流速度。它们既可以用做设计降雨强度的处理设施，也可以作为现场径流峰值流量的运送系统。植生草沟可作为雨水排放系统的一部分，也可替代路缘、边沟、下水道。

植生草沟的优点有以下几个方面：

（1）易于设计、安装和维护。

（2）可在间接大幅度改善雨水水质的同时，作为一种具有美感的、潜在的、花费不多的城市发展或道路排水工具而加以应用。

（3）道路边沟可视为潜力较大的可实施草沟/缓冲带的地方，在条件可能的情况下，应尽可能多地利用起来。

（4）景观设计师容易调整其植被种植方案，从而适当结合草沟的设计要求。

（5）与灌溉和收割等其他常规景观维护措施相比，草沟需要的维护活动很少。

植生草沟可作为一种费用不高的长期暴雨水质管理工具。此外，除可去除污染物外，植生草沟也可增加雨水入渗、削减洪峰峰值。

植生草沟的缺点有以下几个方面：

（1）植生草沟的实施难以避免渠道化，不适合在可能发生涌流的工业区应用。

（2）植生草沟无法在较大的排水区域应用，若需在这类区域实施，可能需进行分区并设置多重草沟。

（3）为确保植生草沟的正常运营，需要有较高的植被覆盖率。

此外，在地势较陡的地区应用该技术是不现实的，在水流流速较高的地方应用其效果也不明显，植被在未适当维护下容易发生腐烂。

（二）湿塘

湿塘是持久池塘，在整年或者至少整个湿季能够滞留水。它们通过沉淀和生物处理进行雨水径流处理。最初的去除机理是雨水在池塘内的沉淀作用，污染物再通过一定生物作用得以去除，如图 8-28 所示。湿塘中水有两种补偿方法：该地区的径流量和基流量。湿塘经常应用于较小的集水区，特别适用于居住区，或者存在富营养化潜在问题的地区。

湿塘的优点有以下几个方面：从审美的角度来看，它们作为公众休息的一个地方，能够提供潜在的审美娱乐价值，成为野生动植物的栖息地；具有很好的水体净化效果；具有足够的泥沙沉积容量，可控制河道侵蚀。

湿塘也存在一些缺点：必须关注公共人员和财产安全；因空间尺寸的限制常使湿塘的边坡存在不稳定问题，因而需要进行边坡稳定处理；易滋生蚊虫。此外，为了维持水位，水池需要有基流或者补充水。

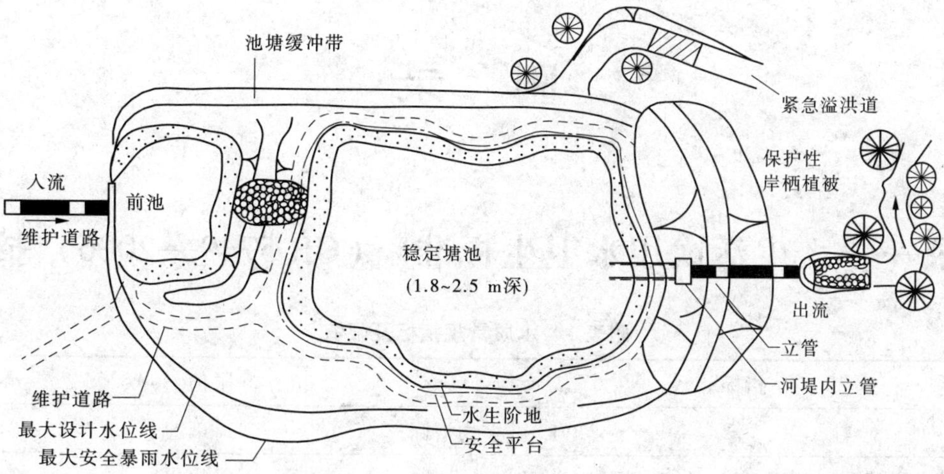

(a)平面图

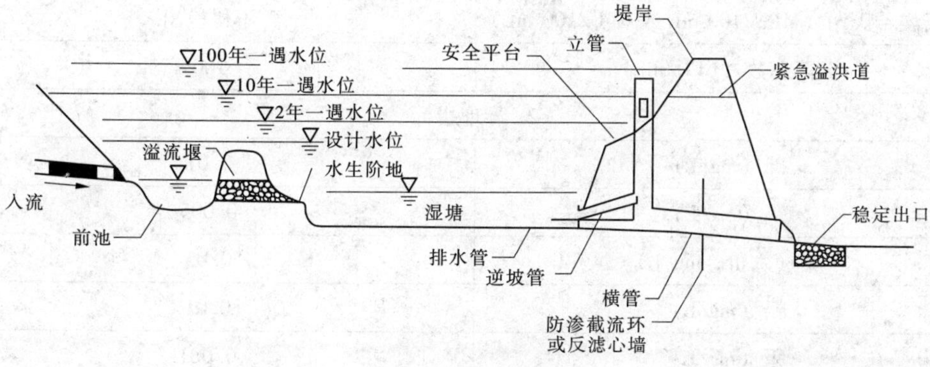

(b)剖面图

图 8-28　湿塘示意图

附 录

附录一 《生活饮用水卫生标准》(GB 5749—2006) 摘录

附表 1 水质常规指标及限值

指标	限值
1. 微生物指标①	
总大肠菌群(MPN/100 mL 或 CFU/100 mL)	不得检出
耐热大肠菌群(MPN/100 mL 或 CFU/100 mL)	不得检出
大肠埃希氏菌(MPN/100 mL 或 CFU/100 mL)	不得检出
菌落总数(CFU/mL)	100
2. 毒理指标	
砷(mg/L)	0.01
镉(mg/L)	0.005
铬(六价,mg/L)	0.05
铅(mg/L)	0.01
汞(mg/L)	0.001
硒(mg/L)	0.01
氰化物(mg/L)	0.05
氟化物(mg/L)	1.0
硝酸盐(以 N 计,mg/L)	10 地下水源限制时为 20
三氯甲烷(mg/L)	0.06
四氯化碳(mg/L)	0.002
溴酸盐(使用臭氧时,mg/L)	0.01
甲醛(使用臭氧时,mg/L)	0.9
亚氯酸盐(使用二氧化氯消毒时,mg/L)	0.7
氯酸盐(使用复合二氧化氯消毒时,mg/L)	0.7
3. 感官性状和一般化学指标	
色度(铂钴色度单位)	15

续附表 1

指标	限值
浑浊度（NTU，散射浊度单位）	1 水源与净水技术条件限制时为 3
臭和味	无异臭、异味
肉眼可见物	无
pH（pH 单位）	不小于 6.5 且不大于 8.5
铝（mg/L）	0.2
铁（mg/L）	0.3
锰（mg/L）	0.1
铜（mg/L）	1.0
锌（mg/L）	1.0
氯化物（mg/L）	250
硫酸盐（mg/L）	250
溶解性总固体（mg/L）	1 000
总硬度（以 $CaCO_3$ 计，mg/L）	450
耗氧量（COD_{Mn}法，以 O_2 计，mg/L）	3 水源限制，原水耗氧量 >6 mg/L 时为 5
挥发酚类（以苯酚计，mg/L）	0.002
阴离子合成洗涤剂（mg/L）	0.3
4. 放射性指标②指导值	
总 α 放射性（Bq/L）	0.5
总 β 放射性（Bq/L）	1

注：①为 MPN 表示最可能数，CFU 表示菌落形成单位。当水样检出总大肠菌群时，应进一步检验大肠埃希氏菌或耐热大肠菌群；水样未检出总大肠菌群时，不必检验大肠埃希氏菌或耐热大肠菌群。

②为放射性指标超过指导值，应进行核素分析和评价，判定能否饮用。

附表 2　饮用水中消毒剂常规指标及要求

消毒剂名称	与水接触时间	出厂水中限值	出厂水中余量	管网末梢水中余量
氯气及游离氯制剂（游离氯，mg/L）	至少 30 min	4	≥0.3	≥0.05
一氯胺（总氯，mg/L）	至少 120 min	3	≥0.5	≥0.05
臭氧（O_3，mg/L）	至少 12 min	0.3		0.02 如加氯， 总氯≥0.05
二氧化氯（ClO_2，mg/L）	至少 30 min	0.8	≥0.1	≥0.02

附表 3　水质非常规指标及限值

指标	限值
1. 微生物指标	
贾第鞭毛虫（个/10 L）	<1
隐孢子虫（个/10 L）	<1
2. 毒理指标	
锑（mg/L）	0.005
钡（mg/L）	0.7
铍（mg/L）	0.002
硼（mg/L）	0.5
钼（mg/L）	0.07
镍（mg/L）	0.02
银（mg/L）	0.05
铊（mg/L）	0.000 1
氯化氰（以 CN^- 计，mg/L）	0.07
一氯二溴甲烷（mg/L）	0.1
二氯一溴甲烷（mg/L）	0.06
二氯乙酸（mg/L）	0.05
1，2-二氯乙烷（mg/L）	0.03
二氯甲烷（mg/L）	0.02
三卤甲烷（三氯甲烷、一氯二溴甲烷、二氯一溴甲烷、三溴甲烷的总和）（mg/L）	该类化合物中各种化合物的实测浓度与其各自限值的比值之和不超过 1
1，1，1-三氯乙烷（mg/L）	2
三氯乙酸（mg/L）	0.1
三氯乙醛（mg/L）	0.01
2，4，6-三氯酚（mg/L）	0.2
三溴甲烷（mg/L）	0.1
七氯（mg/L）	0.000 4
马拉硫磷（mg/L）	0.25
五氯酚（mg/L）	0.009
六六六（总量，mg/L）	0.005
六氯苯（mg/L）	0.001
乐果（mg/L）	0.08
对硫磷（mg/L）	0.003
灭草松（mg/L）	0.3
甲基对硫磷（mg/L）	0.02
百菌清（mg/L）	0.01

续附表 3

指标	限值
呋喃丹（mg/L）	0.007
林丹（mg/L）	0.002
毒死蜱（mg/L）	0.03
草甘膦（mg/L）	0.7
敌敌畏（mg/L）	0.001
莠去津（mg/L）	0.002
溴氰菊酯（mg/L）	0.02
2，4-滴（mg/L）	0.03
滴滴涕（mg/L）	0.001
乙苯（mg/L）	0.3
二甲苯（mg/L）	0.5
1，1-二氯乙烯（mg/L）	0.03
1，2-二氯乙烯（mg/L）	0.05
1，2-二氯苯（mg/L）	1
1，4-二氯苯（mg/L）	0.3
三氯乙烯（mg/L）	0.07
三氯苯（总量，mg/L）	0.02
六氯丁二烯（mg/L）	0.000 6
丙烯酰胺（mg/L）	0.000 5
四氯乙烯（mg/L）	0.04
甲苯（mg/L）	0.7
邻苯二甲酸二（2-乙基己基）酯（mg/L）	0.008
环氧氯丙烷（mg/L）	0.000 4
苯（mg/L）	0.01
苯乙烯（mg/L）	0.02
苯并（a）芘（mg/L）	0.000 01
氯乙烯（mg/L）	0.005
氯苯（mg/L）	0.3
微囊藻毒素-LR（mg/L）	0.001
3. 感官性状和一般化学指标	
氨氮（以 N 计，mg/L）	0.5
硫化物（mg/L）	0.02
钠（mg/L）	200

附表 4　农村小型集中式供水和分散式供水部分水质指标及限值

指标	限值
1. 微生物指标	
菌落总数（CFU/mL）	500
2. 毒理指标	
砷（mg/L）	0.05
氟化物（mg/L）	1.2
硝酸盐（以 N 计，mg/L）	20
3. 感官性状和一般化学指标	
色度（铂钴色度单位）	20
浑浊度（NTU，散射浊度单位）	3 水源与净水技术条件限制时为 5
pH（pH 单位）	不小于 6.5 且不大于 9.5
溶解性总固体（mg/L）	1 500
总硬度（以 $CaCO_3$ 计，mg/L）	550
耗氧量（COD_{Mn}法，以 O_2 计，mg/L）	5
铁（mg/L）	0.5
锰（mg/L）	0.3
氯化物（mg/L）	300
硫酸盐（mg/L）	300

附　录 A

（资料性附录）

表 A.1　生活饮用水水质参考指标及限值

指标	限值
肠球菌（CFU/100 mL）	0
产气荚膜梭状芽孢杆菌（CFU/100 mL）	0
二（2-乙基己基）己二酸酯（mg/L）	0.4
二溴乙烯（mg/L）	0.000 05
二噁英（2，3，7，8-TCDD，mg/L）	0.000 000 03
土臭素（二甲基萘烷醇，mg/L）	0.000 01
五氯丙烷（mg/L）	0.03
双酚 A（mg/L）	0.01

续表 A.1

指标	限值
丙烯腈（mg/L）	0.1
丙烯酸（mg/L）	0.5
丙烯醛（mg/L）	0.1
四乙基铅（mg/L）	0.000 1
戊二醛（mg/L）	0.07
甲基异莰醇-2（mg/L）	0.000 01
石油类（总量，mg/L）	0.3
石棉（>10 μm，万/L）	700
亚硝酸盐（mg/L）	1
多环芳烃（总量，mg/L）	0.002
多氯联苯（总量，mg/L）	0.000 5
邻苯二甲酸二乙酯（mg/L）	0.3
邻苯二甲酸二丁酯（mg/L）	0.003
环烷酸（mg/L）	1.0
苯甲醚（mg/L）	0.05
总有机碳（TOC，mg/L）	5
萘酚-β（mg/L）	0.4
黄原酸丁酯（mg /L）	0.001
氯化乙基汞（mg /L）	0.000 1
硝基苯（mg/L）	0.017
镭 226 和镭 228（pCi/L）	5
氡（pCi/L）	300

参考文献

[1] World Health Organization. Guidelines for Drinking – water Quality, third edition. Vol. 1, 2004, Geneva

[2] EU's Drinking Water Standards. Council Directive 98/83/EC on the quality of water intended for human consumption. Adopted by the Council, on 3 November 1998

[3] US EPA. Drinking Water Standards and Health Advisories, Winter 2004

[4] 俄罗斯国家饮用水卫生标准，2002 年 1 月实施

[5] 日本饮用水水质基准（水道法に基づく水质基准に关する省令），2004 年 4 月起实施

附录二　混凝土和砂浆配合比

附表 5　混凝土配合比（C15 级混凝土，坍落度 3 ~ 5 cm）

水泥强度等级	砂子类型	石子类型	石子直径（mm）	每立方米混凝土材料用量（kg）			
				水	水泥	砂子	石子
32.5（复合水泥）	粗砂	卵石	10	193	339	685	1 166
			20	173	304	697	1 239
			40	153	268	707	1 314
		碎石	16	203	350	726	1 089
			20	188	324	732	1 145
			40	168	290	736	1 236
	中砂	卵石	10	200	351	638	1 185
			20	180	316	648	1 259
			40	160	281	657	1 334
		碎石	16	210	362	669	1 107
			20	195	336	684	1 165
			40	175	302	696	1 256
	细砂	卵石	10	207	363	592	1 202
			20	187	328	601	1 277
			40	167	293	608	1 354
		碎石	16	217	374	632	1 124
			20	202	348	637	1 183
			40	182	314	643	1 275
42.5	粗砂	卵石	10	193	292	757	1 135
			20	173	262	769	1 203
			40	153	232	780	1 272
		碎石	16	203	299	799	1 059
			20	188	276	806	1 113
			40	168	247	799	1 199
	中砂	卵石	10	200	303	708	1 156
			20	180	273	719	1 225
			40	160	242	729	1 296
		碎石	16	210	309	751	1 080
			20	195	287	756	1 135
			40	175	257	749	1 222
	细砂	卵石	10	207	314	661	1 175
			20	187	283	671	1 246
			40	167	253	679	1 318
		碎石	16	217	319	704	1 100
			20	202	297	708	1 155
			40	182	268	699	1 243

附表6　混凝土配合比（C15级混凝土，坍落度5~7 cm）

水泥强度等级	砂子类型	石子类型	石子直径（mm）	每立方米混凝土材料用量（kg）			
				水	水泥	砂子	石子
32.5（复合水泥）	粗砂	卵石	10	203	356	688	1 122
			20	183	321	701	1 193
			40	163	286	712	1 266
		碎石	16	213	367	727	1 046
			20	198	341	734	1 102
			40	178	307	729	1 190
	中砂	卵石	10	210	368	641	1 140
			20	190	333	653	1 212
			40	170	298	663	1 287
		碎石	16	220	379	680	1 064
			20	205	353	687	1 120
			40	185	319	681	1 210
	细砂	卵石	10	217	381	595	1 156
			20	197	346	606	1 230
			40	177	311	614	1 305
		碎石	16	227	391	634	1 080
			20	212	366	640	1 137
			40	192	331	633	1 229
42.5	粗砂	卵石	10	203	308	759	1 092
			20	183	277	773	1 159
			40	163	247	785	1 227
		碎石	16	213	313	800	1 019
			20	198	291	808	1 071
			40	178	262	803	1 155
	中砂	卵石	10	210	318	711	1 112
			20	190	288	723	1 180
			40	170	258	734	1 250
		碎石	16	220	324	752	1 039
			20	205	301	759	1 092
			40	185	272	753	1 178
	细砂	卵石	10	217	329	664	1 131
			20	197	298	676	1 201
			40	177	268	685	1 272
		碎石	16	227	334	706	1 058
			20	212	312	711	1 112
			40	192	282	704	1 199

附表 7　混凝土配合比（C20 级混凝土，坍落度 3 ~ 5 cm）

水泥强度等级	砂子类型	石子类型	石子直径（mm）	每立方米混凝土材料用量（kg）			
				水	水泥	砂子	石子
32.5（复合水泥）	粗砂	卵石	10	193	411	608	1 181
			20	173	368	621	1 260
			40	153	326	631	1 340
		碎石	16	203	423	648	1 104
			20	188	392	655	1 164
			40	168	350	649	1 260
	中砂	卵石	10	200	426	562	1 195
			20	180	383	573	1 276
			40	160	340	582	1 358
		碎石	16	210	438	602	1 118
			20	195	406	608	1 180
			40	175	365	601	1 277
	细砂	卵石	10	207	440	518	1 209
			20	187	398	527	1 290
			40	167	355	534	1 374
		碎石	16	217	452	557	1 132
			20	202	421	562	1 195
			40	182	379	554	1 293
42.5	粗砂	卵石	10	193	345	683	1 163
			20	173	309	695	1 236
			40	153	273	706	1 311
		碎石	16	203	356	724	1 086
			20	188	330	730	1 142
			40	168	295	724	1 233
	中砂	卵石	10	200	357	636	1 181
			20	180	321	647	1 256
			40	160	286	656	1 331
		碎石	16	210	368	677	1 104
			20	195	342	682	1 161
			40	175	307	675	1 253
	细砂	卵石	10	207	370	590	1 198
			20	187	334	599	1 273
			40	167	298	607	1 351
		碎石	16	217	381	630	1 120
			20	202	354	635	1 179
			40	182	319	627	1 272

附表 8　混凝土配合比（C20 级混凝土，坍落度 5 ~ 7 cm）

水泥强度等级	砂子类型	石子类型	石子直径（mm）	每立方米混凝土材料用量（kg）			
				水	水泥	砂子	石子
32. 5（复合水泥）	粗砂	卵石	10	203	432	610	1 134
			20	183	389	624	1 211
			40	163	347	636	1 290
		碎石	16	213	444	648	1 058
			20	198	413	656	1 117
			40	178	371	653	1 212
	中砂	卵石	10	210	447	565	1 147
			20	190	404	577	1 227
			40	170	362	587	1 307
		碎石	16	220	458	603	1 072
			20	205	427	610	1 133
			40	185	385	605	1 229
	细砂	卵石	10	217	462	521	1 160
			20	197	419	532	1 241
			40	177	377	540	1 323
		碎石	16	227	473	559	1 085
			20	212	442	565	1 147
			40	192	400	559	1 243
42. 5	粗砂	卵石	10	203	362	686	1 119
			20	183	327	699	1 190
			40	163	291	711	1 263
		碎石	16	213	374	724	1 042
			20	198	347	732	1 098
			40	178	312	728	1 187
	中砂	卵石	10	210	375	639	1 136
			20	190	339	651	1 209
			40	170	304	661	1 283
		碎石	16	220	386	678	1 060
			20	205	360	684	1 117
			40	185	325	679	1 207
	细砂	卵石	10	217	387	594	1 152
			20	197	352	604	1 226
			40	177	316	613	1 302
		碎石	16	227	398	632	1 077
			20	212	372	638	1 134
			40	192	337	631	1 225

注： 使用附表 5 ~ 附表 8 时，首先要确定所用水泥的强度等级，建议对 C15 级混凝土可采用 32. 5 级复合水泥，对 C20 级混凝土，可采用 42. 5 级水泥。其次确定混凝土的坍落度，对于大面积的素混凝土，建议采用坍落度 3 ~ 5 cm，对钢筋混凝土可采用 5 ~ 7 cm 的坍落度。石子的选择根据当地条件而定，石子直径应适应混凝土浇筑块的最小尺寸，如按照混凝＋板的厚度来确定，石子最大直径不应大于最小尺寸的 1/2 ~ 1/3。

附表 9　水泥砂浆配合比

砂浆强度等级	水泥强度等级	水泥砂子质量比	水灰比	每立方米水泥砂浆材料用量（kg）		
				水泥	砂子	水
M5	32.5（复合水泥）	1∶5.46	0.92	299	1 634	275
M7.5		1∶4.71	0.81	340	1 600	275
M10		1∶4.03	0.71	387	1 560	275
M15		1∶3.14	0.58	474	1 487	275
M10	42.5	1∶4.44	0.77	357	1 586	275
M15		1∶3.54	0.64	430	1 524	275

注：表中的配合比，适用于砂子为中砂的情况。如果用粗砂或细砂，则水的用量要相应减少或增加 5 ~ 10 kg，水泥用量应相应增加。

附录三　雨水集蓄利用模式

模式一　广西集雨水柜水稻补灌技术集成模式

（一）适用范围

集雨水柜应用于广西西北部（桂西北石山地区），该地区岩溶地貌发育，石山裸露面积占区域总面积的 45.2%，地表溪流少，地下水埋藏很深，缺少建造规模水利工程的条件，且耕地分布零星，现有工程也难以延伸；加之土层薄、土壤多为砂壤土，保水性差，耕地分散，因此在桂西北石山地区建造水柜集雨并实施节水灌溉是解决该地区灌溉问题的最合适方法。

该地区多年平均降雨量为 1 428.5 mm，石材丰富，满足工程建设需要。

（二）技术集成内容

地头水柜（水池）工程是利用集雨场集蓄雨水，在干旱季节供旱地作物灌溉的蓄水工程，蓄水量一般在 30 m^3 以上。地头水柜（水池）工程的规模，应根据需灌溉作物的面积，按非充分灌溉的原理，保证作物关键期用水量来确定，其主要是解决好作物保苗水、保命水。

蓄水工程的选点按照少占耕地、安全可靠、来水充足、引蓄灌用方便、水质符合要求、经济合理的原则进行。

集流：一般采用坡面集雨。有条件的地方水柜最好能选择靠近泉水、引水渠、溪沟、道路边沟等便于引蓄多种径流；若无引蓄其他径流条件的，需开辟新的集雨场，修建引洪沟引水。集雨场面积应根据水柜容积及当地的降雨量、蒸发量大小来确定；若天然集雨面满足不了集雨要求，则对集流效率较低的集流面采取人工措施，减少地面入渗，保证春旱、秋旱发生前水柜基本蓄满水。

选址：水柜宜选在地形陡峭的坡脚平台处。地埋式水柜宜选在离用水位置稍高的山坡或台地上，尽可能不占用耕地。

地质：应避开滑坡体、高边坡和泥石流危害地段，水柜基础应置于完整坚实的地基上，不允许一边在岩基上，另一边在软基上，不允许基础直接置于高差较大或破碎的岩基上。要避免在裂隙发育的地方建池，防止地下水扬压力对池底的破坏。如果选址实在无法避开地下水，要铺设排水沟（管），将地下水引至柜外。

结构形式：水柜（水池）一般采用圆池布置，建筑材料主要是浆砌石、混凝土。

水柜容量：要根据当地的降雨、蒸发、集雨场状况及作物结构情况计算确定。根据试验资料，年降雨量在 1 500 mm 以上的地区，种植一季早玉米一季中晚稻的耕地，每亩灌溉一般要有 40～50 m^3 容量水柜；灌溉一亩旱地作物水柜容量一般要 20～30 m^3；灌溉每亩果树的水柜容量一般要 15 m^3 左右。

水柜设计：水柜按五级建筑物设计，浆砌石结构抗拉强度及抗剪强度安全系数取 3.3，混凝土结构抗拉强度安全系数取 2.5、抗剪强度安全系数取 1.55。对于容量小于 100 m^3 的水柜设计可套用广西水电勘测设计研究院（区水科所）的水柜（水池）定型设计图集。

配套设施：一般包括引水沟（管）、简易沉沙池、放水设备、清淤孔（集水坑）、护栏或盖板、进人孔、爬梯。

（1）引水沟（管）。根据集雨场汇流流量确定其断面，有条件的尽可能将沟渠衬砌或采用管道输水。

（2）沉沙池。所有地头水柜均应设置沉沙池，其位置一般位于引水沟（管）末端，距水柜 1～2 m，尺寸根据来水的水质确定，池深为 0.6～0.8 m，长宽比为 2:1，40 m^3 水柜一般要 1.0 m^3 以上的沉沙池，边墙及池底应予衬砌。沉沙池出口应设置简易拦污栅，以减少污物进入水柜。

（3）放水设备。地势较高的可采用自压放水或虹吸放水，自压放水应设置管阀，放水管高出水柜底 20 cm。

（4）盖板。为保安全和防蒸发，水柜应尽量加盖板；没有盖板的水柜，要设置防护栏，水柜内设置爬梯。

（5）清淤。地面式水柜底部应设置排淤孔（管），半埋式、全埋式的水柜底部应设置集水坑，便于清除淤泥。

模式二　内蒙古集雨补灌技术集成模式

（一）总体集成模式框图

总体集成模式框图如附图 1 所示。

针对高效种植型、生态畜牧型和庭院经济型三类示范户，还可分别形成各自的技术集成体系和子模式。

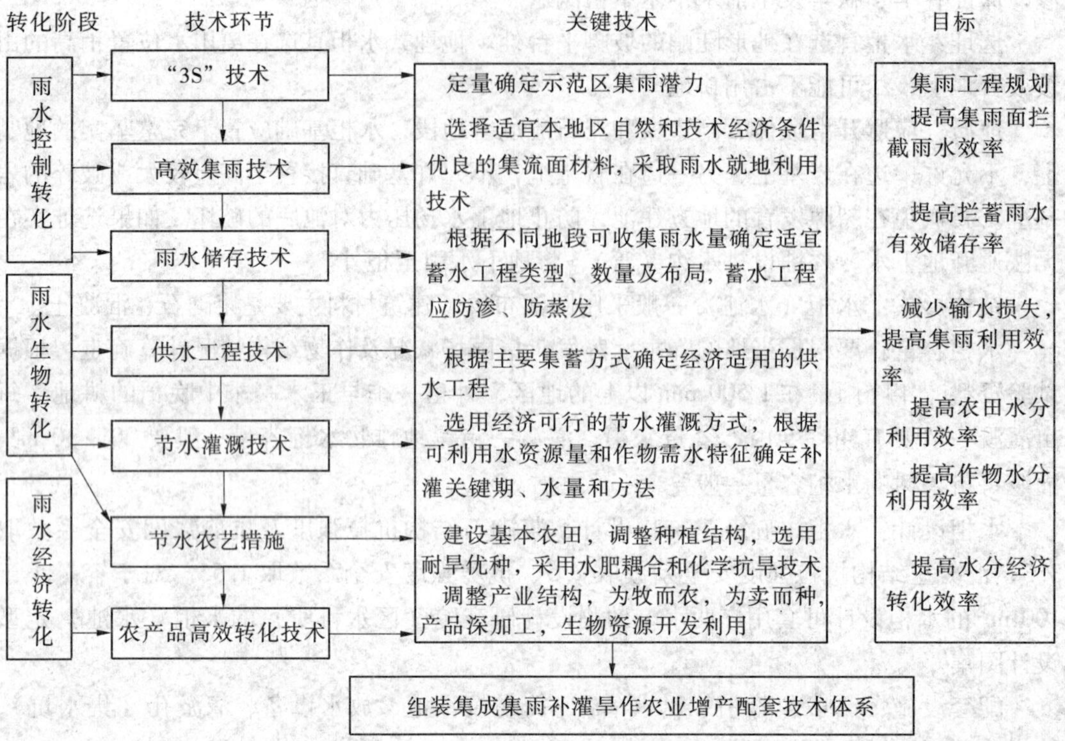

附图1 总体集成模式框图

（二）生产应用子模式

在对示范区社会经济与生态环境全面调查的基础上，确定雨水集蓄利用类型，包括高效种植业型、生态畜牧型和庭院经济型3类，并分别确定其发展战略和扶持措施。将技术集成模式应用于各类典型示范户，形成不同类型的技术集成子模式。

1. 集雨高效种植业型子模式

1）适用范围

集雨高效种植业型子模式适用于承包基本农田面积较大、土地较平整且连片的高效种植业型示范农户。在满足基本口粮与饲料粮的基础上，适当扩大市场有销路的经济作物种植面积。高效的内涵包括补灌水分利用率、农田水分利用效率、土地产出率、劳动生产率、产投比、科技进步贡献率等，以提高水分利用率和农田水分利用效率来带动整个示范户经济效益的提高。

2）技术集成内容

根据市场需求和气候风险分析调整种植结构，充分利用集雨工程创造的有利条件，推广田面集雨耕作、节水补灌、基本农田建设、水肥耦合、覆盖与耕作保墒、化学抗旱等技术和优良品种，以提高水分利用转化效率为中心，建立市场与生态双重适应的种植结构，大幅度增加农民收入，提高农田生态系统的稳定性。

因种植面积较大，集蓄雨水主要用于抗旱坐水播种以确保出苗。有多余时可在高效经济作物的需水关键期补灌。

集雨高效种植型技术集成框图见附图2。

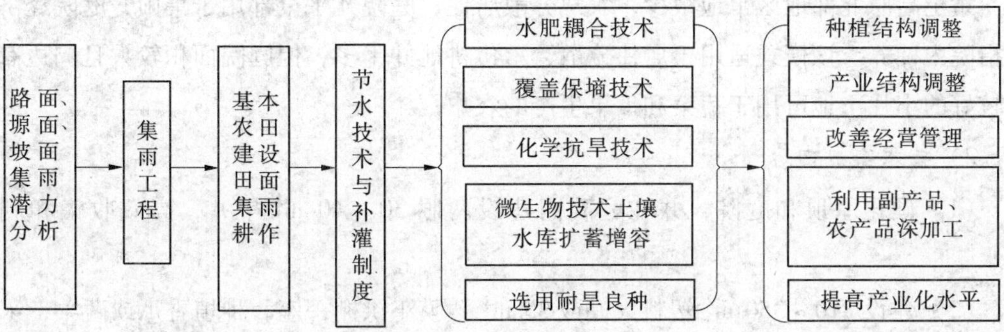

附图2　集雨高效种植型技术集成框图

2. 集雨生态畜牧型子模式

1）适用范围

退耕地和承包荒山草坡面积较大，但承包基本农田面积较小，以畜牧业生产和退耕还林还草植被营建的补助为主要收入来源的农户。

2）技术集成内容

根据市场需求和本地区饲料粮、饲料作物、可利用农副产品和饲草构成及资源量，确定合理的畜牧结构和载畜量；合理确定应退耕的低产田，促进退耕地与荒坡地的植被恢复及可持续的打草强度；推广优良畜种和先进饲养技术，提高饲料转化效率与单位畜产品的经济效益，力求经济效益与生态效益的双赢。

集雨生态畜牧型技术集成框图见附图3。

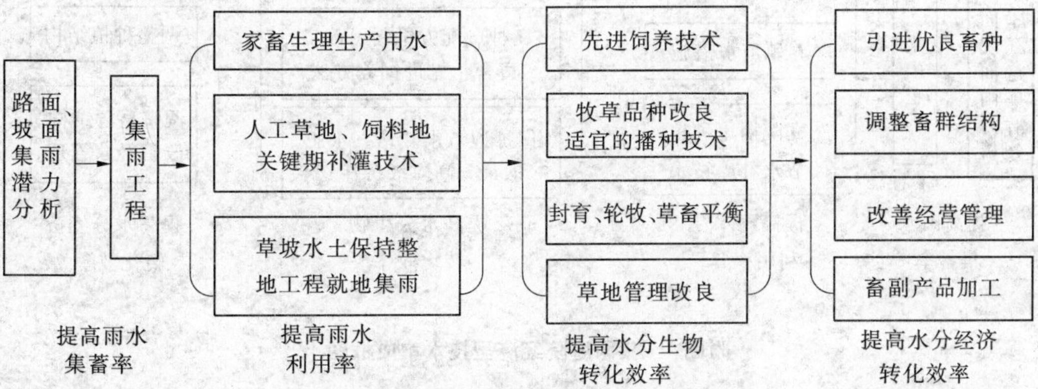

附图3　集雨生态畜牧型技术集成框图

3. 集雨庭院经济型子模式

1）适用范围

黄土高原北部地区平地很少，农户分散居住，庭院几乎全部用于集雨，庭院经济并非指院内种养。该模式适用于居住分散，承包耕地并不多，但庭院面积较大且周边有条件较好的小片土地可用于蔬菜和瓜果生产的农户。

2）技术集成内容

（1）硬化屋顶和庭院，并在庭院内建设两眼 30～40 m^3 旱井，高效收集和利用雨水。

（2）建设 210～350 m^2 塑料大棚或 35 m^2 塑膜小拱棚一座，种植香瓜或蔬菜，采用简易或先进的节水灌溉方法进行灌溉。

（3）在庭院附近建设 30～60 m^2 砖木结构标准羊圈一座，养绒山羊 30～50 只。

（4）在庭院附近建设沼气池、猪圈、厕所和温室（大棚）“四位一体”农村能源工程一处。

根据庭院可利用集雨地形，在屋顶和庭院修筑不透水集雨面及在庭院内修建水窖，有条件的可修建人畜饮用与灌溉用两个水窖。根据可利用水量、市场需求和庭院附近土地条件、饲料资源，确定蔬菜、果树、花卉与畜禽的种养结构和规模。推广高效种养使用技术，努力提高降水、土地与饲料利用转化效率。

集雨庭院经济型技术集成框图见附图 4。

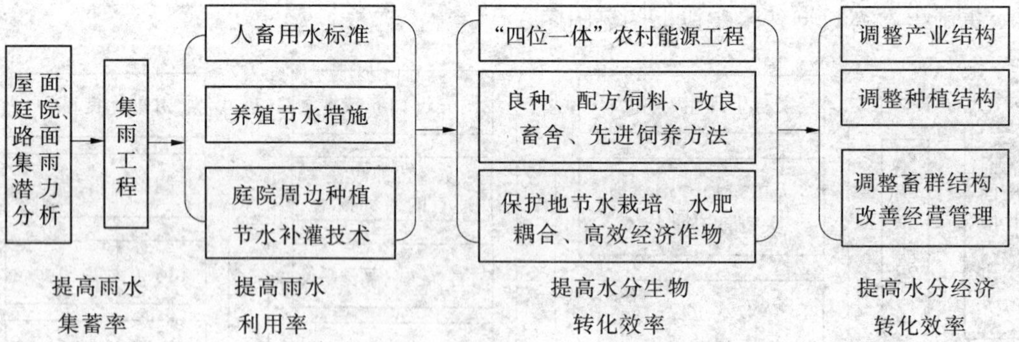

附图 4　集雨庭院经济型技术集成框图

三类集雨子模式的技术集成内容详见附图 5～附图 7。

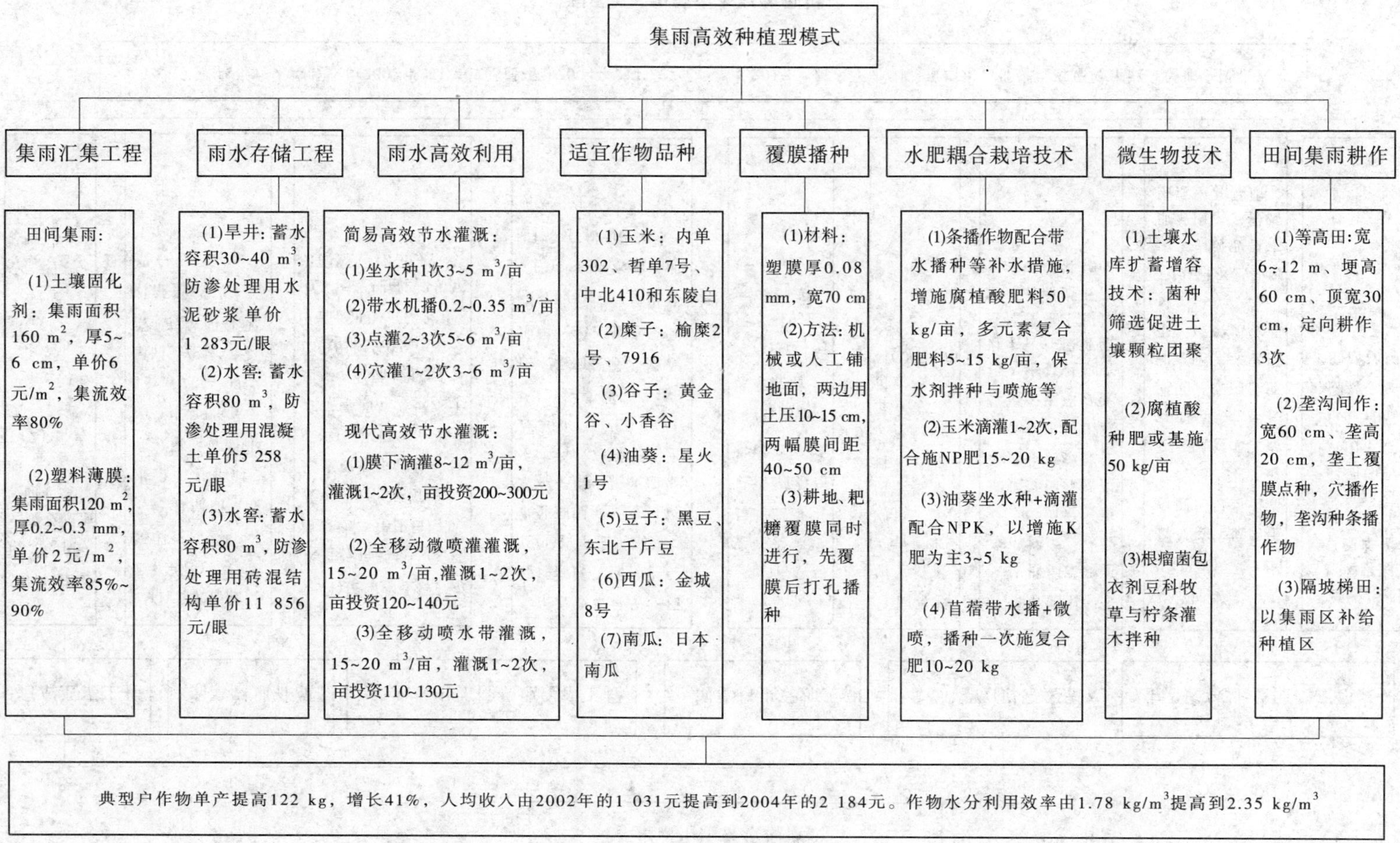

附图5 集雨高效种植型模式

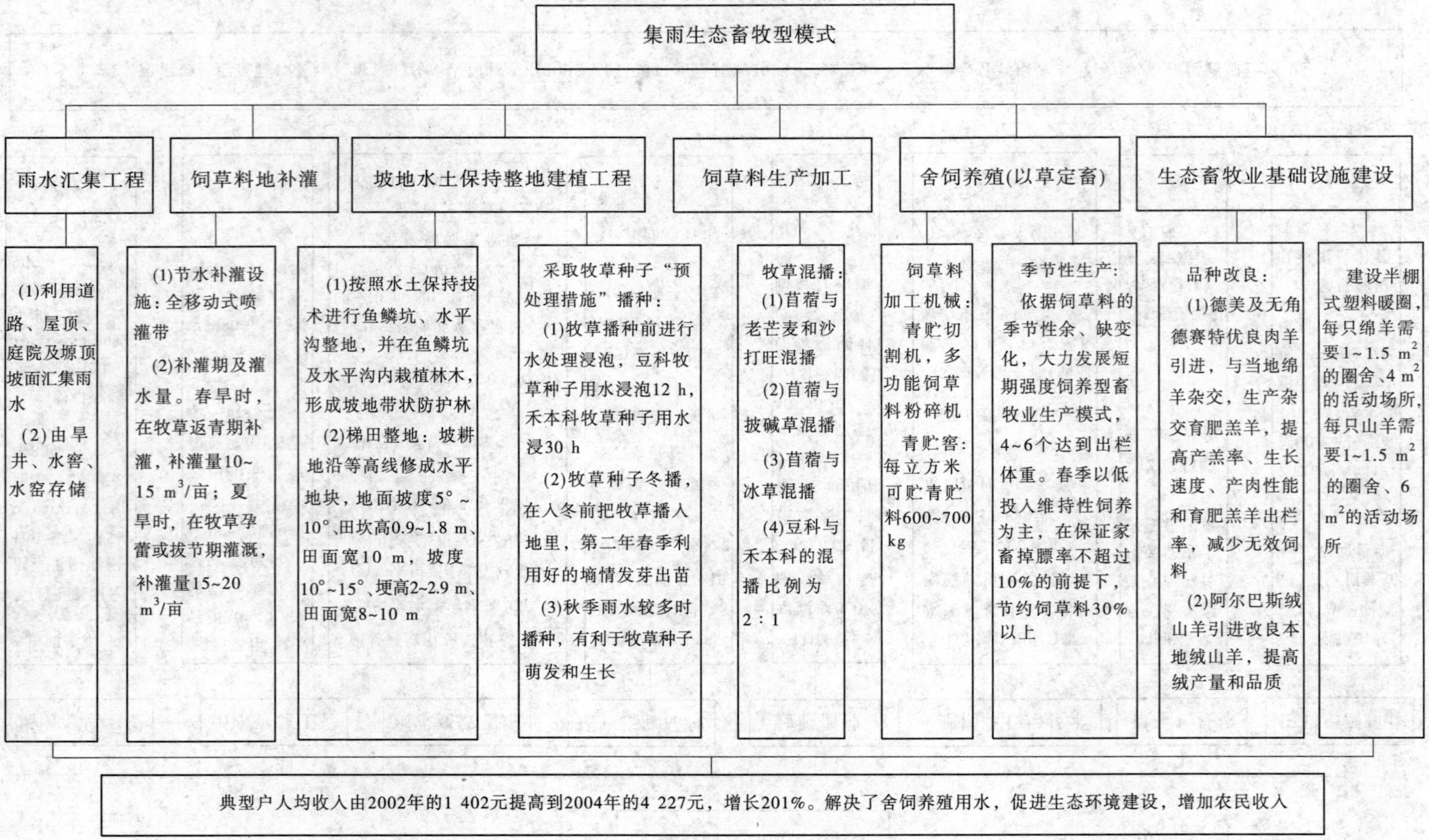

附图6　集雨生态畜牧型模式

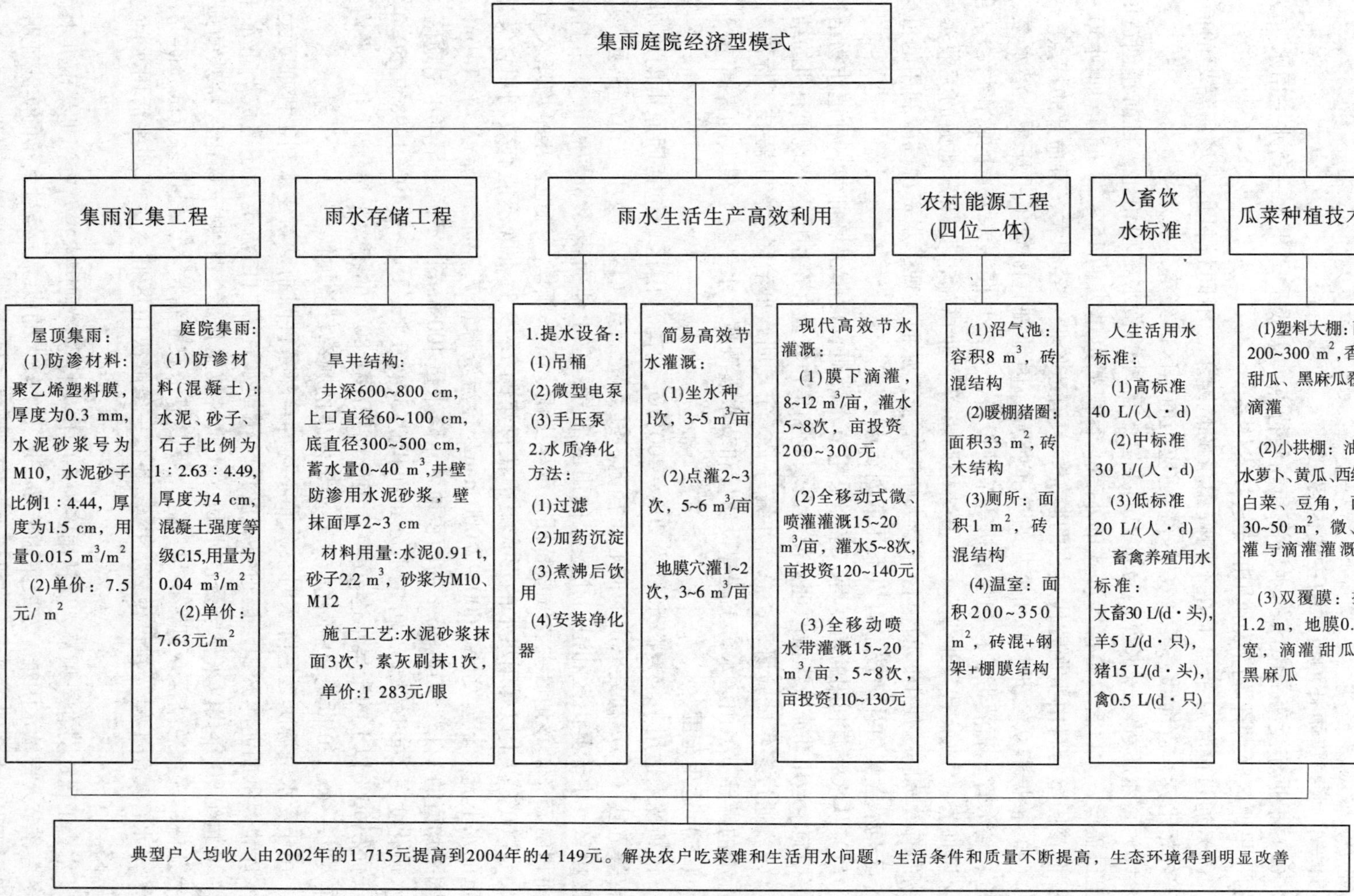

附图7 集雨庭院经济型模式

模式三　宁夏水窖集雨补灌技术简介

（一）水窖集雨补灌技术的主要内容

（1）根据宁夏南部山区的水资源和气候特点，集成了“集水—蓄水—用水”为一体的干旱地区降水资源高效利用的先进技术体系。

（2）通过试验总结出了在不同降雨量的情况下，不同材料集水场所需要的面积。同省外相比较，造价低、集水效果好，适应当前山区的经济发展水平。

（3）蓄水工程——水窖，与过去的土窖、区外的蓄水工程相比，目前新创造的混凝土拱盖窖、大口窖、窑窖等形式的水窖，容积上由过去的15～20 m^3 增加到50～60 m^3；防渗固壁材料由水泥替代过去的胶泥，具有造价低、容积大、寿命长的特点。

（4）根据群众经济水平和窖井的分布特点，因地制宜配套了手压泵、潜水泵、追肥枪、输水管、滴灌带、移动喷灌机等节灌设备，补灌地膜玉米为主的秋作物，结合覆膜保墒抑蒸、“新一代旱地龙”、种植结构调整等农业措施，变裸露地面的无效蒸发为作物的有效蒸腾，使山区的粮食产量大幅度增长，从而实现了水资源高效利用的目标。

宁夏水窖集雨补灌技术有以下几个创新点：

（1）从水资源利用的角度看，综合采用节水灌溉、覆膜保墒抑蒸、种植作物结构调整等措施，运用非充分灌溉原理，使灌溉农业和旱作农业在宁南山区实现了有机的结合。

（2）通过多年试验研究，总结并编写了《宁夏回族自治区水窖工程技术标准》，在此标准的指导下，山区水窖工程建设质量和节水灌溉技术水平有了很大的提高。

（二）适用范围

该项技术适用于宁夏降水量为200～400 mm的南部山区，包括固原市的原州区、西吉等五县（区）和吴忠市的同心、盐池、红寺堡三县（区）及中卫市海原县、中卫城区山区、中宁县山区和银川市灵武的山区部分，总土地面积3.88万 km^2，占自治区总面积的75%。该地区主要气候特征是干旱少雨、春旱频繁。当地多年平均降水量320 mm，且60%以上以暴雨洪水的形式集中在每年的7～9月，既不能有效利用，又造成严重的水土流失。蒸发量1 600～2 000 mm，径流资源量7.74亿 m^3，人均314 m^3，是全国平均值的1/13。山区86%的面积地处年降水量400 mm以下的干旱半干旱地区。地下水矿化度在2 g/L以上，苦咸水分布面积达3.4万 km^2。在1949～1998年50年间，绝产面积50%以上的干旱年达40年，绝产面积超过80%的特大干旱年11年，平均4～5年发生一次，20世纪90年代以来，干旱发生的频率日益加快。

由于受水资源匮乏、降水时空分布不均等自然条件限制，新建水利工程难度大。现有水库也因汛期泥沙淤积，被迫空库度汛，汛期水资源白白流走，还造成严重水土流失。20世纪90年代以来，宁夏的水利、农业科技工作者，根据宁南山区特殊的地理、自然条件，认真总结群众打窖抗旱经验，吸取节水农业新技术，经过多点试验研究，优化了“水窖集雨工程”建设模式，探索出了一条解决山区群众生产和生活用水问题的新思路。

水窖工程针对春旱频繁、夏秋雨多为患的自然特点，利用水窖蓄存汛期暴雨洪水，解决冬春季节人畜饮水困难，发展集雨节灌，取得了较大的成绩。经过多年的实践证明，水窖集雨工程形式合理、规模小、投资少、施工简单、见效快，深受群众欢迎；国家适当补助，农民自建自管，自己受益，产权明晰，把集水、管水、用水的责任落实到了每一个家庭，适合于当前农村一家一户分散经营的生产方式。因此，宁南山区水窖集雨工程，在理论上是成熟的，技术上是可行的，投资上是经济的，非常符合当地的实际生产力发展水平，是解决宁南山区干旱缺水的最佳有效途径。在解决干旱山区人畜饮水困难方面也发挥了很重要作用。

（三）水窖集雨补灌技术在宁南山区取得了显著效益

（1）提高了水窖工程的建设标准和质量。一是窖容增大。每眼水窖容积由过去的十几立方米扩大到五六十立方米。二是水窖质量提高。建窖材料用水泥代替胶泥，提高了水窖工程质量，缩短了施工时间。

（2）完善和规范了集水场，提高了水窖的蓄水保证率。集水场是水窖工程的关键部分，水窖集成技术根据不同地区的降雨量，提出了不同类型集水场的面积和集水效率，用以指导水窖工程建设。

（3）有效地缓解了人畜饮水困难。在山区遭受连续几年的特大干旱中，累计建成的40万眼水窖，有效地缓解了60多万人、80万头（只）羊畜的饮水困难，使干旱缺水的山区再没有出现像过去大旱之年远距离找水拉水吃的现象。

（4）促进了集雨节灌事业的发展。十多年来，水窖集成技术在山区集雨补灌中的应用，也取得了很好的效益。1998年以来，山区共配套各类节灌设备15万套，累计发展集雨节灌面积100万亩，增产粮食3亿kg。如西吉县建立各类集雨节灌示范点种植的玉米，亩产平均达到500 kg，最高亩产达到600 kg。同心县喊叫水乡利用窖水种枣树5 000多亩，亩均收入近千元，预旺镇农民群众每年利用窖水点种地膜西瓜2万多亩。

（5）有效地拦蓄雨水，减少了水土流失，改善了当地的生态环境。1994年以来新打的水窖40万眼，每年可有效拦蓄雨洪径流近1 400万m^3，按照山区的水土流失侵蚀模数估算，每年可减少流入黄河泥沙近300万t。

实践证明，水窖集雨补灌技术已在并将继续在山区水窖建设中发挥有力的技术指导作用，具有广阔的推广应用前景。希望在今后的山区水利建设中，继续推广应用，使其在宁南山区抗旱减灾、群众脱贫致富中发挥更大的作用。

模式四　陕西甘露工程技术集成模式

（一）适用范围

距离城镇供水管网较近的，应优先选择城镇供水管网延伸的供水形式。水源充沛，村间距离较近，或具有重力流输水条件较好的情况下，应考虑选择联片集中供水形式。水源规模较小，村间距离较远，可选择单村集中供水形式。在多年平均降水量大于250 mm的地区，地表水和地下水都缺乏或开发利用困难的农村，可规划设计单户或联户使用的雨水集蓄供水工程。在居住分散、人口密度低、有水质良好地下水源的农村，可规划设计单户或联户使用的户井供水工程。当地水资源贫乏，但有季节性客水资源的农村，可利用已有的引水设施，规划设计引蓄供水工程。

（二）技术集成内容

1. 集中式供水工程

集中式供水工程由取水构筑物、泵站、调节构筑物和设备、输配水、水厂与水处理五部分组成。

（1）地下水取水构筑物，应根据水文地质条件选择。地表水取水构筑物应根据取水量和水质要求、水源条件，通过技术经济比较确定。

（2）泵站设计应符合《泵站设计规范》（GB/T 50265—97）的有关要求。泵站位置的选择应符合村镇建设规划的要求，满足取水、防洪、防淤等要求，有良好的工程地质条件，少拆迁、少占农田，交通方便，靠近电源，环境卫生良好。泵站形式应根据水位及其变幅、地形及地质条件、机泵形式确定。机泵选择应根据设计流量、水压、调节池容积等条件综合确定。水泵安装高程和进水管的布置应满足水泵吸上真空高度的要求。泵站设计应有流量和压力计量装置。向高地输水的泵站出水总管上应设置止回阀，并应采取停泵水锤防护措施。泵站电气设计应根据所选机电设备的电压和总容量以及当地的供电条件确定。机组启动时，母线电压降一般不宜超过额定电压的15%。当与农村供电变压器共用时，应核算变压器容量和到泵站的距离是否满足要求。

（3）调节构筑物和设备选择应根据地形条件、供水规模和供水方式、管理条件等综合分析确定。清水调节池有清水池、高位水池、减压池，应建在便于管理和环境卫生条件较好的地段，一个工程中清水调节池的有效容积之和，一般按最高日供水量的20%～40%设计，受供水方式或管理条件限制时，可根据实际情况适当加大，但一般不超过最高日供水量的100%。水厂清水池和高位水池分格数或个数一般不少于2个，以保证检修时仍能正常供水。高位水池高程的设置应根据管网最不利供水点所需压力和地形条件，通过重力流计算确定。向供水管网供水的泵站，地势较平缓时，应优先采用变频调速恒压供水设备，供水规模较小时也可选择气压水罐，但必须选择持有压力容器制造许可证的厂家生产的气压水罐。供水规模较小时也可选择水塔调节，水塔的有效容积应按最高日供水量的10%～20%设计。清水池、高位水池、水塔都应合理设置进水管、出水管、溢流管、排空管、通气孔、检修孔、水位指示装置。高位水池和水塔应装避雷设施。清水池、高位水池应加盖，并覆土。北方地区还应考虑防冻措施。进水管、出水管、排空管均应安装控制阀门，溢流管不得安装阀门。进水管和溢流管管径应相同，出水管距集水坑底不小于0.3 m，排空管管径应按2 h排空计算且不小于100 mm。通气孔应设在水池顶部，通气孔直径不宜小于150 mm，出口高度应高出覆土0.7 m。

（4）输水管线选择应尽可能做到起伏变化小、线路短、少拆迁、少占农田、施工和维修方便。配水管网一般布置成树枝状，有条件的应布置成环状管网或环树相结合的管网，配水管网应尽可能沿规划道路布置，避免穿越建筑物。输配水管材选择应根据水压、外部荷载、地质条件、施工条件等确定，并符合卫生学要求。输配水管道应尽可能地埋，塑料管道必须采用地埋。管道埋设时，非冰冻地区，管顶的覆土深度应不小于0.7 m；冰冻地区，应埋设于当地冻深线以下；穿越道路、农田或沿道路铺设时，应适当增加埋深。地埋管道回填，管道周围0.2 m范围内应回填细土，不应回填石渣。露天管道应有补偿管道伸缩的设施，并应根据需要采取防冻保温措施。管道应尽量避免穿过毒物污染及腐蚀性地区，必须穿过时应采取防护措施。供水管与污水管交叉时，供水管应设在污水管上方，且不应有接口重叠。若给水管敷设在下面，应采用钢管或钢套管，钢管伸出交叉管的长度每边不得小于3 m，套管两端采用防水材料封闭。当供水管与污水管平行设置时，管外壁净距应不小于1.5 m。管道穿越河流、沟谷等易受雨水、洪水冲刷地段时应采取必要的保护措施。

（5）水处理工程可参照《室外给水设计规范》（GB 50013—2006）和《农村给水设计规范》（CECS 82：96）的有关要求进行设计。水厂厂址的选择应符合村镇规划的要求，不受洪水威胁、交通方便、靠近电源，并有较好的排水条件和良好的卫生环境。水厂形式、规模和布置应根据水处理工艺确定。水处理构筑物宜采用平行布置，应充分利用地形坡度；布置要紧凑，连接管道应尽量短，各类管线应设置必要的闸门；生产构筑物的排水、排泥可合为一个系统，排放位置应符合卫生防护要求。设计水处理流量，应根据最高日用水量、自用水量和日工作时间确定。水厂日工作时间，一般宜按20 h设计，受供水方式和管理条件限制时可适当缩短，并应根据技术经济比较确定，一般不小于8 h。水处理工艺应根据原水水质、设计规模、建设条件、管理条件、当地相似条件下水厂的运行经验综合分析确定，有条件的应通过水处理试验确定。

2. 分散式供水工程

雨水集蓄供水工程设计应符合《雨水集蓄利用工程技术规范》（SL 267—2001）的有关规定。

引蓄供水工程主要由季节性客水、引水管网或渠网、储水设施组成。

户井供水工程主要由井和提水设备组成，井位宜选择在水量充足、水质良好、取水方便、环境卫生有保障的地点。

分散式供水应进行消毒，一般采用加氯片或漂白粉（精）消毒，也可采用家用小型净水器处理。集雨工程和引蓄工程中，储水池供水应经过必要的过滤和消毒后才能直接饮用，公共集雨工程宜采用慢滤池或渗井过滤，单户集雨工程宜采用小型慢滤设备过滤。

（三）技术集成框图

技术集成框图如附图8所示。

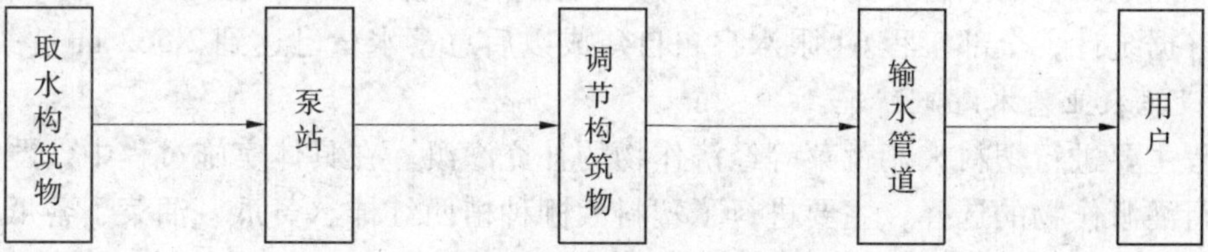

附图8　技术集成框图

附录四　项目实例

项目实例一　甘肃省定西市安定区大坪村设施农业工程

（一）设施农业基本情况

设施农业是在人们生活需求不断增长的同时发展起来的，是在人为可控环境设施下的农业生产，即在生物生长发育的多种不利环境条件下，通过建立结构设施，在充分利用水、土、光、热等自然环境条件的基础上，人为地创造和改善生物生长发育的生境条件，以实现高产、高效为目的的现代化农业生产方式。设施农业以高科技为手段，其特点是高投入、高产出，是提高资源和资本集约化水平、实现规模化经营的一种先进生产方式。

青岚乡大坪村是定西市安定区小康示范村之一，位于本区东部，距定西市政府所在地 5 km，现有居民 123 户。区域内既无地下水，又无地表水，年降水量约 400 mm，而蒸发量高达 1 500 mm，生活用水极其困难，农业生产靠天吃饭，经济作物几乎空白，社会经济发展缓慢。自推广雨水集蓄利用技术——设施农业以来，在总结利用传统水窖解决生活饮水经验的基础上，通过采用农户屋面、混凝土庭院、农用道路等作为集流场，建成水窖 369 眼，户均 3 眼，并配套手压泵或潜水泵以及窖水净化过滤设施，为 123 户家庭提供了干净卫生的生活用水。同时，利用窖水发展庭院经济，增加了农户收入，改善了当地农民的生活条件。

该设施农业工程在利用雨水解决生活用水困难的基础上进行，共新建成蓄水窖 64 眼，发展设施农业灌溉面积 41 亩。

（二）工程建设经济指标情况

1. 工程建设概况

工程的实施计划在定西市安定区的大坪村进行技术推广，主要进行塑料大棚蔬菜等经济作物的补充灌溉。其推广利用目标是提升旱地集水农业高效用水的水平和农户的收入水平。工程实施期内计划推广塑料大棚蔬菜灌溉面积 40 亩，平均亩产增加 2 000 kg，预计可增产蔬菜 80 000 kg，实现效益 40 000 元。该区属于降水量大于 350 mm 的半干旱山区，集雨效率大于 70%，灌溉水利用率大于 90%，蓄水设施复蓄指数大于 1.3；在执行期内，塑料大棚蔬菜每立方米净耗水产值达到 50 元以上。

目前，工程已经全部投入运行，据 2007 年 10 月统计，所有水窖均已蓄水，其中为蔬菜大棚灌溉配套的水窖，除 2007 年 8 月底建成的水窖外，其他水窖大多数已重复蓄水 2 次。据统计，全部工程 64 眼水窖，自建成以后总蓄水量已达到 2 562 m^3。

2. 设施农业基本灌溉情况

工程主要进行塑料大棚蔬菜等经济作物的补充灌溉。在具体实施过程中，严格按照规划进行灌溉作物的选择，主要进行了塑料大棚种植西红柿、黄瓜、油菜、蕃瓜、茄子等蔬菜作物的节水灌溉。

在干旱缺水地区，塑料大棚蔬菜种植是与雨水利用技术伴生而来的，是建立在雨水利用技术基础之上的。共建成塑料大棚 41 座（毛控制面积按 1 亩计算），全部配套了滴灌、管灌等高效节水灌溉设施。从灌水情况来看，灌水次数普遍在 5～6 次，只有少部分达到 8 次，次灌水量一般在 15 m^3/亩左右，总灌水量在 100 m^3/亩左右，最大的可达到 120 m^3/亩。塑料大棚蔬菜灌溉情况典型统计资料见附表 10。

3. 有关资料观测情况

1）天然降水情况

根据青岚乡大坪村所在地的降水量资料，按照该村在地域上的实际分布情况，通过内插方法计算确定了青岚乡大坪村的降水量资料，具体见附表 11。

附表 10　塑料大棚蔬菜灌溉情况典型统计资料

作物名称	灌溉面积（亩）	灌溉方式	灌水次数（次）	灌水总量（m^3）	亩均灌水总量（m^3/亩）
西红柿	11.4	滴灌	5～6	1 185	103.9
黄瓜	3.6	滴灌	5～8	386	107.2
油菜	3.6	沟灌	5～6	401	111.4
合计	18.6			1 972	106.0

附表 11　青岚乡大坪村 2006～2007 年降水量情况

年份	1 月	2 月	3 月	4 月	5 月	6 月	7 月	8 月	9 月	10 月	11 月	12 月	合计
2006	1.1	9.7	11.9	5.1	79.3	46.8	64.7	95.9	40.2	23.2	4.6	2.6	385.1
2007	1.1	3.2	18.2	16.8	10.9	96.6	47.1	62.8	42.2	63.6	3.0	4.5	370

2）工程蓄水情况

工程设计采用现有道路、荒山荒坡等，通过采取修建截流引水渠等措施经改造后作为集流面收集雨水，一旦蓄水设施建成，每遇降水天气出现即可进行雨水收集利用。工程蓄水情况采用逐一调查统计的方式进行统计。从调查统计情况来看，2007 年 3～4 月建成的水窖普遍在当年蓄满了水，用于果树、蔬菜大棚灌溉的水窖基本上重复蓄水 2 次以上，除用于果树、蔬菜大棚的灌溉外，还采用点浇、点灌等方式进行了玉米等作物的抗旱保苗灌溉，发挥了很好的节水和抗旱作用；5～6 月建成的水窖基本蓄满了水，用于果树、蔬菜大棚灌溉的水窖部分重复蓄水 2 次，大多数只蓄水 1 次，但普遍用于果树、蔬菜灌溉；而 7～8 月建成的水窖由于建成时间较晚，普遍未能蓄满水，只有部分用于果树、蔬菜大棚灌溉的水窖蓄满了水并用于灌溉，发挥了一定的作用。经调查统计，全部蓄水工程——64 眼水窖的总容积为 1 920 m^3，平均年蓄水量约为 3 540 m^3。

3）作物产量典型统计情况

作物产量统计仅按典型统计面积进行分析计算。全区共完成典型统计总面积大棚蔬菜 13 亩。在塑料大棚蔬菜种植中均为 2 茬种植。在调查统计的典型示范户中，第一茬种植西红柿、黄瓜，第二茬种植油菜、西红柿（倒茬）。从典型统计结果来看，塑料大棚蔬菜作物平均产量达到 4 873 kg/亩。其中，在 6 亩的统计面积中，大棚蔬菜的总产量达到 32 900 kg，单产达到 5 483 kg/亩。

4. 技术经济指标完成情况

1）技术指标

（1）集雨效率。

集雨效率是反映区域内雨水收集利用程度和水平的重要指标，以降落在集流面上的雨水被收集、储存并利用的百分数表示。据有关研究成果，在降水量为 300～400 mm 地区，塑料膜面的集雨效率可达到 95% 以上。根据计算，得出大坪塑料大棚的总集流面积为 21 344 m^2，集雨效率为 95%。

（2）灌溉水利用率。

本工程包括大棚蔬菜西红柿、黄瓜、油菜等作物的高效节水灌溉。具体看来，大棚蔬菜作物全部采用移动式滴灌系统进行灌溉，灌溉水利用率可达93%以上。按照不同作物的种植比例及不同灌溉方式下的灌溉水利用率进行计算，大坪灌溉水综合利用效率达90.6%，详见附表12。

附表12　青岚乡大坪村蔬菜水分利用率计算结果

补灌水量（m^3）	利用率（%）	有效利用量（m^3）
2 475	93	2 301.8

（3）蓄水设施复蓄指数。

复蓄指数是指蓄水设施在年内重复利用的次数，是评价工程使用效率高低的重要指标。本工程建成蔬菜灌溉水窖64眼，复蓄指数按2.0设计。经计算，实际蓄水工程的综合复蓄指数达到了1.84，计算结果见附表13。

附表13　青岚乡大坪村蔬菜水窖复蓄指数计算结果

数量（眼）	设计复蓄指数	水窖容积（m^3）	蓄水数量（m^3）	复蓄指数
64	2.0	1 920	3 540	1.84

2）经济指标——大棚蔬菜水分生产率

在干旱缺水地区进行塑料大棚蔬菜种植，是伴随着雨水利用技术的诞生而发展起来的一项新兴农业技术。目前，该项技术已经成为干旱地区实现农业发展的新的增长点。共建成塑料大棚蔬菜种植面积19.5亩，典型统计面积6亩。在典型统计面积上，灌溉水分生产效率为26.2 kg/m^3，单方水平均产值44.6元/m^3，计算结果见附表14。

附表14　青岚乡大坪村蔬菜种植水分生产效率计算结果

统计面积（亩）	灌溉水量（m^3）	总产量（kg）	灌溉水生产效率（kg/m^3）	产值（元）	单方水平均产值（元/m^3）
6	1 258	32 900	26.2	56 050	44.6

（三）工程实施的经济、社会、环境效益及其他效益

本工程的实施，共建成雨水高效利用塑料大棚蔬菜41亩。典型统计分析结果表明：塑料大棚蔬菜平均亩产量4 873 kg，预计可产蔬菜199 793 kg，实现效益319 669元。

1. 经济效益

本工程实施后，可产生的经济效益主要包括粮食作物补充灌溉及塑料大棚蔬菜种植高效灌溉的增产效益。同时，还可带来一定的相关产业发展效益和水土保持效益。

1）增产效益

本工程的实施，在大坪村共建成塑料大棚蔬菜41亩。其增产效益计算依据典型统计资料，在全部推广面积上按同倍比放大法进行计算。具体结果见附表15。

附表15　青岚乡大坪村蔬菜增产效益计算结果

面积（亩）	灌前产量（kg/亩）	灌后产量（kg/亩）	增加产量（kg/亩）	综合单价（元/kg）	增加值（元）	灌前产值（元）	说明
41		4 873	4 873	1.60	319 669	10 250	效益计算时按灌前粮食作物扣除产值增加值

实施过程中，塑料大棚蔬菜灌溉面积41亩，典型统计平均亩产量4 873 kg，共可产蔬菜199 793 kg，实现效益31.97万元。考虑到塑料大棚蔬菜种植系在现有大田作物的基础上发展而成，为此，效益计算时扣除蔬菜大棚面积上原有的粮食作物产值1.03万元，本工程的实施每年可取得净效益30.94万元。

2）相关产业发展效益

本工程的推广转化应用，显著带动了青岚乡大坪村及邻近区域农业高效用水支撑产业以及其他相关产业的发展，包括小型取水设备、节水农机具制造、节水灌溉专用材料设备生产、塑料大棚设施农业技术推广等。目前，在区域内已经形成了手压泵、注水播种机、覆膜机以及其他配套农业耕作机具的加工企业，对进一步推动雨水利用技术和区域农业经济的发展具有重要作用。

3）水土保持效益

本工程与推广转化项目的实施，显著改变了干旱缺水地区传统的旱作农业生产方式，为实施农业结构调整、建设旱作高效农业提供了可能，为实现农业集约化经营创造了条件，从而使过去单纯地“从规模要效益”转变为“向产量要效益”，极大地促进和保障了国家“退耕还林”战略措施的实施，可减少一定数量的水土流失面积，有利于水土保持及生态恢复工作的开展。

2. 社会效益

（1）半干旱山区天然降水高效富集利用技术是一项以提高农业高效用水水平为主的应用性技术，本工程的推广转化大大提高了项目区农业高效用水的综合技术实力，为实现本区农业生产的可持续发展，促进区域农村经济发展和社会主义新农村建设创造了良好的条件。

（2）本工程的实施在一定程度上有力地促进了节水灌溉设备和材料的发展，继而为我国全面推行农业高效用水和实施农业产业化发展、集约化经营奠定了基础。

（3）本工程的实施，显著加快了以农业高效用水为依托的一大批节水技术成果的推广应用和转化进程。同时，进一步促进了农业领域其他已有科技成果的产业化开发和新科技成果的应用开发。

（4）工程的实施，培养了一批工程技术人员、农业技术人员、基层农技人员和农民技术员，这些技术人员已经成为实现地方农业可持续发展的重要推动力量。

（5）本工程的实施，使区域内原有的64亩旱作农田从此变成农业高效用水的样板田，希望与先期实施完成的重大科技产业示范工程一并形成农业高效用水的核心示范区，从而全面推动区域集雨灌溉技术的应用和发展，为我国旱作农业的发展树立典范。

3. 环境效益

雨水利用技术的诞生，实现了天然降雨的资源化利用，为发展旱作高效用水农业找到了根本出路。而本工程的实施，在为发展旱作高效用水农业建立了样板的同时，还可以有效减缓地表有害径流的产生，防止水土流失，对改善生态环境、实施生态环境建设战略具有重要意义。同时，结合示范项目的实施，还对农村区域环境的整治与建设起到了重要的推动作用。

（四）反映示范区的图片

示范区大棚示意图见附图9和附图10。

附图9　示范区蔬菜大棚

附图10　塑料大棚雨水高效利用模式

项目实例二　河北省元氏县集雨+微灌项目建设与管理

元氏县地处河北省石家庄市南部，是一个山区、丘陵、平原三者兼有的县份，全县总面积668.4 km^2，耕地总面积53.9万亩，荒山开发面积15万亩。近几年来，随着退耕还林优惠政策的出台，元氏县荒山治理开发速度明显加快，但由于受当地干旱和水资源短缺的制约，严重影响山区农业经济快速发展和农民增产增收。为此，县委、县政府高度重视，在省、市水利部门的大力支持和领导下，立足于山区资源性缺水的旱情，把发展集雨工程+山区微灌和协会建设作为改善山区群众生产生活条件和脱贫致富的重要工作来抓。规划全县发展集雨、微灌工程涉及山丘区8个乡镇25个行政村，共建水窖282个、集雨池338处、塘坝32座，增加蓄水量15.16万 m^3，发展微灌节水面积1.65万亩，并且全县95%的集雨、微灌工程均采用集雨+微灌建设和农民自己成立用水者协会管理模式，全县山区已兴建的集雨、微灌工程，取得阶段性进展，推动了山区农业经济的快速发展。

（一）集雨+微灌工程建设基本情况

集雨+微灌项目建设，根据不同的气候、地形、地质等自然条件和土地、山场的使用管理模式等因素，按工程规模和集雨场的不同分为以下四类：

（1）第一类为容积2万 m^3 的塘坝。建设条件为汇流面积大，有合适的地形，集雨场为自然坡面。工程使用权归承包山场的大户所有。如元氏县鹿台塘坝，集雨场为自然坡面，地形为西北高东南低，地质为太古界片麻岩，多年平均降雨量546.1 mm，水质良好。工程控制区种植面积2 133亩，土壤为太古界片麻岩风化物，主要种植果树、玉米，集雨场为山体自然坡面，汇流面积34万 m^2，所集水源用于作物抗旱补灌和果树微灌。根据集流面积、来水量等条件，考虑投资因素，设计容积为2万 m^3 的塘坝，概算价格为46.245万元。

（2）第二类为容积400～1 000 m^3 的大型集雨池。引用常年不断的控山泉水，通过远距离输水到集雨池。此类工程都位于西部海拔较高的区域。如杨家寨的杨聚臣建的水池，工程位于元氏县杨家寨，集雨场为自然坡面，汇流面积7 000 m^2，地形为西高东低，该工程控制区果树种植面积50亩，土壤为太古界片麻岩风化物，主要种植果树，根据集流面积、来水量等条件，设计容积400 m^3 的集雨池，概算价格为2.26万元。

（3）第三类为容积100～200 m^3 的集雨池。此类集雨池多为个体承包户所有，个体承包户承包的荒山面积都在100亩以上，根据气候及地形地质条件，集雨场面积较大，适宜建以100～200 m^3 为主的集雨水池。如吴村集雨水池，集雨场为自然坡面，地形为西高东低，汇流面积2 000 m^2，工程控制区果树种植面积20亩，所集水源用于果树微灌，100 m^3 集雨池概算价格为0.79万元。

（4）第四类为容积30～50 m^3 的小型集雨池。此类集雨池都为承包户所有，单个荒山面积小、户数多，一般面积为2～10亩。如元氏县前仙乡的牛家庄，每户荒山面积只有三四亩，非常适宜建以30 m^3 为主的小集雨水池，集雨场为自然坡面，地形为东高西低，汇流面积500 m^2，果树种植面积5亩，所集水源用于果树微灌。设计容积为30 m^3 的集雨池，概算价格为0.49万元。

集雨 + 微灌工程建设具体内容是：

（1）项目区建设高标准的微灌系统，改变传统的灌溉方式，实现灌溉输水全程管道化。

（2）完善配水闸阀等配套设施。为了便于灌溉管理，每条输水分干管新建配水闸阀1 座。

（3）建立计量设施，为每条分干管安装一块水表，实行定额供水。

（4）建立灌溉测报信息系统，及时提供旱情发展情况和作物灌水预报。

例如，井下、吴村“万亩微灌园”区内有蓄水池两座，蓄水池容积分别为 10 万 m^3、3 万 m^3，蓄水池处于项目区最高处，可实施自压灌溉。该项目建设是建高标准农业高效节水示范区 2 400 亩，全部为果树微灌。采用节水型灌溉制度与灌溉预报紧密结合的灌溉技术。同时，开展农艺综合节水技术，实行按用水量多少收取灌溉费用的计量收费办法，开展土壤灌溉预报等。项目总投资 131. 77 万元，亩均投资 549. 05 元，工程建成后年可节水 28. 8 万 m^3。

（二）工程建成后的效益情况

（1）通过山区集雨、微灌节水项目的实施增加山区节水灌溉面积，解决了 8 个乡镇 25 个村的 1. 65 万亩果树的灌溉问题。

（2）提高水的有效利用率，实现年节水 165 万 m^3。

（3）节省劳动力，实现了年省工 3. 3 万个，减少农民无谓的投工投劳。

（4）实现增产效益，年果品增产达到 165 万 kg。

（5）降低灌溉费用，由原来的买水浇树价格 50 元/亩，到现在的微灌价格 15 元/亩，甚至部分微灌节水工程实现了灌溉“零费用”。

（三）微灌节水工程与集雨工程有机结合

随着荒山开发步伐的加快，水资源短缺成为制约山区群众脱贫致富的“瓶颈”因素，通过将集雨工程和微灌节水工程有机地结合起来，使有限的雨水资源充分发挥作用，不但增加了水资源的保证率，而且提高了水资源的利用率，使山区农业建设取得显著成果，提高山区农民的生活水平。

为了使山区农业建设取得显著成果，我们广泛征求群众意愿，因地制宜，在河北省水利科学院指导帮助下，编制了“十一五”山区七个乡镇微灌集雨工程建设总体规划。在具体运作中，依照总体规划，结合实际，在建设方案审批上把关，并根据雨水来量、微灌面积，确定集雨池大小，达到水量平衡，同时根据抗旱墒情预报决定适时灌溉。

将微灌工程与集雨工程结合起来统筹安排施工，从而实现微灌工程与集雨工程建设的有机结合，使多个项目捆绑使用，相辅相成，为农民减少了建设费用和浇地费用，保证集雨、微灌工程建设发挥更大的效益。

（四）工程项目的管理情况

自 2007 年以来，在元氏县用水者协会总会指导下，成立元氏县集雨、微灌行业用水者协会，并在项目村成立村级协会，形成三级协会管理模式。在安排项目上，对成立协会的村优先安排；没成立协会的若安排项目，在项目建设前首先明确建后管护主体，成立协会后再安排项目。在项目建设前首先明确建后管护责任，为此按照质量标准化、建设规范化、用水计量化、管理制度化、服务社会化的要求成立集雨、微灌用水者协会，工程建成后，由集雨、微灌用水者协会管理，用水者协会将集雨、微灌工程的运行管理、设备维护全部纳入协会统一管理，并制定详细的协会章程、工程管理制度、用水管理制度和财务制度，推行预缴水费、以量计征、统一价格、一水一清、长退短补、水权结算公示制度。

项目实例三　贵州黔西县太来乡芭蕉片区烟水配套工程

（一）基本情况

1. 自然地理及社会经济状况

工程项目区位于黔西县城东北面，地处黔中丘原向黔西北山区过渡的斜坡地带，地貌类型为溶蚀峰丛、峰林、洼地、盆地地貌，海拔为 1 335 ~ 1 141 m。工程涉及太来乡的芭蕉、太来、独山、沙寨四个村，总人口 9 880 人，耕地面积 10 195 亩（其中，水田 650 亩，旱地 9 545 亩），耕地主要分布于山间槽谷洼地及缓坡地带，相对集中连片。项目区内土壤气候条件非常适宜烤烟种植，但地表水极为缺乏，地下水难以利用，灌溉只能靠大气降雨，季节性干旱十分严重，成为烤烟生产和当地农村经济发展的制约因素。当地农民人均年收入 1 525 元，烤烟种植是当地农民重要的经济来源。

2. 水文气象

项目区属中亚热带向北亚热带过渡的季风气候区，冬无严寒，夏无酷暑，适宜多种农作物生长。据黔西县气象部门多年观测资料统计，当地多年平均气温 13.9 ℃，最热月（7 月）平均气温 23.1 ℃，最冷月（1 月）平均气温 3.5 ℃，极端最高气温 35.4 ℃（1958 年 4 月 23 日），极端最低气温 -10.4 ℃（1977 年 2 月 9 日）。多年平均日照时数 1 284.7 h，年平均无霜期 271.3 d，多年平均水面蒸发量 1 288 mm，多年平均风速 1.6 m/s，全年以东北风居多。多年平均降水量 978.8 mm，降水的年际变化大，最大年降水量 1 414.4 mm（1964 年），最小年降水量 704.2 mm（1960 年）。降水时空分布不均，多集中在 4 ~ 9 月，占全年降水量的 81.4%，降水日数为 187.8 d（≥0.1 mm），暴雨日数为 1.8 d（≥50 mm），实测最大一日降水量为 155.6 mm（1964 年 6 月 28 日）。

区内主要气象灾害有干旱、倒春寒、冰雹、暴雨等，对烤烟生产影响最大的是干旱，春旱造成育苗和移栽困难，夏旱影响烟叶的正常生长，造成减产减收。

3. 作物种植

区内粮食作物种植以水稻、玉米、土豆为主，经济作物以烤烟、油菜、大豆为主。

4. 地质与土壤

工程区主要出露岩层为二叠系和三叠系灰岩、白云岩、白云质灰岩、黏土岩和页岩，第四系广泛分布于缓丘下部及台地。土壤主要有黄壤土、石灰土等。

5. 集流条件

灌区烟地主要分布在山间洼地、谷地和小于 15°坡地上，可利用的天然集流坡面主要分布在耕地中 4 座小山坡面，根据 1/10 000 地形图量算求得，可利用面积分别为 9.69 万 m^2、20.17 万 m^2、23.51 万 m^2、6.21 万 m^2，总面积 59.58 万 m^2。坡面植被以灌木林和草丛为主，有少量乔木。由于地处岩溶山区，地下溶沟、溶槽、溶洞发育，一般中小雨量不产生坡面地表径流，大雨和暴雨时产生地表径流，按地区经验，该天然坡面集流效率在 0.15 左右。

6. 建材供应

区内广泛分布的石灰岩为工程建设提供了丰富的建筑材料，且储量丰富，易于开采，岩石致密、强度高。工程所用水泥可由县水泥厂供应，钢材、管材等可从县城采购。

7. 交通及电力供应

工程区有直达县乡公路，涉及的各村均有乡村公路相连，对外交通方便。场内二次运输需修建临时施工便道，以小型农用运输车为主。区内布有 6 ~ 10 kV 高压输电线路，各村寨均实现通电，工程用电可就近接线。

（二）工程规划设计

1. 灌溉设计标准

根据《节水灌溉技术规范》（SL 207—98），本工程取灌溉设计保证率为 75%。根据黔西县气象站 1957 ~ 2005 年历年连续干旱天数统计分析，以天然降雨不能满足作物灌溉需水作为干旱统计标准，即日降雨量小于 3 mm，连续 5 日累计降雨量小于 8 mm，连续 10 日降雨量小于 15 mm，连续干旱 20 d 的中间时段降雨小于 12.0 mm 视为无雨。分析得频率为 $P = 75\%$ 的典型年连续干旱天数为 24 d。因此，本工程取灌溉设计保证率为 75%，设计抗旱天数取 24 d。

2. 水量平衡分析

1）单位面积年集雨量分析

全年单位集水面积可集水量按下式计算

$$W = \frac{E_y P_p}{1\ 000} \qquad 附(1)$$

式中　W——保证率等于 P 的年份单位面积全年可集水量，m^3/m^2；

E_y——集流面全年集流效率；

P_p——设计保证率 $P = 75\%$ 的年降雨量，mm。

根据黔西县气象站历年降水量资料统计分析：多年平均年降雨量为 976 mm，设计频率 $P = 75\%$，典型年降雨量为 874 mm（$C_v = 0.15$，$C_s/C_v = 2$）。集流面采用天然坡面，年集流效率取 0.15，按式附（1）求得全年单位集水面积可集水量为

$$W = \frac{E_y P_p}{1\ 000} = \frac{0.15 \times 874}{1\ 000} = 0.131(m^3/m^2)$$

2）灌溉用水量分析

（1）灌水方式。

本工程采用在田间设置取水龙头，人工挑水点浇或在龙头上接软管进行点浇的灌水方式。

（2）灌溉制度。

①灌水定额。根据当地烤烟种植习惯及灌溉试验观测，每亩种植烤烟 1 100 株，烤烟净灌水定额为 1.5 L/株，即每亩净灌水定额 $1\ 100 \times 0.001\ 5 = 1.65$（$m^3$/亩），灌溉水

利用系数取0.9，则毛灌水定额为$1.65\div0.9=1.84$（m^3/亩）。

②灌水次数及灌溉定额。根据试验观测，当地旱期烤烟灌水周期一般为8 d，按烤烟设计抗旱天数24 d计算，则设计年（$P=75\%$）烤烟整个生育期抗旱灌水次数为3次，即净灌溉定额为$1.65\times3=4.95$（m^3/亩），毛灌溉定额为$1.84\times3=5.52$（m^3/亩）。

（3）灌溉用水量。

本工程规划烤烟种植面积1 500亩，为保证烟叶质量，烟草部门要求烟地实行轮作制，因此年实际灌溉烤烟面积为750亩。烤烟歇作年，耕地可以种植玉米、土豆和大豆等作物，土豆和大豆在当地的气候条件下一般不需灌溉，只有玉米在遇春旱、夏旱时需要灌溉。为节省工程投资，要求烤烟歇作年耕地不种植需要灌溉的作物，因此灌区设计年灌溉用水量仅按烤烟计算为4 125 m^3。

3）水量平衡分析

（1）集流场面积确定。

本工程设计灌溉保证率为$P=75\%$，设计年单位灌溉面积用水量为5.5 m^3/亩，年灌溉用水总量为4 125 m^3，根据集水量计算公式可求得需集流场总面积为31 730 m^2。

（2）蓄水设施容积确定。

蓄水设施容积按下式计算

$$V=\frac{KW}{1-\alpha} \tag{附(2)}$$

式中　V——蓄水容积，m^3；

W——全年供水量 m^3；

α——蓄水工程蒸发、渗漏损失系数，一般取0.05～0.1；

K——容积系数，灌溉供水工程取0.6～0.9。

本工程α取0.1，K取0.9，W为9 350 m^3，则蓄水设施容积按式附（2）计算

$$V=\frac{KW}{1-\alpha}=\frac{0.9\times9\ 350}{1-0.1}=9\ 350(m^3)$$

根据以上计算，该工程需蓄水设施总容积9 350 m^3，单位灌溉面积需蓄水设施容积为5.5 m^3/亩。

（3）水量平衡分析。

工程区可利用的天然集流坡面为分布在耕地中的4座小山上部坡面，总面积59.58万m^2，年可集雨量6.745万m^3，工程设计年灌溉用水量仅为4 125 m^3，完全满足集流要求。

3. 工程规划与布置

1）规划原则

根据烟水配套工程建设要求，本工程规划布置按照集雨蓄水可靠、灌溉水利用率高、灌溉取用水方便、有利于统一管理为原则进行规划布置。依据工程区地形、地块和降雨特征，合理布置集流场、蓄水设施、田间输配水系统和取水设施，合理选择蓄水设施形式和材料，以及取用水方式。

2）总体规划

该灌区烟地主要分布于区内的4座小山之间，谷地和小于15°的坡地上，耕地相对

集中连片，高程为 1 125 ~ 1 250 m。根据这一地形特点，按照因地制宜的原则，可将区内 4 座小山山腰以上的天然坡面作为集流场，并按每个集流场可控制的烟地范围划分成 4 个小区，每个小区即成为一个独立的集雨灌溉系统，便于统一管理。雨水集蓄烟水配套工程平面布置图详见附图 11。

3）工程布置

（1）集流场布置。

工程可利用的现有集流面为区内 4 座小山山腰以上的天然坡面，并按从西向东的顺序进行编号。由 1/10 000 地形图上量算求得，1#、2#、3#、4#集流场可利用的集流面积分别为 9.69 m^2、20.17 m^2、23.51 m^2、6.21 m^2，总面积 59.58 m^2。与上面计算出的集流场总面积 31 730 m^2 相比，可用面积已远大于计算需要的集流面积，足以满足集流要求，故将集流场布置在这 4 个天然坡面之上。

截流沟大致沿等高线布置，汇流沟垂直等高线布置。高程位置最低的一道截流沟亦是汇流沟，承接上一道截流沟汇集的雨水。汇流沟与耕地的最小高差控制在 20 m 左右，以便与蓄水池衔接并满足输水要求。

根据在地形图上的实际布置和量算结果，得各小区基本参数，见附表 16。

附表 16　各小区基本参数表

项目名称	一区	二区	三区	四区	合计
分区烟地面积（亩）	190	470	500	340	1 500
年实际灌溉面积（亩）	95	235	250	170	750
设计年灌溉用水量（m^3）	523	1 293	1 375	935	4 126
可利用天然坡面面积（万 m^2）	9.69	20.17	23.51	6.21	59.58
实际利用天然坡面面积（万 m^2）	3.31	11.39	13.26	5.62	33.58
设计年可集雨量（万 m^3）	0.43	1.48	1.72	0.73	4.36
布置 200 m^3 蓄水池数量（座）	3	7	7	5	22

（2）蓄水池布置。

由于当地人均耕地仅 1.03 亩，耕地十分紧张，为少占耕地、方便取水，蓄水池均布置在高于地块的集流场汇流沟附近，水池与耕地高差为 15 ~ 40 m，以便自流输水。水池容积均按每座 200 m^3 的标准容积考虑，根据各区灌溉用水量的要求，一区需配置蓄水池 3 座，二区配置 7 座，三区配置 7 座，四区配置 5 座，实际蓄水容积分别为 600 m^3、1 400 m^3、1 400 m^3、1 000 m^3，总容积 4 400 m^3，略大于设计灌溉用水量，留有一定的富裕量。各小区蓄水池的布置高程一致，并能同时向田间管网供水。

田间取用水规划全部采用管网输水和设置放水龙头解决。田间管网采用树枝状布置形式，放水龙头设置间距为 50 m，以方便灌水时接地面移动软管进行人工点浇。

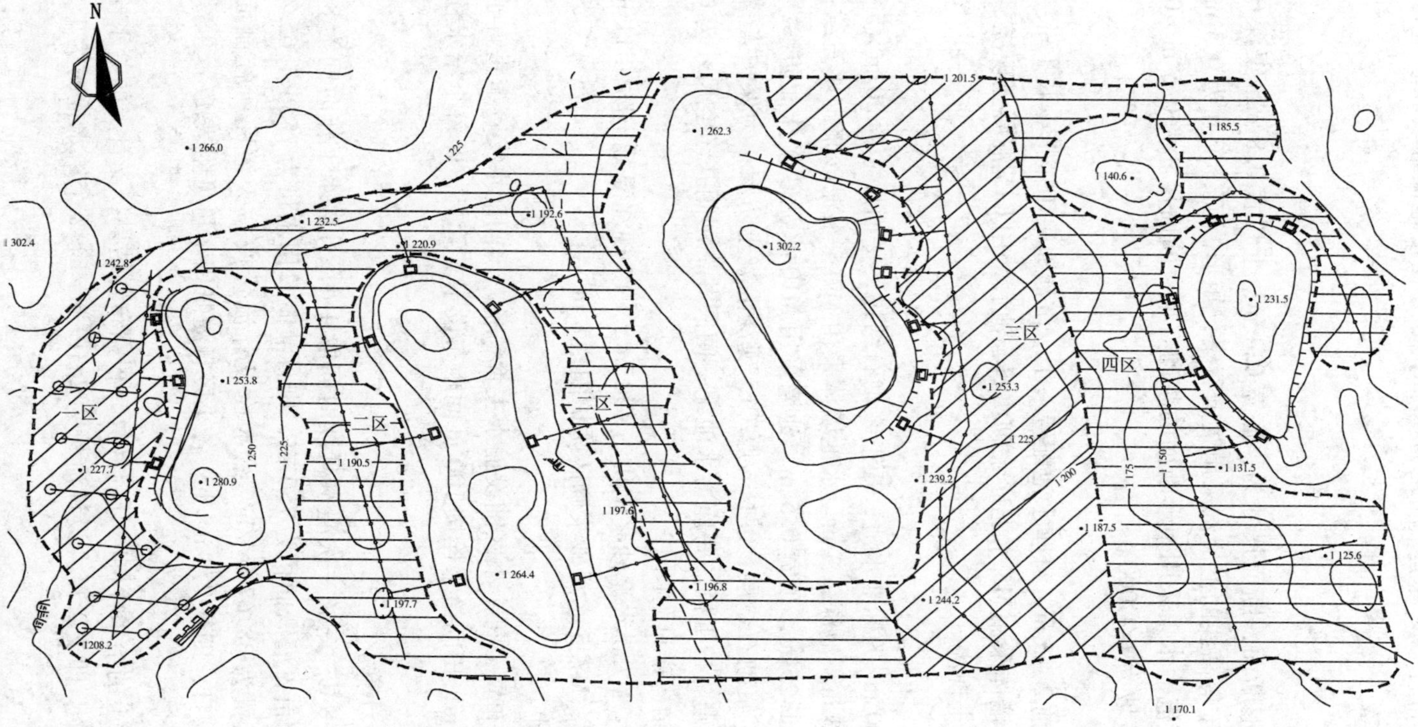

图　例

	烟区		拦山沟		水池
	房屋		汇流沟		配水支管及龙头
	乡村路		输水干管		

说明：

配水支管垂直输水干管布置，间距为 100 m，支管上每隔 100 m 布置一个水龙头，图中只在一区作了布置示意图

附图 11　雨水集蓄烟水配套工程平面布置图

(3) 灌溉输水系统布置。

为便于田间取用水，规划烟区均采用管网输水，每个小区设主管一条，主管与蓄水池之间均用输水管道连通，可同时向主管输水。田间支管一般垂直于主管布置，布置间距为 50 m。田间取水龙头布置于支管上，间距为 50 m，以方便接地面移动软管进行人工浇灌。

4. 主要建筑物设计

1) 截流汇流沟设计

截流沟采用土渠，梯形断面，断面尺寸为：底宽 0.4 m，上口宽 0.8 m，渠深 0.4 m，渠底坡为 1/50。垂直于等高线的汇流沟采用浆砌石渠，矩形断面，尺寸为 0.3 m × 0.3 m，渠堤宽 0.3 m。汇流输水渠采用矩形断面的浆砌石渠，断面尺寸为 0.5 m × 0.6 m，渠堤宽为 0.4 m，渠底坡为 1/1 000。

2) 沉沙池设计

沉沙池布置于蓄水池前 2 ~ 3 m，每座水池配置一个。沉沙池采用矩形，长 1 m、宽 1 m、池深 1.2 m。沉沙池墙体采用 M5 水泥砂浆砌块石，池底采用 C15 混凝土现浇，池顶盖板采用 C20 钢筋混凝土现浇。

3) 蓄水池设计

蓄水池采用容积为 200 m^3 的标准水池，矩形浆砌石结构，平面尺寸为 20 m × 5 m，正常水深 2.0 m，超高 0.3 m，池深 2.3 m。水池墙体采用 M7.5 水泥砂浆砌块石结构，经结构计算确定墙底宽为 1.25 m，顶宽 0.5 m；池墙采用 M10 水泥砂浆抹面防渗，池底采用 0.25 m 厚的 M7.5 浆砌石垫层，0.1 m 厚 C15 现浇混凝土防渗；为保护人畜安全，池顶设 1.2 m 高的砖砌防护围栏。每座蓄水池配一闸阀井，闸阀井净空尺寸为 0.8 m × 0.8 m × 0.5 m。水池结构详见附图 12。

单座水池的工程量为：M7.5 水泥砂浆砌块石 199 m^3，C15 现浇混凝土防渗 11 m^3，M10 水泥砂浆抹面 125 m^2，M7.5 水泥砂浆砌砖防护围栏 8 m^3。

4) 田间灌溉系统设计

田间管网采用树枝状布置，每个小区铺设输水主管一条，田间配水支管道垂直于主管布置，敷设间距为 100 m，田间给水栓按 100 m 间距布设于支管上，即每个给水栓的控制面积为 3.748 亩。

(1) 日灌溉用水流量计算。

烤烟设计灌水周期为 8 d，完成一次灌水延续时间取 4 d，日灌水工作时间为 8 h，烤烟灌水定额为 1.65 m^3/亩，灌溉面积为 750 亩，则日灌溉总用水量为 750 × 1.65/4 = 309.38 (m^3)，总用水流量为 38.67 m^3/h。给水栓设计流量按一天灌完所控制面积 3.748 亩计算为 6.184 m^3/日，即 0.773 m^3/h。各小区日灌溉用水量见附表 17。

(2) 管道设计流量计算。

支管设计流量按支管上的给水栓同时开启计算，根据布置结果，支管上的给水栓最多为 3 个，一般为 1 ~ 2 个，即支管最大设计流量为 2.319 m^3/h，2 个给水栓时为 1.546 m^3/h。

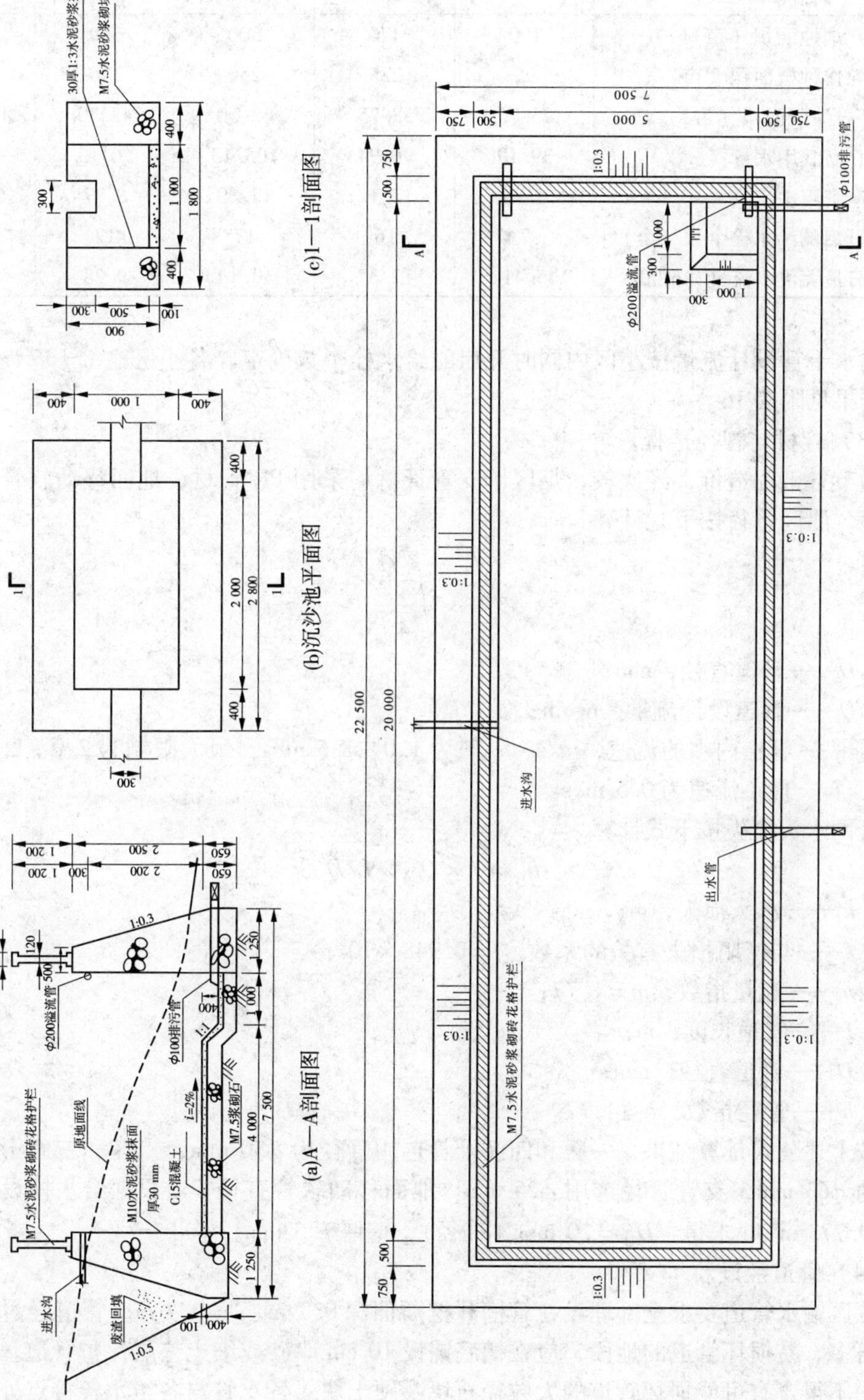

附图12 200 m^3 水池平面图（单位：高程，m；尺寸，mm）

附表 17　各小区日灌溉用水量

项目名称	一区	二区	三区	四区	合计
烟地面积（亩）	190	470	500	340	1 500
轮作种植面积（亩）	95	235	250	170	750
日灌溉面积（亩）	23.75	58.75	62.50	42.50	187.50
日灌溉用水量（m^3）	39.19	96.94	103.13	70.13	309.39
日灌溉用水流量（m^3/h）	4.90	12.12	12.89	8.77	38.68
同时开启的给水栓个数（个）	7	16	17	12	52
设计日最大供水流量（m^3/h）	5.41	12.37	13.14	9.28	40.20

输水干管设计流量按小区内同时开启的给水栓个数确定，各小区输水干管设计流量计算结果见附表16。

（3）管材与管径选择。

为节省工程造价，经比较，烟区干支管管材均采用PE管材，地面移动软管用聚乙烯软管，灌区管径按下式计算

$$D = \sqrt{\frac{Q}{\frac{1}{4}\pi v}} \qquad 附(3)$$

式中　D——管道直径，mm；

Q——管道设计流量，m^3/h；

v——管道内水的流速，m/s，一般为1.0～1.5 m/s，最大限制为2.0～2.5 m/s，最小流速为0.5 m/s。

管网水头损失按下式计算

$$h_f = f \times Q^m \times L/D^b \qquad 附(4)$$

式中　h_f——水头损失，m；

f——与摩阻损失有关的系数，$f = 0.948 \times 10^5$；

m——流量指数，$m = 1.77$；

L——管道长度，m；

D——管道直径，mm；

b——管径指数，$b = 4.77$。

按上述公式计算结果，一区和四区干管选用管径为 ϕ50 mm，二区和三区干管选用管径为 ϕ63 mm，支管管径选用 ϕ25 mm。地面移动软管直径 $D_{软}$ 根据给水栓设计流量 $Q_{给} = 0.773\ m^3/h$ 求得：$D_{软} = 20$ mm（外径），壁厚1.5 mm。

（4）管道敷设。

灌区输水管道要求全部埋设，管槽开挖断面深0.7 m、宽0.4 m。管道经过岩石或土夹石多、易损坏管道的地段，应在槽底铺设10 cm厚砂或细土垫层保护管道。管槽回填土中不得含有可能损坏管道的大粒径石块及硬土块。各支管与各给水栓接点处均设置一个C15混凝土浇筑镇墩，尺寸为0.3 m×0.3 m×0.3 m。

（三）工程投资概算

1. 基础单价计算依据

1）人工概算单价

根据当地有关规定，人工概算单价采用17.92元/工日。

2）材料概算价格

本工程钢材、水泥、木材、油料预算价格按照2007年三季度当地有关部门公布的价格取为：钢筋4 310.74元/t，钢模板4 641.66元/t；42.5级水泥为374.59元/t，32.5级的复合水泥为353.79元/t；板枋材1 305.43元/m^3；原木946.68元/m^3；汽油5 366.06元/t；柴油4 956.06元/t。

水泥、钢筋、板枋材等按有关规定进入工程单价计算的价格为：水泥250元/t、钢筋2 500元/t、木材1 300元/m^3、柴油1 800元/t、汽油2 200元/t。超出部分按工地预算价进行补差，价差计取税金后列入相应部分之后。

3）风、水单价

电0.5元/kWh、风0.10元/m^3、水1.5元/m^3。

4）石料概算单价

砂、石材料现场就近开采，运到工地的预算价为：块石43.26元/m^3、碎石54.98元/m^3、砂62.58元/m^3。根据有关规定，进入工程单价的价格为：砂25元/m^3、碎石20元/m^3、块石15元/m^3。超出部分按工地预算价进行补差，价差计取税金后列入相应部分之后。

5）定额依据

建筑工程执行水利部（1988）《水利水电建筑工程概算定额》，水利部、能源部（1994）《水利水电建筑工程补充概算定额》；施工机械台班费执行水利部、能源部、能源水规［1991］1272号文《水利水电工程施工机械台班费定额》，并根据水利部水建［1998］15号文规定第一类费用乘以1.35的调整系数。

6）费用计算标准及依据

按本省区的有关规定取值如下：其他直接费取直接费的1.0%，现场经费土石方取4%，混凝土及钢筋混凝土取5%；间接费土石方取5%，混凝土及钢筋混凝土取5%；计划利润取直接工程费+间接费之和的7%；税金取直接工程费+间接费+计划利润的3.22%。

2. 主要工程量

经设计计算，本工程建设需完成的主要工程量见附表18。

3. 工程总指标

本工程设计总投资172.097万元，其中建筑安装工程143.783万元，设备购置费9.396万元，临时工程2万元，其他费用10.723万元，基本预备费8.095万元。单位灌溉面积投资1 147.31元。工程投资总概算详见附表19。

附表 18　主要工程量

工程名称	单位	蓄水池	沉沙池	管道工程	截流输水沟
土方开挖	m^3	8 750	125	4 345	3 125
石方开挖	m^3	1 750			
废渣回填	m^3	1 475			
M7.5 浆砌块石	m^3	4 975	72.5		794
C15 混凝土底板	m^3	275	5	3.4	
M10 水泥砂浆抹面	m^3	3 125	125		
M7.5 浆砌砖护栏	m^3	200			
C20 钢筋混凝土盖板	m^3		6.1		
D50PE 塑料管	m			4 220	
D63PE 塑料管	m			3 544	
D40PE 塑料管	m			7 753	
给水栓	个			125	
D40 闸阀	个			15	
D50 控制闸阀	个	25		10	
D63 闸阀	个			10	

附表 19　工程投资总概算　（单位：元）

序号	工程或费用名称	建安工程费	设备购置费	其他费用	合计
第一部分	建筑工程	1 403 739.42			1 403 739.42
一	截流输水工程	163 646.72			163 646.72
二	沉沙池工程	17 654.46			17 654.46
三	蓄水池工程	1 182 254.25			1 182 254.25
四	管道工程	40 183.99			40 183.99
第二部分	设备及安装工程	14 094.24	93 961.61		108 055.85
一	输水干管工程	12 587.52	83 916.80		96 504.32
二	田间管网工程	1 506.72	10 044.81		11 551.53
第三部分	临时工程	20 000.00			20 000.00
一至三部分合计		1 437 833.66	93 961.61		1 531 795.27
第四部分	其他费用				107 225.67

续附表 19

序号	工程或费用名称	建安工程费	设备购置费	其他费用	合计
一	建设管理费（一至三部分的3%）			45 953. 86	45 953. 86
二	勘测设计费（一至三部分的2. 5%）			38 294. 88	38 294. 88
三	工程质量监督费（一至三部分的0. 5%）			7 658. 98	7 658. 98
四	其他费用（一至三部分的1%）			15 317. 95	15 317. 95
基本预备费（一至四部分的5%）					81 951. 05
工程总投资					1 720 971. 98

项目实例四　内蒙古雨水集蓄利用工程（大田）

（一）基本情况

1. 地理位置及地形地貌

工程位于内蒙古准格尔旗沙圪堵镇布尔洞沟村，农户周荣家。该地区为黄土高原东北部丘陵山区，山大沟深，沟壑纵横，沟谷面积占30%左右，沟网密度达3 000～5 000 m/km^2，海拔由沟底1 030 m升高到山顶1 320 m。丘陵干草原草场退化、植被稀疏、水土流失严重，地理条件和自然环境恶劣。农户居住分散，土地支离破碎，农业生产条件低下，人民生活比较困难。

2. 农业气象情况

本区为半干旱大陆性气候，多年平均气温7. 2 ℃，年日照时数为3 117. 3 h，≥10 ℃积温为3 500 ℃。作物生育期（4～9月）日照时数达1 710. 8 h，年平均风速2. 3 m/s。无霜期平均145 d。多年平均降水量397. 1 mm，降水时空分布不均，多集中于夏秋季，7～9月份降水占全年降水总量的60%～70%。多年平均蒸发量2 093 mm，是降水量的5倍多。多年平均相对湿度为53%～56%，年湿润度为0. 3～0. 34。本区主要气候灾害有干旱、暴雨、大风、霜冻、冰雹等。

3. 农户情况

农户周荣全家7口人，劳动力5个，养羊17只，养猪2头，大畜1头。有照明用电。耕地面积47亩，人均6. 7亩，全部为坡耕旱作农业。人均年纯收入1 720元。

4. 作物种植情况

农户种植的主要作物有玉米、糜子、马铃薯、葵花等，单产水平不高，分别为320 kg、190 kg、1 200 kg、94 kg。2003年开始发展雨水集蓄利用工程建设，其中在靠近公路旁边修建水窖3眼并发展大田玉米节水灌溉4. 3亩，取得了很好的效果。

（二）集雨工程

1. 集雨面

本例集雨面主要是采用土质公路以及路旁的荒坡集雨。该段公路宽8 m，可汇集的长度为 110 m。公路北侧为高于公路的荒坡地，植被稀少，可汇集雨水的集流面积约 700 m^2。

2. 可收集雨量计算

1）公路可收集雨水量计算

计算公式：$W_p = A \times E_i \times R_p / 1\,000$。

公路可汇集雨水的集流面积合计 $A = 880\ m^2$，根据试验资料，土质公路集雨面集雨效率 $E_i = 36\%$，本区保证率在 75% 时的多年平均降水量为 300 mm，则公路全年可集水量为 95 m^3。

2）荒坡可收集雨水量计算

其计算方法同公路可收集雨水量计算方法，公路北侧荒坡可汇集雨水的集雨面积为 700 m^2，荒坡集雨面集雨效率 $E_i = 16\%$，则全年可集水量为 33.6 m^3。

公路与荒坡联合年平均可收集雨水量为 128.6 m^3。

3. 集雨蓄水工程

根据灌溉耕地所在的地形、土质，建筑材料和经济等条件，集雨蓄水工程选择采用水泥砂浆抹面防渗水窖的形式，深 8 m，底直径 5.5 m，口直径 0.6～1.0 m，蓄水容积 40 m^3。在公路北侧、耕地的西北角处设计共打水窖 3 眼，水窖总容积 120 m^3，集雨蓄水工程容积小于可收集水量。

集雨蓄水工程投资主要为水泥、砂石料等建筑材料和人工。

（三）补灌系统布设

1. 系统选型

1）提水设备

提水设备选用单项电潜泵 1 套，3 眼水窖共用。单项电潜泵型号为 QDX6－15－0.55，流量 6.0 m^3/h，扬程 15 m，电机功率 0.55 kW。

2）管材设备

输水管选用直径 25 mm 的 PE 黑管，灌溉首部设 1 in（1 in = 2.54 cm）筛网式过滤器一套。田间膜下滴灌选用单翼迷宫式滴灌带，管径 16 mm，滴孔间距 30 cm，滴孔流量 2.8 L/h。

2. 系统设计

1）基本参数

（1）设计保证率不低于 75%。

（2）田间灌溉水的利用率：95%。

（3）设计耗水强度：4 mm/d。

（4）设计土壤湿润比：播种 30%、生长期 50%。

（5）灌水湿润层深度：20～40 cm。

2）设计灌水定额

设计灌水定额计算公式如下

$$m = 0.1\gamma ZP(W_{max} - W_{min})/\eta \qquad 附(5)$$

式中　m——设计灌水定额，mm；

γ——土壤容重，g/cm^3，本区选用1.4 g/cm^3；

Z——计划湿润层深度，m；

P——湿润比（%）；

W_{max}、W_{min}——适宜土壤含水率上、下限（占干土重百分比,%），W_{max}可取田间持水量的90%，W_{min}可取田间持水量的60%；

η——灌溉水利用系数。

经计算，大田玉米集雨补灌灌水定额：播种期坐水为5.7 mm（3.8 m^3/亩），生长期膜下滴灌为18 mm（12 m^3/亩）。

3）一次灌水延续时间

一次灌水延续时间计算公式如下

$$t = mS_eS_L/q \qquad 附(6)$$

式中 t——一次灌水延续时间，h；

m——设计灌水定额，mm；

S_e——滴头间距，m；

S_L——毛管间距，m；

q——滴头流量，L/h。

经计算，玉米生长期膜下滴灌一次灌水延续时间为1.93 h，取2 h。

4）灌溉制度

大田玉米种植采用覆膜宽窄行种植，株距35 cm，宽行间距60 cm，窄行间距40 cm，中间铺设滴灌带并覆膜。为节省水量，在春季采用坐水播种，平均每株注水1 kg，每亩补灌用水量为3.8 m^3；在玉米生长季节采用膜下滴灌进行补充灌溉，制定的玉米作物集雨补灌灌溉制度见附表20。

附表20 玉米作物集雨补灌灌溉制度

灌水时间及生育阶段	灌水次数	灌水定额（m^3/亩）	灌溉定额（m^3/亩）
播种期（5月初）	1	3.8	3.8
拔节期（6月下旬）	1	12	12
灌浆期（7月中下旬）	1	12	12
全生育期	3		27.8

5）田间布设与管道流量

大田玉米地块面积为4.3亩，东西长40~50 m，南北长61 m。种植方向为东西垄向。

膜下滴灌带顺垄东西向布设，长40~50 m，每条滴灌带控制两行玉米作物，滴灌带间距100 cm，共布设61条。每条滴灌带流量$Q_{毛}$ =（40~50）÷0.3×2.8=373.3~466.7 L/h。

输水管垂直于滴灌带在地块西边布设，将61条滴灌带分成5组进行轮灌，每一组控制12条滴灌带，其中南边滴灌带短的一组控制13条滴灌带。每一组总流量为4 852~5 604 L/h。

根据计算的灌溉单元的管道流量等，所选该型号的单项潜水泵基本满足要求。

（四）材料设备投资

本例农户大田玉米集雨补灌系统工程主要由集雨面工程、集雨蓄水工程和田间补灌用水工程组成，材料设备及投资详见附表21。

附表21　农户大田玉米集雨补灌系统工程材料设备及投资

序号	材料设备名称	规格型号	单位	数量	单价（元）	投资（元）
一	集雨面工程	公路、荒坡				370
1	路边输水渠		m	100	2	200
2	荒坡雨水汇集渠		m	60	2	120
3	其他					50
二	集雨蓄水工程	40 m^3 ×3 个				4 314
1	水泥砂浆	C12	m^2	72×3	9	1 944
	土方开挖	窖体成型	m^3	45×3	10	1 350
2	人工		工日	8×3	30	720
3	其他	沉沙池、井口等		3	100	300
三	田间补灌用水工程					2 089
1	提水设备电潜泵	QDX6－15－0.55	套	1	300	300
2	首部筛网过滤器	1 in、120 目	套	1	70	70
3	输水管道	PE 黑管 25 mm	m	200	3	600
4	单翼迷宫式滴灌带	16 mm×0.3	m	3 000	0.2	600
5	接头、堵头	25 mm	个	9	5	45
6	弯头接头	25 mm	个	4	10	40
7	旁通	16 mm	个	65	1	65
8	球阀	25 mm	个	4	6	24
9	三通	25 mm	个	3	15	45
10	其他					300
	合计					6 773

（五）效益分析

1. 社会效益

由于农户雨水集蓄利用工程的建设及可利用雨水资源的增加，生活居住条件得到了有效改善，有效地促进了农作物集雨补灌、人畜饮水、舍饲养殖、庭院经济等各业的发展，特别是大田作物由过去“靠天吃饭”的旱作农业转变为提高降雨利用率的集雨补灌农业，为农业经济可持续发展创造了有利条件。

2. 种植效益

根据2004～2005年农户跟踪调查，本例农户大田玉米4.3亩，未实施集雨补灌前玉米产量平均为320 kg/亩，实施集雨补灌以后玉米产量平均为571.4 kg/亩，亩增产251.4 kg，增产78%。每千克价格平均按1.2元计算，亩增收301.68元。

3. 水分利用效率

经分析计算，本地农户大田玉米旱作时作物水分利用效率平均为1.5 kg/m^3 左右，实施集雨补灌以后作物水分利用效率平均达到了2.35 kg/m^3。集雨补灌水的利用效率为8.5 kg/m^3，即每立方米集雨补灌水可增加玉米产量8.5 kg，增产作用与效益显著。

4. 投入产出分析

农户雨水集蓄利用工程（包括集雨渠道整修，建设3眼40 m^3 的水窖，发展4.3亩大田玉米集雨补灌）总投资为6 773元。集雨蓄水工程的水窖使用年限为40年，折合年成本费用为107.85元；田间补灌设备和其他使用年限平均为4年，折合年成本费用为614.75元。合计年费用722.6元（折合亩成本费用168.05元）。年增产玉米合计1 081.02 kg，按每千克价格1.2元计算，效益合计为1 297.2元。费用效益比为1:1.8，效益显著。

大田玉米集雨补灌工程布置见附图13。

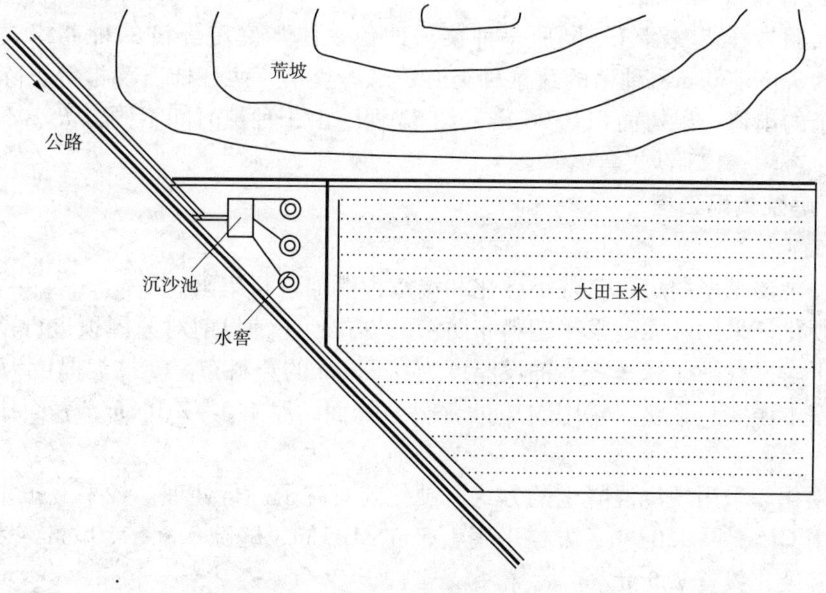

附图13　大田玉米集雨补灌工程示意图

项目实例五　内蒙古雨水集蓄利用工程（庭院）

（一）基本情况

1. 地理位置及地形地貌

工程位于内蒙古准格尔旗沙圪堵镇布尔洞沟村，农户杨文正家。该地区为黄土高原东北部丘陵山区。山大沟深，沟壑纵横，沟谷面积占30%左右，沟网密度达3 000 ~ 5 000 m/km²，海拔由沟底1 030 m升高到山顶1 320 m。丘陵干草原草场退化、植被稀疏、水土流失严重，地理条件和自然环境恶劣。农户居住分散，土地支离破碎，农业生产条件低下，人民生活比较困难。

2. 农业气象情况

本区为半干旱大陆性气候，多年平均气温7.2 ℃，年日照时数为3 117.3 h，≥10 ℃积温为3 500 ℃。作物生育期（4 ~ 9月）日照时数达1 710.8 h，年平均风速2.3 m/s。无霜期平均145 d。多年平均降水量397.1 mm，降水时空分布不均，多集中于夏秋季，7 ~ 9月降水占全年降水总量的60% ~ 70%。多年蒸发量2 093 mm，是降水量的5倍。多年平均相对湿度为53% ~ 56%，年湿润度为0.3 ~ 0.34。本区主要气候灾害有干旱、暴雨、大风、霜冻、冰雹等。

3. 农户情况

农户杨文正全家5口人，劳动力3个，有正房5间（5 m×20 m），南房5间（5 m×20 m），院子15 m×20 m。养羊33只，养猪5头，大畜1头。有照明用电。建设温室大棚1座（7 m×40 m）。在住房东面有果树0.96亩。2004年开始利用庭院集雨工程进行大棚蔬菜和果树的节水灌溉，发展庭院经济，取得了很好的效果。

4. 作物种植情况

温室大棚为养猪—沼气—厕所—种菜“四位一体”庭院经济的种养模式，其中种菜的面积为7 m×30 m，种植的蔬菜种类有黄瓜、豆角、西红柿、辣椒等，除供应自家食用外其余的出售。果树面积0.96亩，约52棵。由于种植时间不同，大小不一，品种有海红果、杏树、123沙果等。

（二）庭院集雨工程

1. 集雨面

集雨面主要是采用房顶、院子硬化和温室大棚面进行集雨。

房顶硬化。采用水泥砂浆+塑料布防渗的方式：①铺设前对原屋顶进行预处理，把屋顶清理干净，找平、抹平。②铺设厚度为0.3 mm的塑料布。③抹泥厚度为2 ~ 3 cm，要求表面基本压实、平整。④用M10水泥砂浆抹面，厚1.5 ~ 2.0 cm，表面抹光并洒水养护。

院子硬化。采用现浇混凝土的方式，硬化前对院子进行处理，找平、压实，混凝土强度等级为C15，厚4.0 cm，方格采用1.5 m×1.5 m，缝隙0.5 ~ 1.0 cm，然后用黏土充填。庭院硬化投资7.5元/m²。

集雨面投资主要为水泥、砂石料、塑料布等建筑材料和人工。

2. 可收集雨量计算

1）房院可收集水量计算

计算公式：$W_p = A \times E_i \times R_p / 1\,000$。

农户正房、南房房顶面积与院子的面积合计$A = 500$ m²，根据试验资料，庭院硬化以后的混凝土集雨面集雨效率为$E_i = 71\%$，本区保证率在75%时的多年平均降雨量为300 mm，则庭院全年可集水量为106.5 m³。

2）温室大棚可收集水量计算

其计算方法同房院可收集水量计算方法，温室大棚集雨面积为6 m×40 m，塑料膜集雨面集雨效率为E_i=77%，则全年可集水量为55.4 m^3。

两处年平均可收集雨水量为161.9 m^3。

3. 集雨蓄水工程

根据农户所在地的地形、土质、建筑材料和经济等条件，集雨蓄水工程选择采用水泥砂浆抹面防渗的水窖的形式，深8 m，底直径5.5 m，口直径0.6～1.0 m，蓄水容积40 m^3。设计共打水窖3眼，其中在院内打2眼水窖，在温室大棚南侧打1眼水窖。水窖总容积120 m^3，集雨蓄水工程容积系数为0.74。

集雨蓄水工程投资主要为水泥、砂石料等建筑材料和人工。

（三）人畜饮水与补灌系统布设

1. 水量配置

1）水量配置原则

本区为干旱缺水地区，庭院经济用水主要由人的生活用水、畜牧养殖业用水和种植业用水三个方面组成。对于庭院经济这个整体而言，应该区分三个组成部分的轻重和主次，适当地分配所集雨水量。确定优先序的基本限制因素是生存周期和经济效益。从生存周期来看：人>牲畜>作物；从经济效益看：牲畜>作物。因此，以水为重点的重要性优先序为：人的生活用水>养殖业用水>种植业用水。

2）生活用水

农户常住人口5人，用水定额为20 L/（人·d），则年用水量为36.5 m^3。

3）养殖用水

农户大畜1头，用水定额20 L/d；养羊20只，用水定额4 L/d。年用水量为36.5 m^3。

4）种植灌溉用水

农户庭院年平均可收集雨水量为161.9 m^3。集雨工程实际蓄存水量为120 m^3，减去生活和养殖等用水73.0 m^3，剩余水量47.0 m^3可用来发展温室大棚和果树的补充灌溉。根据试验资料，温室大棚蔬菜采用膜下滴灌的形式，灌水定额为8～10 m^3/亩，年灌水次数为5～8次，灌溉定额为72 m^3/亩，则农户温室大棚蔬菜面积为7 m×30 m（0.315亩），灌溉用水量为22.68 m^3。果树采用小管出流的灌溉形式，灌水次数2～4次，灌水定额8 m^3/亩（每株140 L），灌溉定额为24 m^3/亩，则0.96亩果树，灌溉用水量为23.0 m^3。合计补灌总用水量45.68 m^3，农户集蓄的水量可以满足要求。

2. 系统选型

1）提水设备

提水设备选用单项电潜泵一套，3眼水窖共用。单项电潜泵型号为QDX3－20－0.55，流量3.0 m^3/h，扬程20 m，电机功率0.55 kW。

2）管材设备

输水管选用直径25 mm的PE黑管，灌溉首部设1 in筛网式过滤器一套。温室大棚滴灌选用单翼迷宫式滴灌带，管径16 mm，滴孔间距30 cm，滴孔流量2.8 L/h。果树小管出流毛管选用直径10 mm的PE黑管，灌水器为4 mm的微管，灌水器流量为80～120

L/h。

3. 系统设计

1）基本参数

（1）设计保证率不低于75%。

（2）田间灌溉水的利用率：95%。

（3）设计耗水强度：温室大棚4 mm/d、果树3 mm/d。

（4）设计土壤湿润比：温室大棚40%、果树35%。

（5）灌水湿润层深度：温室大棚20～30 cm、果树40～60 cm。

2）设计灌水定额

设计灌水定额按式附（5）计算。

经计算，温室大棚蔬菜灌水定额苗期为12 mm（8 m^3/亩），中后期为15 mm（10 m^3/亩）。果树灌水定额为12 mm（8 m^3/亩）。

3）一次灌水延续时间

一次灌水延续时间按式附（6）计算。

经计算，温室大棚蔬菜灌水一次灌水延续时间为1.6 h，果树为1.44 h。

4）灌溉制度

温室大棚内种植的蔬菜种类较多，面积又很小，所以无法对每一种蔬菜进行单独灌溉，只能按照综合的灌水定额进行统一的灌水。农户果树同样是有几个品种，而且树龄大小不一，面积较小，只能统一进行灌水。制定的灌溉制度分别见附表22和附表23。

附表22　小面积温室大棚一季蔬菜集雨补灌灌溉制度

灌水时间及生育阶段	灌水次数	灌水定额（m^3/亩）	灌溉定额（m^3/亩）
播种期（4月）	1	8	8
苗期（5月）	2	8	16
中期（6～7月）	3	10	30
后期（8～9月）	2	10、8	18
全生育期	8	9	72

附表23　小面积果树集雨补灌灌溉制度

灌水时间及生育阶段	灌水次数	灌水定额（m^3/亩）	灌溉定额（m^3/亩）
花芽期（5月）	1	8	8
幼果期（6月）	1	8	8
果实膨大期（7～8月）	1	8	8
全生育期	3	8	24

5）田间布设与管道流量

温室大棚蔬菜膜下滴灌带南北向布设，长 7 m，控制两行蔬菜作物，滴灌带间距 100 cm，共布设 30 条。每条滴灌带流量 $Q_{毛}=7\div0.3\times2.8=65.33$（L/h），30 条总流量为1 960 L/h。

果树小管出流灌溉根据地块分布，东西向布设输水管道，南北向垂直于输水管布设 4 条毛管，毛管长度为 40 m，设 13 个灌水器。果树每株一个 4 mm 的灌水器，流量 100 L/h。每条毛管流量为 $Q_{毛}=13\times100=1\ 300$（L/h）。4 条毛管分成两组进行灌溉，每组流量为2 600 L/h。

根据计算的灌溉单元的管道流量等，所选该型号的单项潜水泵基本满足要求。

庭院雨水集蓄利用工程布置见附图 14。

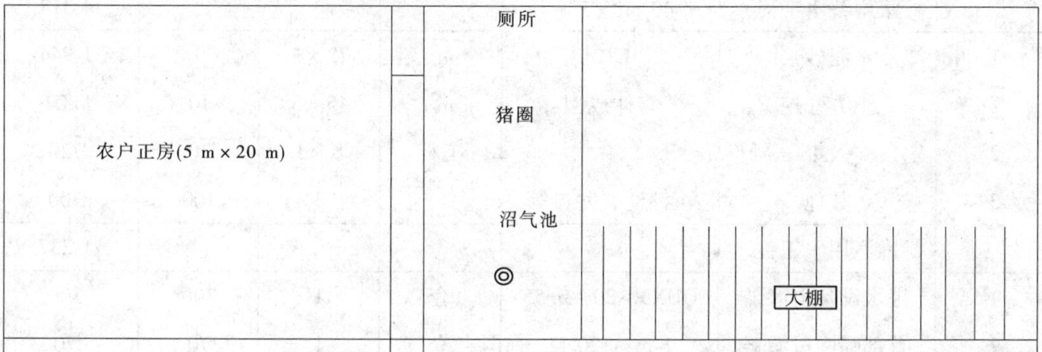

附图 14 庭院雨水集蓄利用工程布置示意图

（四）材料设备投资

农户庭院经济雨水集蓄利用系统工程为微小型水利工程，各地农户由于自然条件不同，其工程数量差异较大，但主要由集雨面工程、集雨蓄水工程和生活与灌溉用水工程组成。本例农户庭院雨水集蓄利用系统工程材料设备及投资见附表 24。

附表 24　农户庭院雨水集蓄利用系统工程材料设备及投资

序号	材料设备名称	规格型号	单位	数量	单价（元）	投资（元）
一	集雨面工程	房院硬化				3 790
1	水泥砂浆	C10	m^3	3. 0	170	510
2	塑料布	0. 3 mm 厚	m^2	200	1. 3	260
3	混凝土	C15	m^3	12. 0	150	1 800
4	人工		工日	24	30	720
5	其他					500
二	集雨蓄水工程	40 m^3 ×3 个				4 314
1	水泥砂浆	C12	m^2	72 ×3	9	1 944
	土方开挖	窖体成型	m^3	45 ×3	10	1 350
2	人工		工日	8 ×3	30	720
3	其他	沉沙池、井口等		3	100	300
三	灌溉用水工程					1 237
1	提水设备电潜泵	QDX3 –20 –0. 55	套	1	300	300
2	首部筛网过滤器	1 in、120 目	套	1	70	70
3	输水管道	PE 黑管 25 mm	m	120	3	360
4	单翼迷宫式滴灌带	16 mm ×0. 3	m	230	0. 2	46
5	接头、堵头	25 mm	个	8	5	40
6	旁通	16 mm	个	32	1	32
7	球阀	25 mm	个	2	6	12
8	三通	25 mm	个	1	15	15
9	毛管	12 mm	m	170	0. 8	136
	旁通、堵头	12 mm	个	15	0. 8	12
10	灌水器微管	4 mm	m	120	0. 2	24
11	其他					200
合计						9 341

（五）效益分析

1. 人畜饮水效益

由于农户雨水集蓄利用工程的建设及可利用雨水资源的增加，生活居住条件得到了有效改善，有效地促进了农作物集雨补灌、人畜饮水、舍饲养殖、庭院经济等各业的发展，为经济可持续发展创造了有利条件。在集雨工程建设前该农户人畜饮水困难，用水是在 2 km 以外的沟里靠毛驴车拉运，包括人工等费用在内平均每立方米水 5 元。现在集雨工程每年可提供人畜饮水 73 m^3，节省费用 365 元。

2. 养殖效益

集雨工程不仅解决了全家人的生活用水问题，还可发展养羊 20 多只（鄂尔巴斯绒山羊）。根据农户跟踪调查，成年绒山羊年产绒量达 0.65 ~ 0.7 kg，育肥羯羊产肉 17 kg，按照农户养羊 20 只左右综合群体平均测算，包括产绒毛、育肥出售在内每养一只羊年净效益为 150 元。该农户养羊 20 只，年净效益为 3 000 元。

3. 种植效益

根据 2004 ~ 2005 年对农户跟踪调查，本例农户 7 m × 30 m 的蔬菜大棚年平均产蔬菜（一季）2 050 kg，折合 6 500 kg /亩。除一部分自家食用外，还可向外出售 1 000 kg，每千克售价平均按 1 元计算，年收入为 1 000 元。果树 0.96 亩，约 52 棵，采用小管出流补灌后平均年产水果 4 680 kg，较以前提高产量 150%，增加产量 1 560 kg，按每千克 2 元计算，增加经济效益 3 120 元。种植业总增加效益 4 120 元。

4. 投入产出分析

农户雨水集蓄利用工程（包括硬化集雨面 500 m^2，建设 3 眼 40 m^3 的水窖，发展 0.315 亩蔬菜大棚和 0.96 亩果树集雨补灌）总投资为 9 341 元，年增效益（包括人畜饮水、发展养羊、种植蔬菜和果树）合计为 7 485 元，两年就可以收回全部投资，效益显著。

项目实例六　城市集雨灌溉绿地示范工程

城市集雨灌溉绿地示范工程位于北京市海淀区某小区。小区总面积 2.3 hm^2，内有 3 栋 18 层塔楼和 1 栋 7 层多层楼，小区主要建筑屋顶面积为 3 370 m^2，配套建筑屋顶面积为 2 587 m^2，庭院、道路及停车场面积为 10 380 m^2，绿地面积为 7 253 m^2。小区共有居民 629 户 2 200 人。

（一）技术原理和主要设施

1. 技术原理

该小区收集雨水灌溉绿地工程主要包括集中收集雨水处理后灌溉绿地系统和屋顶雨水直接排入绿地系统两部分。集中收集雨水处理后灌溉绿地系统的工艺流程如附图 15 所示，系统直接收集 30#、28#楼的屋顶雨水（收集面积 1 350 m^2）和道路与庭院的雨水（收集面积 6 552 m^2），经沉淀池处理后进入蓄水池，然后经过灌溉系统灌溉绿地。屋顶雨水采用雨落管收集，道路雨水采用弧形边沟收集。

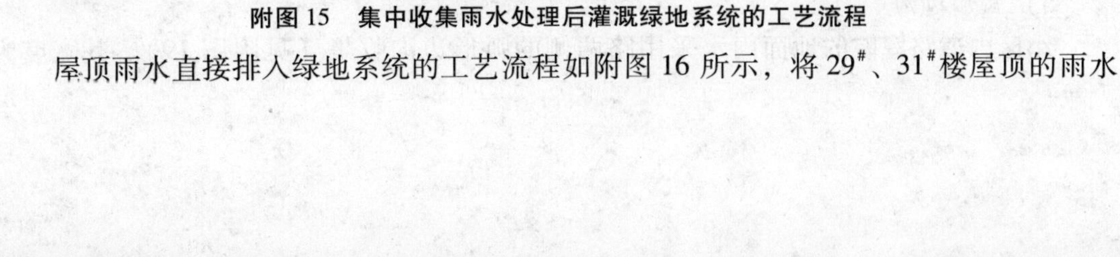

附图 15　集中收集雨水处理后灌溉绿地系统的工艺流程

屋顶雨水直接排入绿地系统的工艺流程如附图 16 所示，将 29#、31#楼屋顶的雨水经雨落管收集后排到建筑物周围的散水上，经散水分散后流入低于散水 5 ~ 10 cm 的绿地。

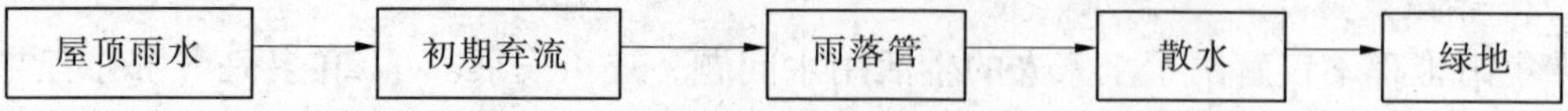

附图 16　小区屋顶雨水经散水灌溉绿地工艺流程

2. 收集系统的主要设施

该小区雨水收集利用系统主要包括屋顶雨水收集系统和透水地面与不透水铺装地面雨水收集系统两部分，除收集管道外，主要的设施包括沉淀池、蓄水池和弧形边沟。

1）沉淀池

根据北京市暴雨强度计算公式求得示范区雨水径流最大流量为 303.6 L/s，沉淀池采用平流式矩形沉淀池，停留时间取 30 min，其最大流量为最大暴雨流量。因此，可以得出道路系统沉淀池容积为 132 m^3，而屋顶沉淀池容积为 220 m^3。屋顶雨水沉淀池纵剖面图如附图 17 所示。

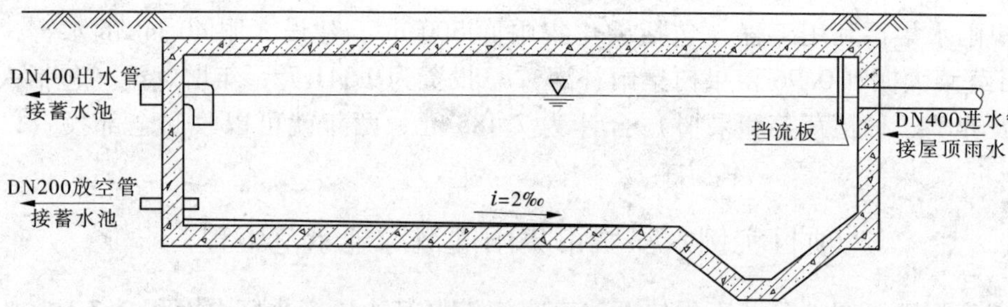

附图 17　屋顶雨水沉淀池纵剖面图

2）蓄水池

蓄水池按 5 年一遇日最大降雨量计算，容积为 600 m^3，如附图 18 所示。蓄水池设置溢流口，如果降雨超过设计标准，则将蓄水池的多余雨水溢流至小区北部的城市河道。

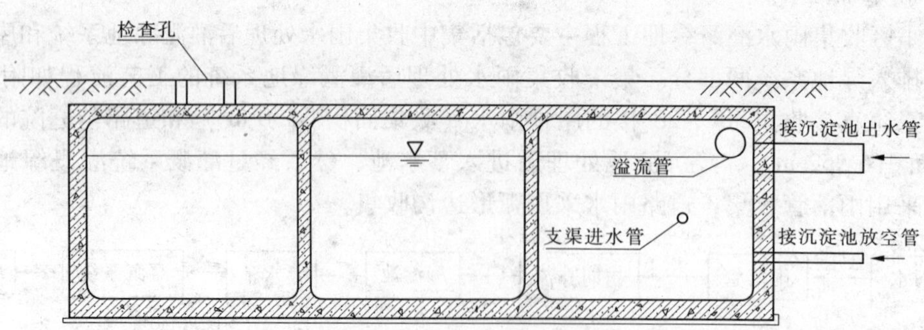

附图 18　蓄水池纵剖面图

3）弧形边沟

小区内道路庭院的地面雨水采用路两侧的弧形边沟收集（见附图 19）。其宽度为

50 cm，高度为 10 cm，坡降为 2‰。这种弧形边沟既具有输送雨水的功能，又不影响行人和行车。

附图 19　雨水收集边沟

3. *灌溉系统的主要设施*

该小区雨水灌溉系统为全自动固定式喷灌系统（见附图 20），主要包括潜水泵、变频调速器、可编程自动控制器、保护装置、过滤器、供水管道、电磁阀、喷头、泄水阀、快速连接器等。根据小区地块大小相差很大、形状很不规则，选用的喷头有 R50－1.5RC、1804－15VAN、1804－10VAN、1804－MPR、SP24－340 共 5 种。

附图 20　示范小区雨水灌溉绿地

（二）工程运行效果

为了对示范工程的雨水利用效果进行科学评价，以便推广，在雨洪利用系统中安装了监测设备，对雨水的收集、传输、处理和利用过程中的水量、水质进行测定。项目区监测点布置见附图 21。

根据 2004 年的观测结果，2004 年 5 月 19 日至 9 月 30 日总降雨量 411.6 mm，屋顶雨水收集量 422.8 m^3，道路雨水收集量 679.50 m^3，总雨水收集量 1 102.30 m^3，其中用于灌溉 572.5 m^3，其余 529.82 m^3 用于洗车和道路施工。由于 2004 年降雨比较多，5 月

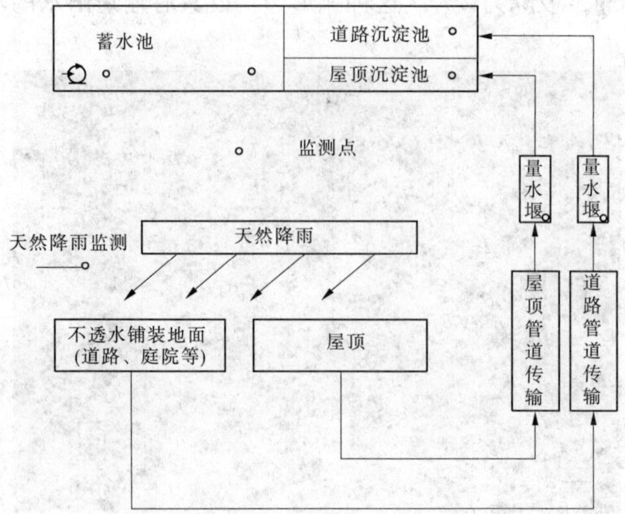

附图21　项目区监测点布置示意图

19 日至 9 月 30 日之间绿地总共灌溉 16 次，平均每次灌水量 38.2 m^3，平均 9.5 mm，总灌水 572.5 m^3，折合 142 mm。

按照 2004 年 5 月 19 日至 9 月 30 日总降雨量 411.6 mm 计算，由屋顶进入绿地的雨水量为 659.3 m^3，进入无灌溉系统绿地的水量为 366.7 m^3，折合 215.0 mm；进入有灌溉系统绿地的水量 292.5 m^3，折合 125.1 mm。附表 25 显示了不同类型绿地内进入水量的分析结果。从附表 25 中可见，B 类绿地灌溉用水量比 A 类绿地的灌溉用水量少 75 mm，折合 175.3 m^3，相当于比无屋顶雨水接入绿地少灌水 40%。忽略雨期的降雨蒸发量和植物截留量，则绿地自身降雨渗入土壤的水量等于降雨量。A、B、C 三种类型绿地内总的进入水量分别为 599.1 mm、649.2 mm、626.6 mm。

根据 2002 ~ 2005 年汛期的观测结果，该小区雨水灌溉绿地工程各年观测时期所收集利用的雨水的量分别为：2002 年 625 m^3、2003 年 864 m^3、2004 年 1 102 m^3。在 2004 年“7 · 10”暴雨情况下（相当于 10 年一遇），蓄水池尚未蓄满，小区内无径流外排。综合设计和实际运行结果，小区在 5 年一遇降雨情况下，综合利用率可达到 100%。

附表 25　2004 年 5 月 19 日至 9 月 30 日不同类型绿地内进入水量分析

绿地类型	面积 (m^2)	喷洒强度 (mm/h)	次灌水量 (mm)	累计灌水量 (mm)	接入屋顶面积 (m^2)	屋顶进入水量 (m^3)	屋顶进入水量 (mm)	绿地自身雨水 (mm)	总进入水量 (mm)	总进入水量 (m^3)
A	1 690	33.6	12.5	187.5	0	0	0	411.6	599.1	1 012.5
B	2 338	11.0	7.5	112.5	790	292.6	125.1	411.6	649.2	1 517.8
C	1 706	—	—	—	990	366.7	215.0	411.6	626.6	1 068.9
合计	5 734	—	—	144.0	1 780	659.3	—	411.6	627.7	3 599.2

参 考 文 献

[1] 水利部农村水利司，中国灌溉排水技术开发培训中心．雨水集蓄工程技术［M］．北京：中国水利水电出版社，1999.

[2] 西北农业大学．旱农学［M］．北京：农业出版社，1991.

[3] 陆朝阳，温新明，等．采取综合措施发展节水农业［J］．节水灌溉，1999（5）：22-24.

[4] 司振江，温新明，等．振动深松蓄水保墒机理的试验研究［J］．灌溉排水，2005，24（5）：42-45.

[5] 孙大鹏，万伦，等．甘肃半干旱区地膜覆盖再利用免耕技术效应与前景分析［J］．干旱地区农业研究，2007，25（5）：60-63.

[6] 陈素英，张喜英，等．秸秆覆盖对夏玉米田棵间蒸发和土壤温度的影响［J］．灌溉排水学报，2004，23（4）：32-36.

[7] 贾大林，孟兆江，等．农业高效用水及农艺节水技术［J］．节水灌溉，1999（4）：7-10.

[8] 彭珂珊，邓西平，等．黄土高原农业高效调水关键技术研究［J］．节水灌溉，2000（1）：6-9.

[9] 陈明忠，赵竞成，等．农业高效用水科技产业示范工程研究［M］．郑州：黄河水利出版社，2005.

[10] 毕勇刚，宋其龙．FA旱地龙应用试验及推广研究［J］．节水灌溉，2002（2）：33-35.

[11] 张坚强，刘作新．化学制剂在节水农业中的应用［J］．灌溉排水，2001，20（3）：73-75.

[12] 高彦军，张喜英，等．冬小麦品种间水分利用效率的差异及其影响因子分析［J］．灌溉排水学报，2004，23（5）：45-49.

[13] 吴发启，张玉斌，等．黄土高原水平梯田的蓄水保土效益分析［J］．中国水土保持科学，2004，2（1）：34-37.

[14] 左晓光．农田水利农业机械和农村电气［M］．北京：中国农业科技出版社，1998.

[15] 石生新，张明斌，等．黄土丘陵沟壑区隔坡梯田农林草复合模式研究［J］．山西水利，2000（2）：31-32.

[16] 马荣亮．宁夏固原隔坡梯田模式建设内容及效益分析［J］．中国水土保持，2003（2）：29-30.

[17] 樊向阳，齐学斌，等．春玉米田塑膜覆盖集水种植技术试验研究初报［C］//农业水土工程科学．呼和浩特：内蒙古教育出版社，2001：151-155.

[18] 文宏达，李淑文，等．沟垄覆膜聚水改土耕作措施对小南瓜耗水特性和产量的影响［J］．农业工程学报，2006，22（11）：51-57.

[19] 张喜英，由懋正，等．冬小麦调亏灌溉制度田间试验研究初报［J］．生态农业研究，1998，6（3）：33-36.

[20] 康绍忠，史文娟，等．调亏灌溉对玉米生理指标及水分利用效率的影响［J］．农业工程学报，1998（4）：82-87.

[21] 康绍忠，胡笑涛，等．现代农业与生态节水的理论创新及研究重点［J］．水利学报，2004（12）：1-7.

[22] 山仑，康绍忠，吴普特．中国节水农业［M］．北京：中国农业出版社，2004.

[23] 陈维杰．集雨节灌技术［M］．郑州：黄河水利出版社，2003.

[24] 李怀有，赵安成，郭永乐．黄土高塬沟壑区集雨节水灌溉技术［M］．郑州：黄河水利出版社，2002.

[25] 中国科学技术协会普及部，中国农业工程学会．北方旱区节水灌溉技术［M］．北京：海潮出版社，1999.
[26] 严以绥．膜下滴灌系统规划设计与应用［M］．北京：中国农业出版社，2003.
[27] 傅琳，董文楚，郑耀泉．微灌工程技术指南［M］．北京：水利电力出版社，1988.
[28] 朱元甡，金光炎．城市水文学［M］．北京：中国科学技术出版社，1991.
[29] 宋艳玲，董文杰，张尚印，等．北京市城、郊气候要素对比研究［J］．干旱气象，2003，21（3）：63-68.
[30] 中华人民共和国建设部，中华人民共和国质量监督检验检疫总局．GB 50014—2006　室外排水设计规范［S］．北京：中国计划出版社，2006.
[31] 周玉文．城市雨水道设计理论的研究［D］．博士学位论文，哈尔滨建筑工程学院，1984.
[32] 周玉文，赵洪宾．排水管网理论与计算［M］．北京：中国建筑工业出版社，2000.
[33] 刘洪禄，吴文勇，郝仲勇，等．城市绿地节水技术［M］．北京：中国水利水电出版社，2006.
[34] 车武，李俊奇．城市雨水利用技术与管理［M］．北京：中国建筑工业出版社，2006.
[35] 殷捷．城市屋面径流污染特性及其利用探讨［J］．安徽农业科学，2007，35（17）：5244-5245.
[36] 廖日红，丁跃元，胡秀琳，等．北京城区降雨径流水质分析与评价［J］．北京水务，62007（1）：14-16.
[37] 朱强，李元红．论雨水集蓄利用的理论和实用意义［J］．水利学报，2004（3）：60-64，70.
[38] 朱强．水资源可持续发展和雨水集蓄利用［J］．防渗技术，2002（1）：2-6.
[39] 唐小娟，李元红，金彦兆，等．复合坡度下雨水高效集蓄利用模式研究［C］//中国水利学会2007学术年会论文集，2007（10），18～22.
[40] 唐小娟，吴普特，高建恩．不同坡面径流调控措施的筛选试验研究［J］．四川水利，2004（11）：57-60.
[41] 张新民，刘佳莉，金彦兆，等．近30年甘肃省农业需水预测与节水高效农业建设途径［J］．干旱地区农业研究，2004（4）：143-148.
[42] 李元红．甘肃中东部雨水高效富集利用模式［J］．中国农村水利水电，2004（7）：15-16.
[43] 程满金，等．北方半干旱黄土丘陵区集雨补灌旱作节水农业技术［M］．郑州：黄河水利出版社，2008.
[44] Zhu Qiang，et al. Rainwater harvesting［M］. Hefei：Anhui Educational Publishing House，2007.